无机化学探究式教学丛书
第 17 分册

氧族元素

主　编　顾　泉
副主编　帅　琪　李美兰

科学出版社
北　京

内 容 简 介

本书是"无机化学探究式教学丛书"第 17 分册。全书共 4 章，包括：氧族元素的单质、氧族元素的简单化合物、硫的含氧酸及其盐、氧族元素的生理作用。编写时力图体现内容和形式的创新，紧跟学科发展前沿。作为基础无机化学教学的辅助用书，本书的宗旨是以利于促进学生学科素养发展为出发点，突出创新思维和科学研究方法，以教师好使用、学生好自学为努力方向，以提高教学质量、促进人才培养为目标。

本书可供高等学校化学及相关专业师生、中学化学教师以及从事化学相关研究的科研人员和技术人员参考使用。

图书在版编目(CIP)数据

氧族元素 / 顾泉主编. -- 北京：科学出版社，2024.11. -- （无机化学探究式教学丛书）. -- ISBN 978-7-03-080433-4

Ⅰ. O612.6

中国国家版本馆 CIP 数据核字第 2024GM9917 号

责任编辑：丁 里 陈雅娴 李丽娇 / 责任校对：杨 赛
责任印制：张 伟 / 封面设计：无极书装

科学出版社 出版
北京东黄城根北街 16 号
邮政编码：100717
http://www.sciencep.com
北京中科印刷有限公司印刷
科学出版社发行 各地新华书店经销

*

2024 年 11 月第 一 版　开本：720×1000　1/16
2024 年 11 月第一次印刷　印张：15 3/4
字数：315 000
定价：128.00 元
（如有印装质量问题，我社负责调换）

"无机化学探究式教学丛书"编写委员会

顾　问　郑兰荪　朱亚先　王颖霞　朱玉军

主　编　薛　东　高玲香

副主编　翟全国　张伟强　刘志宏

编　委（按姓名汉语拼音排序）

曹　睿　高玲香　顾　泉　简亚军　蒋育澄
焦　桓　李淑妮　刘志宏　马　艺　王红艳
魏灵灵　徐　玲　薛　东　薛东旭　翟全国
张　航　张　伟　张伟强　赵　娜　郑浩铨

策　划　胡满成　高胜利

序

  教材是教学的基石，也是目前化学教学相对比较薄弱的环节，需要在内容上和形式上不断创新，紧跟科学前沿的发展。为此，教育部高等学校化学类专业教学指导委员会经过反复研讨，在《化学类专业教学质量国家标准》的基础上，结合化学学科的发展，撰写了《化学类专业化学理论教学建议内容》一文，发表在《大学化学》杂志上，希望能对大学化学教学、包括大学化学教材的编写起到指导作用。

  通常在本科一年级开设的无机化学课程是化学类专业学生的第一门专业课程。课程内容既要衔接中学化学的知识，又要提供后续物理化学、结构化学、分析化学等课程的基础知识，还要教授大学本科应当学习的无机化学中"元素化学"等内容，是比较特殊的一门课程，相关教材的编写因此也是大学化学教材建设的难点和重点。陕西师范大学无机化学教研室在教学实践的基础上，在该校及其他学校化学学科前辈的指导下，编写了这套"无机化学探究式教学丛书"，尝试突破已有教材的框架，更加关注基本原理与实际应用之间的联系，以专题形式设置较多的科研实践内容或者学科交叉栏目，努力使教材内容贴近学科发展，涉及相当多的无机化学前沿课题，并且包含生命科学、环境科学、材料科学等相关学科内容，具有更为广泛的知识宽度。

  与中学教学主要"照本宣科"不同，大学教学具有较大的灵活性。教师授课在保证学生掌握基本知识点的前提下，应当让学生了解国际学科发展与前沿、了解国家相关领域和行业的发展与知识需求、了解中国科学工作者对此所作的贡献，启发学生的创新思维与批判思维，促进学生的科学素养发展。因此，大学教材实际上是教师教学与学生自学的参考书，这套"无机化学探究式教学丛书"丰富的知识内容可以更好地发挥教学参考书的作用。

  我赞赏陕西师范大学教师们在教学改革和教材建设中勇于探索的精神和做

法，并希望该丛书的出版发行能够得到教师和学生的欢迎和反馈，使编者能够在应用的过程中吸取意见和建议，结合学科发展和教学实践，反复锤炼，不断修改完善，成为一部经典的基础无机化学教材。

中国科学院院士　郑兰荪
2020 年秋

丛书出版说明

　　本科一年级的无机化学课程是化学学科的基础和母体。作为学生从中学步入大学后的第一门化学主干课程，它在整个化学教学计划的顺利实施及培养目标的实现过程中起着承上启下的作用，其教学效果的好坏对学生今后的学习至关重要。一本好的无机化学教材对培养学生的创新意识和科学品质具有重要的作用。进一步深化和加强无机化学教材建设的需求促进了无机化学教育工作者的探索。我们希望静下心来像做科学研究那样做教学研究，研究如何编写与时俱进的基础无机化学教材，"无机化学探究式教学丛书"就是我们积极开展教学研究的一次探索。

　　我们首先思考，基础无机化学教学和教材的问题在哪里。在课堂上，教师经常面对学生学习兴趣不高的情况，尽管原因多样，但教材内容和教学内容陈旧是重要原因之一。山东大学张树永教授等认为：所有的创新都是在兴趣驱动下进行积极思维和创造性活动的结果，兴趣是创新的前提和基础。他们在教学中发现，学生对化学史、化学领域的新进展和新成就，对化学在高新技术领域的重大应用、重要贡献都表现出极大的兴趣和感知能力。因此，在本科教学阶段重视激发学生的求知欲、好奇心和学习兴趣是首要的。

　　有不少学者对国内外无机化学教材做了对比分析。我们也进行了研究，发现国内外无机化学教材有很多不同之处，概括起来主要有如下几方面：

　　(1) 国外无机化学教材涉及知识内容更多，不仅包含无机化合物微观结构和反应机理等，还涉及相当多的无机化学前沿课题及学科交叉的内容。国内无机化学教材知识结构较为严密、体系较为保守，不同教材的知识体系和内容基本类似。

　　(2) 国外无机化学教材普遍更关注基本原理与实际应用之间的联系，设置较多的科研实践内容或者学科交叉栏目，可读性强。国内无机化学教材知识专业性强但触类旁通者少，应用性相对较弱，所设应用栏目与知识内容融合性略显欠缺。

　　(3) 国外无机化学教材十分重视教材的"教育功能"，所有教材开篇都设有使用指导、引言等,帮助教师和学生更好地理解各种内容设置的目的和使用方法。另外,教学辅助信息量大、图文并茂,这些都能够有效引导学生自主探究。国内无机化学教材普遍十分重视化学知识的准确性、专业性,知识模块的逻辑性,往往容易忽视教材本身的"教育功能"。

依据上面的调研,为适应我国高等教育事业的发展要求,陕西师范大学无机化学教研室在请教无机化学界多位前辈、同仁,以及深刻学习领会教育部高等学校化学类专业教学指导委员会制定的"高等学校化学类专业指导性专业规范"的基础上,对无机化学课堂教学进行改革,并配合教学改革提出了编写"无机化学探究式教学丛书"的设想。作为基础无机化学教学的辅助用书,其宗旨是大胆突破现有的教材框架,以促进学生科学素养发展为出发点,以突出创新思维和科学研究方法为导向,以利于教与学为努力方向。

1. 教学丛书的编写目标

(1) 立足于高等理工院校、师范院校化学类专业无机化学教学使用和参考,同时可供从事无机化学研究的相关人员参考。

(2) 不采取"拿来主义",编写一套因不同而精彩的新教材,努力做到素材丰富、内容编排合理、版面布局活泼,力争达到科学性、知识性和趣味性兼而有之。

(3) 学习"无机化学丛书"的创新精神,力争使本教学丛书成为"半科研性质"的工具书,力图反映教学与科研的紧密结合,既保持教材的"六性"(思想性、科学性、创新性、启发性、先进性、可读性),又能展示学科的进展,具备研究性和前瞻性。

2. 教学丛书的特点

(1) 教材内容"求新"。"求新"是指将新的学术思想、内容、方法及应用等及时纳入教学,以适应科学技术发展的需要,具备重基础、知识面广、可供教学选择余地大的特点。

(2) 教材内容"求精"。"求精"是指在融会贯通教学内容的基础上,首先保证以最基本的内容、方法及典型应用充实教材,实现经典理论与学科前沿的自然结合。促进学生求真学问,不满足于"碎、浅、薄"的知识学习,而追求"实、深、厚"的知识养成。

(3) 充分发挥教材的"教育功能",通过基础课培养学生的科研素质。正确、适时地介绍无机化学与人类生活的密切联系，无机化学当前研究的发展趋势和热点领域，以及学科交叉内容，因为交叉学科往往容易产生创新火花。适当增加拓展阅读和自学内容，增设两个专题栏目：历史事件回顾，研究无机化学的物理方法介绍。

(4) 引入知名科学家的思想、智慧、信念和意志的介绍，重点突出中国科学家对科学界的贡献，以利于学生创新思维和家国情怀的培养。

3. 教学丛书的研究方法

正如前文所述，我们要像做科研那样研究教学，研究思想同样蕴藏在本套教学丛书中。

(1) 凸显文献介绍，尊重历史，还原历史。我国著名教育家、化学家傅鹰教授曾经多次指出："一门科学的历史是这门科学中最宝贵的一部分，因为科学只能给我们知识，而历史却能给我们智慧。"基础课教材适时、适当引入化学史例，有助于培养学生正确的价值观，激发学生学习化学的兴趣，培养学生献身科学的精神和严谨治学的科学态度。我们尽力查阅了一般教材和参考书籍未能提供的必要文献，并使用原始文献，以帮助学生理解和学习科学家原始创新思维和科学研究方法。对原理和历史事件，编写中力求做到尊重历史、还原历史、客观公正，对新问题和新发展做到取之有道、有根有据。希望这些内容也有助于解决青年教师备课资源匮乏的问题。

(2) 凸显学科发展前沿。教材创新要立足于真正起到导向的作用，要及时、充分反映化学的重要应用实例和化学发展中的标志性事件，凸显化学新概念、新知识、新发现和新技术，起到让学生洞察无机化学新发展、体会无机化学研究乐趣，延伸专业深度和广度的作用。例如，氢键已能利用先进科学手段可视化了，多数教材对氢键的介绍却仍停留在"它是分子间作用力的一种"的层面，本丛书则尝试从前沿的视角探索氢键。

(3) 凸显中国科学家的学术成就。中国已逐步向世界科技强国迈进，无论在理论方面，还是应用技术方面，中国科学家对世界的贡献都是巨大的。例如，唐敖庆院士、徐光宪院士、张乾二院士对簇合物的理论研究，赵忠贤院士领衔的超导研究，张青莲院士领衔的原子量测定技术，中国科学院近代物理研究所对新核素的合成技术，中国科学院大连化学物理研究所的储氢材料研究，我国矿物浮选的新方法研究等，都是走在世界前列的。这些事例是提高学生学习兴趣和激发爱国热情最好的催化剂。

(4) 凸显哲学对科学研究的推进作用。科学的最高境界应该是哲学思想的体现。哲学可为自然科学家提供研究的思维和准则，哲学促使研究者运用辩证唯物主义的世界观和方法论进行创新研究。

徐光宪院士认为，一本好的教材要能经得起时间的考验，秘诀只有一条，就是"千方百计为读者着想"[徐光宪. 大学化学, 1989, 4(6): 15]。要做到：①掌握本课程的基础知识，了解本学科的最新成就和发展趋势；②在读完这本书和做完每章的习题后，在潜移默化中学到科学的思考方法、学习方法和研究方法，能够用学到的知识分析和解决遇到的问题；③要易学、易懂、易教。朱清时院士认为最好的基础课教材应该要尽量保持系统性，即尽量保证系统、清晰、易懂。清晰、易懂就是自学的人拿来读都能够引人入胜[朱清时. 中国大学教学, 2006, (8): 4]。我们的探索就是朝这个方向努力的。

创新是必须的，也是艰难的，这套"无机化学探究式教学丛书"体现了我们改革的决心，更凝聚了前辈们和编者们的集体智慧，希望能够得到大家认可。欢迎专家和同行提出宝贵建议，我们定将努力使之不断完善，力争将其做成良心之作、创新之作、特色之作、实用之作，切实体现中国无机化学教材的民族特色。

"无机化学探究式教学丛书"编写委员会
2020 年 6 月

前 言

　　教材是教学内容的支撑和依据，也是体现教育理念、实践教育思想的核心教学资源。陕西师范大学无机化学教研室于 2019 年开始编写"无机化学探究式教学丛书"，本书为丛书第 17 分册。本书的编写严格秉承系列教材的宗旨，在内容的编写和结构的编排上追求创新，紧跟学科发展前沿，使教材贴近学科发展，贴近教学实际，既可供高等学校化学及相关专业师生学习"氧族元素"内容，又尽可能为其他从事化学相关的科学技术人员提供参考，发挥教材和参考书的双重作用。本书从以下方面进行了创新探索。

　　1. 注重对学生能力的培养和立德树人

　　我国著名化学教育家戴安邦院士指出："化学教育就是要求教学不仅仅是传授知识和技术，还有更重要的，就是要训练科学方法和科学思维，同时还要培养科学精神和科学品德，这就是全面的化学教育。"本书力求践行这个观点，"培养学生求实、求精、求真精神"。

　　(1) 为学生提供了多渠道、多层次、多形式的多样化信息，为学生学习的个性化及自主性选择奠定了基础。

　　(2) 从课程内容出发，通过"历史事件回顾 1　臭氧层破坏与修复简介""历史事件回顾 2　H_2O_2 绿色合成方法的最新研究进展""历史事件回顾 4　硫的绿色化学——无机硫向有机硫转化"，让学生领会环境保护的重要性和了解绿色化学的概念，从而树立保护环境的责任感。在历史事件回顾中，将国外尤其是我国科学家的科研成果引入教材中，让学生了解科学研究的现状和发展，同时激发学生学习和科研的兴趣。

　　2. 注重教材主线突出和结构合理

　　(1) 力图在编写中体现元素周期律的本质。氧族元素中，从单质、化合物到含氧酸的结构、性质、制备等都能体现规律性。本书通过表格汇总和文字分述的方式描述事实和规律，从结构化学、热力学和动力学方面强调本质原因。

　　(2) 为了使教材内容逻辑结构清晰，进行了内容模块的重组。本书共 4 章，

第 1 章为氧族元素的单质；第 2 章为氧族元素的简单化合物；第 3 章介绍硫的含氧酸及其盐；第 4 章详细介绍氧族元素的生理作用。

(3) 体现以学生为本的理念，遵循认知规律，内容上注重由浅入深、循序渐进，并且提供了背景事例。全书图文并茂，有彩色图片百余幅，并且提供了大量的表格，体现工具性和启发性。为了有利于教学使用和学生自学，本书设置了部分例题和思考题以及三个层次的习题：①学生自测练习题，包含标准化试题——是非题、选择题、填空题和综合题；②课后习题；③英文选做题。所有习题均有参考答案，思考题有答案提示。

3. 注重教材内容的实用性和知识的更新

(1) 元素化学部分最容易凸显内容的实用性，增加与实际生产结合紧密的内容，让学生学会如何用所学知识解决实际问题。

(2) 针对目前教材中一些内容的局限性和滞后性，基于"把最新研究成果引入教学内容"的改革要求，体现教学"知识—能力—素质有机融合"的理念，对一些内容进行了更新和补充。

本分册由陕西师范大学顾泉担任主编(编写第 2 章和第 3 章)，西北农林科技大学帅琪(编写第 1 章和第 4 章)和商洛学院李美兰(编写练习题及参考答案)为副主编，最后由顾泉统稿。

特别感谢中国科学院院士、教育部高等学校化学类专业教学指导委员会主任委员、厦门大学郑兰荪教授为丛书多次提出的建设性意见和给予的支持和帮助。

感谢科学出版社的支持，感谢责任编辑认真细致的编辑工作。

书中引用了较多书籍、研究论文的成果，在此对所有作者一并表示诚挚的感谢。

由于我们水平有限，书中不足之处在所难免，敬请读者批评指正。

顾　泉
2024 年 3 月

目　录

序
丛书出版说明
前言

第 1 章　氧族元素的单质 ……………………………………………… 3
1.1　氧族元素的通性 ………………………………………………… 3
1.1.1　氧族元素在自然界中的存在 …………………………… 3
1.1.2　氧族元素的同位素 ……………………………………… 6
1.1.3　氧族元素的一般性质 …………………………………… 7
1.1.4　氧族元素的元素电势图 ………………………………… 8
1.1.5　氧族元素的成键特性 …………………………………… 9
1.2　氧族元素的发现和命名 ………………………………………… 12
1.2.1　氧单质的发现和命名 …………………………………… 12
1.2.2　硫单质的发现和命名 …………………………………… 13
1.2.3　硒单质的发现和命名 …………………………………… 13
1.2.4　碲单质的发现和命名 …………………………………… 13
1.2.5　钋单质的发现和命名 …………………………………… 13
1.2.6　鿫的发现和命名 ………………………………………… 14
1.3　氧族元素单质的结构、性质、制备和用途 …………………… 14
1.3.1　氧元素单质 ……………………………………………… 15
1.3.2　硫元素单质 ……………………………………………… 21
1.3.3　硒元素单质 ……………………………………………… 28
1.3.4　碲元素单质 ……………………………………………… 35
1.3.5　钋元素单质 ……………………………………………… 37

历史事件回顾 1　臭氧层破坏与修复简介 ………………………… 38
参考文献 …………………………………………………………… 48

第 2 章　氧族元素的简单化合物 …………………………………… 54
2.1　氢化物 …………………………………………………………… 54
2.1.1　水 ………………………………………………………… 54

	2.1.2 过氧化氢	61
历史事件回顾 2	H$_2$O$_2$绿色合成方法的最新研究进展	71
	2.1.3 硫的氢化物	77
历史事件回顾 3	硫化氢在超高压下的超导性	83
	2.1.4 硒、碲、钋和钅宝的氢化物	85
2.2	氧的化合物	88
	2.2.1 氧化物	88
	2.2.2 其他氧的化合物	100
2.3	硫化物和多硫化物	107
	2.3.1 硫化物	107
	2.3.2 多硫化物	116
	2.3.3 金属离子的分离	118
2.4	氧族元素的卤化物	120
	2.4.1 硫的卤化物	120
	2.4.2 硒的卤化物	128
	2.4.3 碲的卤化物	135
	2.4.4 钋的卤化物	141
	2.4.5 硒、碲和钋的混合卤化物	144
2.5	氧族元素间化合物	146
	2.5.1 硫的氧化物	146
	2.5.2 硒、碲和钋的氧化物	153
	2.5.3 硒、碲和钋的互化物	158
2.6	氧族元素的其他化合物	160
	2.6.1 硒和碲的碳化物	160
	2.6.2 硫、硒和碲的氮化物	162
参考文献		166

第 3 章　硫的含氧酸及其盐 ································ 172

3.1	次硫酸及其盐	172
3.2	亚硫酸及其盐	175
	3.2.1 亚硫酸及其盐的结构和制备	175
	3.2.2 亚硫酸及其盐的性质	176
3.3	焦亚硫酸及其盐	178
	3.3.1 焦亚硫酸及其盐的结构和制备	178
	3.3.2 焦亚硫酸及其盐的性质	178
3.4	硫代亚硫酸及其盐	179

- 3.5 硫酸及其盐 ·········· 179
  - 3.5.1 硫酸 ·········· 179
  - 3.5.2 硫酸盐 ·········· 182
- 3.6 焦硫酸及其盐 ·········· 185
  - 3.6.1 焦硫酸 ·········· 185
  - 3.6.2 焦硫酸盐 ·········· 186
- 3.7 硫代硫酸及其盐 ·········· 187
  - 3.7.1 硫代硫酸 ·········· 187
  - 3.7.2 硫代硫酸盐 ·········· 188
- 3.8 过硫酸及其盐 ·········· 190
  - 3.8.1 过硫酸 ·········· 190
  - 3.8.2 过硫酸盐 ·········· 191
- 3.9 连硫酸和连亚硫酸及其盐 ·········· 192
  - 3.9.1 连硫酸及其盐 ·········· 192
  - 3.9.2 连亚硫酸及其盐 ·········· 195
- 3.10 硫的含氧酸的衍生物 ·········· 197
  - 3.10.1 酰氯 ·········· 197
  - 3.10.2 氯磺酸 ·········· 198
- 3.11 硫含氧酸的强度与结构的关系 ·········· 199
- 历史事件回顾 4 硫的绿色化学——无机硫向有机硫转化 ·········· 200
- 参考文献 ·········· 204

第4章 氧族元素的生理作用 ·········· 206

- 4.1 氧为生命之气 ·········· 206
  - 4.1.1 氧的生理作用 ·········· 206
  - 4.1.2 大气氧气的积聚和大氧化事件 ·········· 210
  - 4.1.3 氧的生理相关用途 ·········· 210
  - 4.1.4 氧中毒 ·········· 212
- 4.2 硫是细胞中必不可缺的元素 ·········· 212
  - 4.2.1 硫的生理作用 ·········· 212
  - 4.2.2 硫及其化合物的生理相关用途 ·········· 214
- 4.3 硒是人体必需的微量矿物质营养素 ·········· 214
  - 4.3.1 硒的生理作用 ·········· 214
  - 4.3.2 硒与人类疾病 ·········· 217
- 4.4 碲是制造杀菌剂的原料 ·········· 219
  - 4.4.1 碲的生理作用 ·········· 219

  4.4.2 碲的杀菌性 …………………………………………………… 220
4.5 钋-210 可致癌 …………………………………………………………… 220
 参考文献 ……………………………………………………………………… 221
练习题 …………………………………………………………………………… 224
 第一类：学生自测练习题 …………………………………………………… 224
 第二类：课后习题 …………………………………………………………… 226
 第三类：英文选做题 ………………………………………………………… 227
参考答案 ………………………………………………………………………… 229
 学生自测练习题答案 ………………………………………………………… 229
 课后习题答案 ………………………………………………………………… 231
 英文选做题答案 ……………………………………………………………… 233

(1) 掌握**氧族元素的通性**；认识氧、硫和硒、碲、钋元素的相似性与差别；了解氧族元素在自然界中的分布；学会用元素电势图判断氧族元素不同价态和物态**物质的氧化还原性质**以及它们之间的**相互转化**。

(2) 掌握**氧族元素单质**的结构、制备、性质和用途；了解氧族元素单质的**同素异形体**的种类以及某些新的同素异形体的功能及应用。

(3) 掌握氧族元素的氢化物、碳化物、氮化物、卤化物以及元素间化合物的结构、性质、制备和用途以及**氧族元素化合物**性质的规律性。

(4) 掌握**氧化物及硫化物**的结构、制备、性质和用途以及**性质的规律性**；学会利用硫化物的溶解性差异进行金属离子的系统分离；了解超氧化物、过氧化物、二氧基盐、臭氧化物等其他氧的化合物以及多硫化物的结构、制备和性质。

(5) 掌握硫的**含氧酸及其盐**的种类、结构、制备、性质和用途以及它们之间的相互转化关系；理解**硫含氧酸的强度与结构的关系**。

(6) 利用单质和化合物的性质解决某些实际科学问题，深入理解化学物质的**构效关系**；了解基于臭氧保护历史事件回顾以及氧族元素的物质在**绿色化学**方面的应用，增强环境保护的意识和责任感。

(7) 了解氧族元素的**生理作用及其生理相关用途**。

学习要求

背景问题提示

(1) 氧族元素中，硫、硒、碲和钋常称为硫属元素，为什么氧除外？这对于深入认识周期表中**同族元素及其**

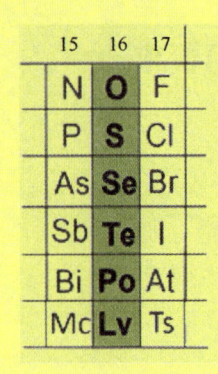

化合物相似性和差别有什么启示？

(2) 氧族元素比较集中地体现了元素同素异形体的结构和性质特异性，有些同素异形体已经成为新型功能材料的原料。通过文献学习，能否总结出**元素同素异形体研究飞速发展的原因**？

(3) 氧、硫、硒、碲都具有重要的生理作用以及生理相关的用途，它们对生物是否只有好处没有危害？思考**元素生理作用的两面性**。

第1章

氧族元素的单质

1.1 氧族元素的通性

1.1.1 氧族元素在自然界中的存在

1. 氧

氧(oxygen)是自然界中分布最广和含量最多的元素之一，仅次于氢和氦。地球上氧主要储存在岩石圈、大气圈、水圈和生物圈中，在这些储存圈中，氧元素都是含量最多的元素。其中，岩石圈是氧元素最大的储存圈(含量按质量计约占地球氧总量的 99.5%)[1]。地球的大气圈、水圈和生物圈中的氧含量不到地球上氧总量的 0.5%。在岩石圈中，氧主要以地壳和地幔中的二氧化硅、硅酸盐以及其他氧化物和含氧酸盐的形式存在，其含量按质量计约占岩石圈的 47%。在水圈中，氧主要作为水分子、溶解的分子氧和碳酸(H_2CO_3)的组成部分存在。在大气圈中，氧主要以单质状态存在，其含量以质量计约占 23%，以体积计约占 21%，相当于大约 $34×10^{18}$ mol 的氧气[2]。自然界中氧气的产生主要通过陆地和海洋中植物的光合作用以及大气中氧化物(主要是 N_2O 和 H_2O)的光解实现。氧气的消耗途径包括有氧呼吸、微生物氧化、化石燃料燃烧、光化学氧化、闪电固氮、工业固氮、火山气体氧化、化学风化、臭氧反应等。氧可在自然界的岩石圈、大气圈、水圈和生物圈中以及各圈之间进行相互转化，构成自然界中的氧循环(图 1-1)。

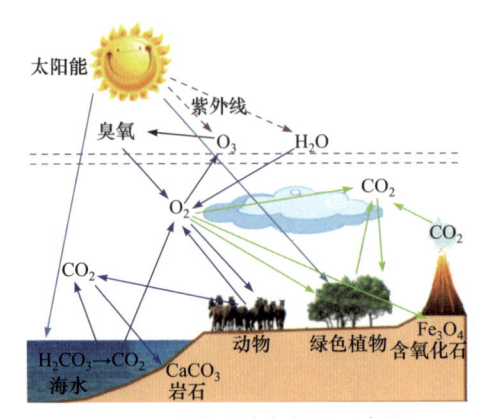

图 1-1　自然界中氧循环示意图

2. 硫

硫(sulfur)在自然界中以单质、金属硫化物矿和硫酸盐矿的形式广泛分布。天然单质硫主要存在于火山岩或沉积岩中(图 1-2)。含硫矿物包括黄铁矿(FeS_2)、方铅矿(PbS)、朱砂(HgS)、闪锌矿(ZnS)、黄铜矿($CuFeS_2$)、石膏($CaSO_4 \cdot 2H_2O$)、重晶石($BaSO_4$)等。此外，在蛋白质中含有 0.8%～2.4%的化合态硫，煤中含有 1.0%～1.5%的硫，石油和天然气中也含有硫。火山活动以及在含氧大气中地壳的风化作用引起可移动硫的数量增加[3]。地球上主要的硫源是海洋中的SO_4^{2-}，海洋中硫酸盐的含量受三个主要过程控制：河流输入、大陆架和斜坡上的硫酸盐还原和硫化物再氧化、在大洋地壳中硫酸钙矿石和黄铁矿的产生。当SO_4^{2-}被生物体吸收后，可被还原并转化为有机硫，而有机硫是蛋白质的重要组成部分。大气中硫的主要天然来源是海雾或风中富含硫的灰尘，它们在大气中的存在时间都不长。近年来，煤炭和其他化石燃料燃烧产生的大量的二氧化硫增加了空气中的硫含量，这是一

图 1-2　火山活动带地表的硫沉积示意图

种空气污染物。在过去的地质时期,火成岩的侵入引起了含煤岩的大规模燃烧,并导致大量的硫被释放到大气中,严重破坏了气候系统,是二叠纪-三叠纪灭绝事件的可能原因之一。二甲基硫[(CH$_3$)$_2$S,DMS]是由海洋透光层中濒临死亡的浮游植物细胞中的二甲基磺酰丙酸盐(DMSP)分解产生的,是海洋排放的主要生物气体,二甲基硫是最大的天然硫气体来源,但在大气中的停留时间仍然只有一天左右,而且大部分硫被重新沉积在海洋中。自然界中的硫循环如图 1-3 所示。

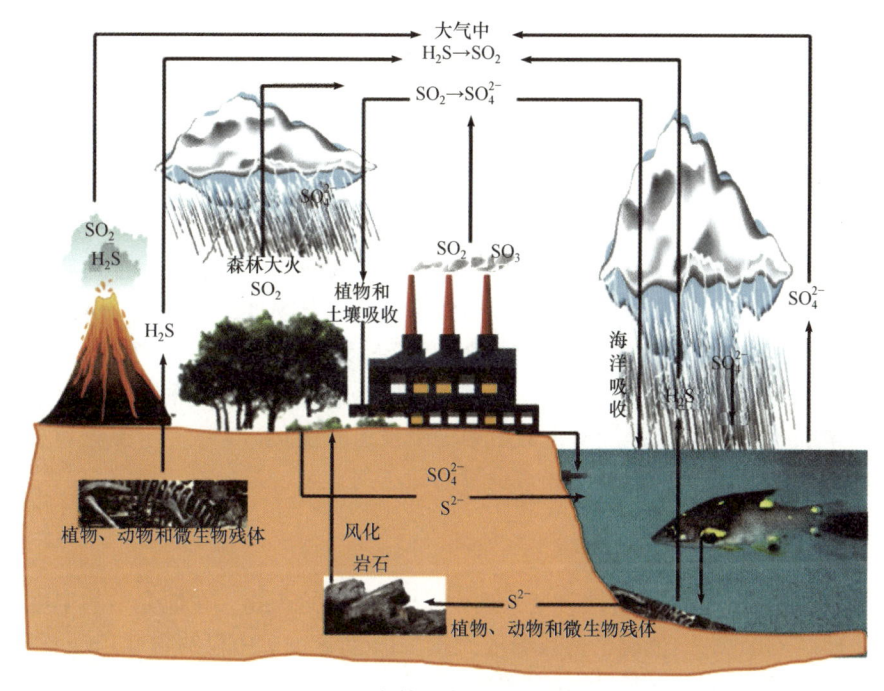

图 1-3 自然界中硫循环示意图

3. 硒

硒(selenium)在地壳中的含量按照质量计为 $5×10^{-6}$%～$9×10^{-6}$%,属于稀有分散元素。硒在自然界分布广泛,但很不均匀。地壳中 40%的硒主要存在于火成岩、变质岩、沉积岩中。在我国,地壳中硒的平均丰度是 $5.8×10^{-6}$%,其中变质岩中含量为 $7×10^{-6}$%,火成岩中为 $6.7×10^{-6}$%,沉积岩中为 $4.7×10^{-6}$%,其余类型岩石中硒含量更低。到目前为止,已发现自然界中的硒矿物百余种(包括自然硒、碲硒矿,铅、铜、铋、银、汞等硒化物矿、硒硫化物矿,氧化物和含氧酸盐矿等)[4],其中首次在我国发现的仅两种:硒锑矿(Sb$_2$Se$_3$)和单斜蓝硒铜矿(CuSeO$_3$·2H$_2$O)。通常金属矿物中硒与硫共生,可直接开采的独立硒矿床很少。在一些火山成因的天然硫中,硒含量甚至可以达到5%以上。湖北省地质矿产局于 1993～1994 年在恩施地区勘查到一个规模可观的独立硒矿床[5]，为全球罕见。土壤中的硒主要来自岩石风化和大气沉降，存在形式主要有硒化物、元素硒、亚硒酸盐、硒酸盐和有机硒化物，主要取决于土壤 pH 和氧化还原条件，土壤类型也有一定的影响。此外，工业废弃物的堆放也是部分地区土壤硒的来源。煤和富硒黑色岩系中，硒主要以有机结合态和硫化物结合态存在。水中的硒主要来自岩石风化、水土流失和大气干湿沉降，部分水体硒也来源于工业污水的排放和废料堆积的淋滤。水中硒可以被动植物、微生物所利用进入食物链，也可以被沉积物吸附形成沉积岩。大气中的硒来源于火山喷发、化石燃料燃烧，此外一些甲基化微生物可以在好氧或厌氧条件下将无机硒转化成二甲基硒等，所以污水处理厂附近空气中常含有较高含量的硒。植物也能将无机硒代谢形成甲基硒。动物摄入过量硒时代谢产生的甲基硒可以经呼吸排出体外，也可以经尿液排出。

4. 碲

碲(tellurium)在地壳中的平均丰度值很低，约为 $2\times10^{-7}\%$，也属于稀有分散元素。在自然界中，碲除了个别形成自然碲和碲的混合物外，主要是与 Au、Ag 和铂族元素以及 Pb、Bi、Cu、Fe、Zn、Ni 等金属元素形成碲化物、碲硫(硒)化物，以及碲的氧化物和含氧盐等矿物，已发现的碲化物矿超过 170 种[6]。四川省石棉县大水沟的独立碲矿床是当时世界上第一个报道的独立碲矿床[7]。土壤和水系沉积物等地球表生介质中也存在非常少量的碲。

5. 钋

钋(polonium)是镭放射性衰变系列中 ^{201}Bi 衰变的产物，在地壳中的丰度值更低，约为 $3\times10^{-14}\%$，也属于稀有分散元素。1 t 沥青铀矿中仅约含 0.1 mg 的钋[8]。铀矿中还含有其他同位素 ^{214}Po 和 ^{218}Po，以及属于锕系的 ^{215}Po 和 ^{211}Po。钍矿中也存在 ^{212}Po 和 ^{216}Po。在镎系中存在 ^{213}Po。

6. 鉝

鉝(livermorium)是人造元素，目前尚未在自然界中发现该元素。

1.1.2 氧族元素的同位素

自然界中氧含有三种同位素，即 ^{16}O、^{17}O 和 ^{18}O。在氧气中，它们的含量分别为 99.76%、0.04%和 0.2%。通过分馏水能够以重氧水($H_2^{18}O$)的形式富集 ^{18}O。^{18}O 是一种稳定的同位素，常作为示踪原子用于化学反应机理的研究中。天然物质的氧同位素组成通常用 ^{18}O/^{16}O 值确定的 $\delta(^{18}O)$来描述，一般采用标准平均海洋水(SMOW)作为标准品。氧同位素在地球科学中广泛用于确定成岩成矿物质来源及成岩成矿温度，在地理学中被用作确定年代的参考，常用于冰川的断代[9]。

硫元素在自然界中有 ^{32}S、^{33}S、^{34}S 以及 ^{36}S 四种稳定的同位素，天然丰度分别为 95.02%、0.75%、4.21%和 0.02%。硫同位素作示踪剂在化学、地球化学、农业科学和环境科学研究中都有广泛的应用[10]。天然物质的硫同位素组成用 ^{34}S/^{32}S 值确定的 $δ(^{34}S)$ 表示，标准品为美国亚利桑那铁陨石中的陨硫铁，简称 CDT。

硒在自然界存在的稳定同位素及相应的丰度为 ^{74}Se 0.9%、^{76}Se 9.0%、^{77}Se 7.6%、^{78}Se 23.5%、^{80}Se 49.8%和 ^{80}Se 9.2%。

碲最常见的同位素是 ^{128}Te 及 ^{130}Te，但它们都有微弱的放射性。

钋的所有同位素的半衰期都很短，因此钋在自然界仅以极少量的 ^{238}U 的衰变产物——^{210}Po(半衰期为 138 天)的形式存在于铀矿中。尽管有半衰期略长于 ^{210}Po 的同位素存在，但这些同位素较难分离出来。

𬭛是极具放射性的人造元素，有 4 种已知的同位素，质量数为 290～293，其中最稳定的是半衰期约为 60 μs 的 ^{293}Lv。

1.1.3 氧族元素的一般性质

氧族元素是指元素周期表上第 16 列(VIA 族)的元素，包括氧(O)、硫(S)、硒(Se)、碲(Te)、钋(Po)和𬭛(Lv)六种元素。其中，氧、硫和硒为典型的非金属元素(但硒的一些同素异形体有准金属的特性)，碲为准金属元素，钋为放射性金属元素(但一些研究认为钋是准金属[11])，𬭛为放射性人造金属元素。在标准状况下，除氧单质为气体外，其他元素的单质均为固体。

氧族元素有相似的电子构型模式(包括预测的 Lv 为 2，8，18，32，32，18，6[12])，最外层中都有相同数量的 6 个价电子，因此其化学性质相似。氧族元素所有稳定的固态单质都是软的[13]，导热性差。电负性随原子序数的增加而减小[14]，密度、熔点和沸点以及原子和离子半径随原子序数的增加而增加。由上至下的规律性很明显(表 1-1)。

表 1-1 氧族元素一般性质的一些主要数据

	氧	硫	硒	碲	钋	𬭛
原子序数	8	16	34	52	84	116
价电子构型	$2s^22p^4$	$3s^23p^4$	$4s^24p^4$	$5s^25p^4$	$6s^26p^4$	$7s^27p^4$
常见氧化数	−2，−1，0	−2，0，+2，+4，+6	−2，0，+2，+4，+6	−2，0，+2，+4，+6	−2，+2，+4，+6	−2，+2，+4，+6
相对原子质量	15.99	32.06	78.97	127.60	209	294
共价键半径/pm	60	104	117	137	153	175

续表

	氧	硫	硒	碲	钋	钅立
第一电离能 /(kJ·mol^{-1})	1320	1005	947	875	812	724
第一电子亲和能 /(kJ·mol^{-1})	−141	−200	−195	−190	−183	—
第二电子亲和能 /(kJ·mol^{-1})	−780	−590	−420	−295	—	—
电负性	3.44	2.58	2.55	2.10	2.00	—
常见配位数	1, 2	2, 4, 6	2, 4, 6	6, 8	—	—
单质晶体类型	分子晶体	分子晶体	分子晶体(红硒) 链状晶体(灰硒)	链状晶体	金属晶体	金属晶体

氧、硫、硒的价电子构型为 ns^2np^4，趋向于得到两个电子形成阴离子。氧的电负性为 3.44，仅次于氟，与氟形成 OF_2 时显正氧化数，在其余化合物中均为负氧化数。氧与电负性较低的碱金属和碱土金属等化合时，形成离子型化合物。氧与电负性较高的元素形成共价单键、双键和三键化合物，如 H_2O、甲醛($H_2C=O$) 和 CO 等。硫也可与电负性低的元素形成离子型化合物，如 Na_2S 等，但这种倾向比氧弱得多。硫可与电负性较高的元素形成共价单键化合物(H_2S)和共价双键化合物(CS_2)等。硫原子价电子轨道中的 3d 轨道是空的，3s 和 3p 轨道中的电子可被成单地激发到 3d 轨道参加成键，因此常出现多种高价态，氧却没有这种情况。氧的化学性质与其他氧族元素不同[15]。硒和碲的游离态也存在几种同素异形体，最稳定的是灰硒和灰碲，它们都是有金属光泽的脆性晶体。硒是典型的半导体材料，少量的硒加到普通玻璃中可消除由于玻璃中含有亚铁离子而产生的绿色[16]。碲也是半导体材料，碲与锌、铝、铅能生成合金，其机械性能和抗腐蚀性能均得到改善[17]。

思考题

1-1 为什么氧族元素的非金属活泼性弱于卤素？

1.1.4 氧族元素的元素电势图

从氧族元素在酸性/碱性溶液中的标准电极电势(图 1-4)可以看出它们的氧化还原性。

酸性溶液中($E_A^{\ominus}/V$):

O$_2$-H$_2$O$_2$-H$_2$O 系统

$$O_2 \xrightarrow{-0.13} HO_2 \xrightarrow{1.5} H_2O_2 \xrightarrow{0.72} OH+H^+ \xrightarrow{2.85} H_2O$$

总电势：1.23；分段：0.68，1.78

O$_3$-O$_2$-H$_2$O 系统

$$O_3 \xrightarrow{1.34} HO+O_2 \xrightarrow{2.8} H_2O+O_2$$

总电势：2.07

S 系统

$$S_2O_8^{2-} \xrightarrow{2.01} SO_4^{2-} \xrightarrow{0.22} S_2O_6^{2-} \xrightarrow{0.57} H_2SO_3 \xrightarrow{0.08} HS_2O_4^- \xrightarrow{0.88} S_2O_3^{2-} \xrightarrow{0.50} S \xrightarrow{0.14} H_2S$$

附加电势：0.17；0.41（经 $S_5O_6^{2-}$）0.49；0.51（经 $S_4O_6^{2-}$）0.08；0.40；0.45；0.36

Se、Te 系统

$$SeO_4^{2-} \xrightarrow{1.15} H_2SeO_3 \xrightarrow{0.74} Se \xrightarrow{-0.40} H_2Se$$

$$H_6TeO_6 \xrightarrow{1.02} TeO_2 \xrightarrow{0.53} Te \xrightarrow{-0.72} H_2Te$$

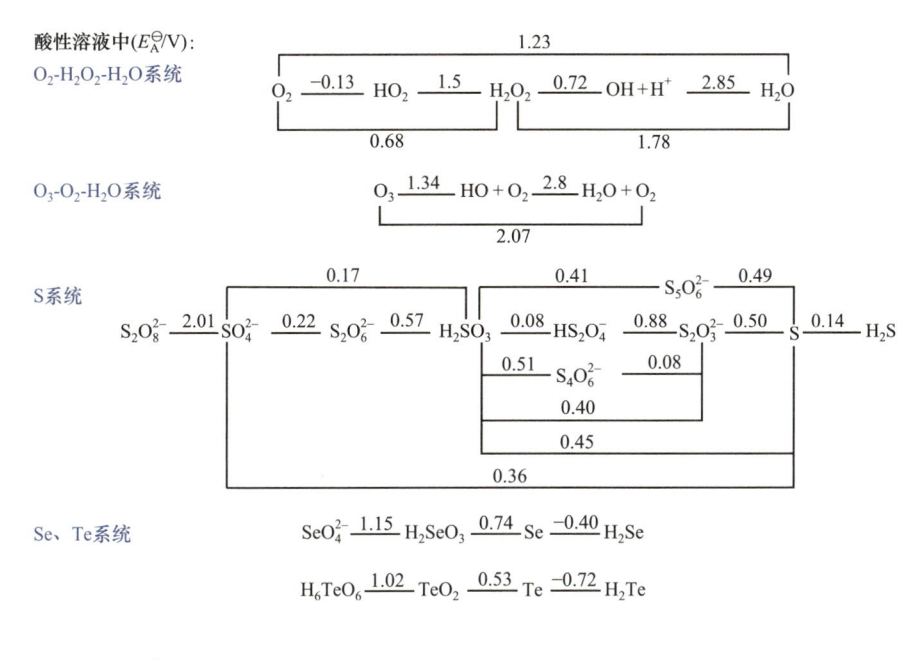

碱性溶液中($E_B^{\ominus}/V$):

O$_2$-H$_2$O$_2$-H$_2$O 系统

$$O_2 \xrightarrow{-0.56} O_2^- \xrightarrow{-0.41} HO_2^- \xrightarrow{-0.25} OH+OH^- \xrightarrow{2.0} 2OH^-$$

分段：−0.08，0.87

O$_3$-O$_2$-H$_2$O 系统

$$2O_2 \xrightarrow{-0.13} HO_2+O_2 \xrightarrow{0.89} O_3+H_2O$$

总：0.38

S 系统

$$SO_4^{2-} \xrightarrow{-0.93} SO_3^{2-} \xrightarrow{-0.57} S_2O_3^{2-} \xrightarrow{-0.74} S \xrightarrow{-0.5} S^{2-}$$

附加电势：0.75；−0.66；−1.12（经 $S_2O_3^{2-}$）−0.50；−0.59

Se、Te 系统

$$SeO_4^{2-} \xrightarrow{0.05} SeO_3^{2-} \xrightarrow{-0.37} Se \xrightarrow{-0.92} Se^{2-}$$

$$TeO_4^{2-} \xrightarrow{>0.4} TeO_3^{2-} \xrightarrow{-0.57} Te \xrightarrow{-1.14} Te^{2-}$$

图 1-4 氧族元素的元素电势图

1.1.5 氧族元素的成键特性

氧族元素最高氧化态可以达到 +6，其中氧、硫、硒、碲可以结合两个电子形成氧化数为 −2 的阴离子，从而表现出典型的非金属特征。氧原子因为没有 3d

轨道，最高氧化态为 +2。氧族元素的原子结合两个电子不像卤素原子结合一个电子那么容易，因此氧族元素的非金属活泼性弱于卤素。另外，由于氧到硫在原子性质上表现出电离能和电负性的突然降低，所以硫、硒、碲等原子与电负性较大的元素结合时，常失去电子而显正氧化态。氧以下的元素在价电子层中都存在空的 d 轨道，当与电负性大的元素结合时也会参与成键，所以硫、硒及碲可以显 +2、+4、+6 氧化态。

1. 氧的成键特性

氧可以得到两个电子形成 O^{2-} 阴离子，与活泼金属的阳离子结合形成离子型化合物，如碱金属氧化物和大部分碱土金属化合物。氧原子通过共用电子对形成共价键，氧原子之间可以形成 O_2、O_3 等单质。氧与电负性大于氧的元素化合时呈 +2 氧化态，与电负性小于氧的元素化合时一般显示 –2 氧化态，在过氧化物中呈 –1 氧化态。氧原子未参与杂化的 p 轨道中的电子可以与多个原子形成多中心离域 π 键，如 O_3、SO_2、NO_2 等。氧原子 p 轨道的电子对可以向其他原子的空轨道配位形成 σ 配键、π 配键或 d-pπ 配键。氧原子的电子经重排后空出的 p 轨道可以接受其他原子的电子对的配位形成配位键。对于以分子为基础的化学键，O_2 分子结合一个电子，形成超氧化物，如 KO_2 和 RbO_2 等；O_2 分子结合或共用两个电子形成过氧化物，如 Na_2O_2、BaO_2 和 H_2O_2 等；O_2 分子可以用孤对电子对金属离子进行配位，形成 O_2 分子配合物；与氮、氟相似，氧也有形成氢键的倾向，氧既可作为质子的给予体，如 O—H⋯X (X = F、O 等)，又可作为接受体，如 H_2O⋯H—X。

2. 硫的成键特性

硫与氧类似，既可以与电负性较小的原子结合形成离子型化合物，又能通过两个共价单键形成共价型化合物。与氧原子不同的是，硫原子之间有强烈成链的倾向，而且这种长硫链也是形成链状化合物的结构基础。硫单质最稳定的是分子式为 S_8 的同素异形体。由于硫原子有可以被利用的 3d 轨道，成对的电子可以拆开成单地进入 3d 轨道进而参与成键，因此硫可以呈现最高为 +6 的氧化态。另外，因为 d 轨道参与成键，所以硫原子可以与较多的配位原子结合，能够形成配位数为 2、4、5 和 6 的配合物(表 1-2)。硫原子形成氢键的倾向很弱，一般认为不形成氢键。

表 1-2 硫元素的成键特征

结构基础	键型		结构图式	σ键数目	π键类型	π键数目	孤对电子	分子形状	实例
S	离子键		[:S:]²⁻	—	—	—	—	—	Na₂S, CaS
	共价键	成键轨道 p		1	π_3^4	2	1	直线形	CS₂
		sp²		2	π_3^4	1	1	角形	SO₂
				3	π_4^6	1	0	平面三角形	SO₃(g)
		sp³		2	—	0	2	角形	H₂S, SCl₂
				3	p-dπ	1	1	三角锥形	H₂SO₃
				3	p-dπ	3	1	三角锥形	SO₃²⁻
				4	p-dπ	2	0	四面体形	H₂SO₄
				4	p-dπ	4	0	正四面体形	SO₄²⁻
		sp²d		4	—	0	1	变形四面体形	SF₄, SCl₄
		sp³d²		6	—	0	0	八面体形	SF₆, S₂F₁₀
—Sₓ—	x = 2		S₂Cl₂、过硫化氢(H₂S₂)及其盐(Ns₂S₂, FeS₂)、连二硫酸(H₂S₂O₆)等						
	x > 2		多硫化氢(H₂Sₓ)和多硫化物[Na₂Sₓ, (NH₄)₂Sₓ]、连多硫酸(H₂S₅O₆)和连多硫酸盐(如 Na₂S₄O₆)						

3. 硒、碲和钋的成键特性

硒和碲也能形成 −2 价的离子,但稳定性从上到下依次降低,主要形成共价键。虽然在成链的倾向上不如硫原子,但是硒和碲也可形成表观氧化态为 +1 的二聚卤化物和拟卤化物 X₂Y₂。此外,硒和碲还能形成若干聚合阳离子化合物,其氧化态小于 1,其化合物基本都是共价化合物,并且以 +4 氧化态最稳定。随着原子半径的增大,元素的金属性增强,钋表现出明显的金属性质,可以还原水中的 H⁺,以 Po²⁺ 的形式存在,并且许多钋盐也是存在的。

1.2 氧族元素的发现和命名

1.2.1 氧单质的发现和命名

1771年，瑞典药物化学家舍勒(C. W. Scheele，1742—1786)发现加热氧化汞(HgO)和各种硝酸盐能产生氧气。因为它是当时唯一已知的支持燃烧的介质，所以舍勒将这种气体称为"火空气"。他在《论空气与火》的手稿中记述了这一发现[18]。1774年，英国科学家普里斯特利(J. Priestley，1733—1804)发现将阳光聚焦在玻璃管中的氧化汞上，可以释放出一种气体，他称其为"去燃空气"。他指出，蜡烛在该气体中燃烧更亮，老鼠在吸入该气体后更活跃，寿命更长。普里斯特利在呼吸了这种气体后写道："吸入这种气体，与普通空气相比，我肺部的感觉并没有明显的不同，但后来有一段时间，我觉得我的胸部感觉特别轻松。"[19]1775年，普里斯特利在论文《进一步发现空气》中论述了他的发现，这篇论文收录在他的《对不同类型空气的实验和观察》一书的第二卷中[20]。

拉瓦锡(A. L. Lavoisier，1743—1794)第一次进行了充分的氧化定量实验，并第一次正确地解释了燃烧是如何进行的。他质疑燃素理论，并进行了类似的实验，证明舍勒和普里斯特利发现的物质是一种化学元素。他在1777年出版的《燃烧的工程》一书中记录了这一实验和其他有关燃烧的实验：证明了空气是两种气体的混合物；"重要的空气"和氮，"重要的空气"对燃烧和呼吸是必不可少的；将"重要的空气"这个词重新命名为氧(oxygène)，因英国生物学家查尔斯·罗伯特·达尔文(C. R. Darwin，1809—1882)的祖父伊拉斯谟斯·达尔文(E. Darwin，1731—1802)在他的畅销书《植物园》(1791年)中写了一首题为"氧气"的诗歌，歌颂了这种气体。最终"氧"这一名称被一直沿用至今[21]。

舍勒 　　　　　　　普里斯特利 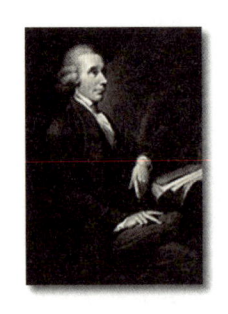　　　　　　　拉瓦锡

1.2.2 硫单质的发现和命名

硫黄自古以来就为人所知。它被用作"希腊火"的组成部分[22]。在中世纪，它是炼金术实验的重要原料。自从 1746 年英国化学家罗巴克(J. Roebuck, 1718—1794)发明了铅室法制造硫酸和 1777 年硫被法国化学家拉瓦锡确认为一种元素后[23]，硫便被人们广泛关注。18 世纪，意大利西西里的硫矿床是硫的主要来源[24]。18 世纪晚期，每年约有 2000 t 硫黄被进口到法国马赛，用于生产硫酸。1867 年，在美国路易斯安那州和得克萨斯州的地下矿床中发现了单质硫。随着接触法的出现，目前大部分硫黄都被用于硫酸的制造。

1.2.3 硒单质的发现和命名

1817 年，贝采里乌斯(J. J. Berzelius，1779—1848)和甘恩(J. G. Gahn, 1745—1818)发现了硒。这两位化学家用铅室法生产硫酸时发现铅室中产生了一种红色沉淀，根据推测是一种砷化合物。由于砷有剧毒，因此由黄铁矿制造硫酸被迫终止了。他们还观察到红色沉淀在燃烧时会散发出一种刺激性的气味。这种气味不是砷的典型气味，在碲化合物中也发现了类似的气味，推测是一种碲的化合物。后来，贝采里乌斯重新分析了红色沉淀物，发现其是一种类似于硫和碲的新元素。由于它与以地球命名的碲元素相似，贝采里乌斯根据希腊神话中的月亮女神 Selene 命名了这一新元素[25-26]。

1.2.4 碲单质的发现和命名

碲于 18 世纪在罗马尼亚金矿中被发现。1782 年，赖兴施泰因 (F. J. M. von Reichenstein，1740—1825)刚开始认为矿石不含锑，所含物质为硫化铋[27]。第二年，他发现矿石中主要含有金和一种与锑非常相似的未知金属[28]。后来他发现这种新金属会散发出一种白烟，带有一种萝卜似的气味，它使硫酸呈红色，当这种溶液被水稀释时，会产生黑色的沉淀物，但他无法确定这种金属具体是哪种金属，于是将其命名为"悖论金"(paradox gold)和"问题金属"(metallum problematicum)[29-30]。1789 年，匈牙利科学家基陶伊拜尔(P. Kitaibel，1757—1817)也在矿石中发现了这种元素。1798 年，克拉普罗特(M. H. Klaproth，1743—1817)将碲从钙钛矿中分离出来并对其命名[30-31]。

1.2.5 钋单质的发现和命名

钋是居里夫人(M. Curie，1867—1934)于 1898 年发现的，并以居里夫人的故乡波兰(拉丁语为 Polonia)命名[32]。这种元素是居里夫妇在调查沥青铀矿放射性的原因时发现的第一种元素。他们在 1898 年 7 月首次从沥青铀矿中分离出钋，五个月后又分离出镭。德国科学家马克瓦尔德(W. Marckwald，1864—1942)在 1902 年成功分离出 3 mg 钋，当时他认为这是一种新元素，并称其为"放射性碲"，直到 1905 年才证明其与钋是同一种元素[33]。

贝采里乌斯　　甘恩　　基陶伊拜尔　　克拉普罗特　　居里夫人

1.2.6 鉝的发现和命名

鉝是极具放射性的元素，目前只在实验室中被制造出来，没有在自然界中观察到的记录。2000 年 7 月 19 日，俄罗斯杜布纳联合原子核研究所(JINR)的科学家使用 ^{48}Ca 离子撞击 ^{248}Cm 目标，探测到鉝原子的一次 α 衰变，能量为 10.54 MeV。由于 ^{292}Lv 的衰变产物和已知的 ^{288}Fl 关联，因此这次衰变起初被认为源自 ^{292}Lv[34]。然而，之后科学家将 ^{288}Fl 更正为 ^{289}Fl，所以衰变来源 ^{292}Lv 也顺应更改为 ^{293}Lv。他们于 2001 年 4~5 月进行了第二次实验，又发现了两个鉝原子。

$$^{48}_{20}Ca + ^{248}_{96}Cm \longrightarrow ^{296}_{116}Lv \longrightarrow ^{293}_{116}Lv + 3^{1}_{0}n \tag{1-1}$$

研究团队在 2005 年 4~5 月重复进行实验，并探测到 8 个鉝原子。衰变数据证实所发现的同位素是 ^{293}Lv。同时，他们通过 4n 通道第一次观测到 ^{292}Lv。2009 年 5 月，发现了鉝的同位素包括 ^{283}Cn[35]。^{283}Cn 是 ^{291}Lv 的衰变产物，这意味着 ^{291}Lv 也被正式发现[36]。2011 年 6 月 11 日，IUPAC 证实了鉝的存在。2013 年，全国科学技术名词审定委员会将该元素名称确定为鉝[37]，元素符号为 Lv，是 116 号元素。

> **思考题**
>
> 1-2　发现 116 号元素的意义是什么？

1.3　氧族元素单质的结构、性质、制备和用途

在标准状况下，氧族元素中除氧单质为气体外，其他元素的单质均为固体。由于氧和本族其他元素的化学性质差异较大，因此除氧以外的本族元素又合称为硫族元素。当温度和压力改变时，氧族元素大多数具有多种同素异形体。需要说

明的是，有些同素异形体是用计算理论化学计算得到的稳定态或亚稳态，只是由于技术问题目前尚未制备得到。

1.3.1 氧元素单质

氧元素单质有氧气、臭氧(ozone)和固态氧(α、β、γ、δ、ε、ζ、θ相)共9种同素异形体[38]。

1. 氧气

1) 结构

氧气(O_2)为双原子氧(图 1-5)，键长 121 pm，键能 498 kJ·mol^{-1}。与生物圈内其他分子的双键或两个单键相比，双原子氧的键能更低，所以它与任何有机分子的反应都会释放热能[39-40]。氧气的两个氧原子形成共价键，双原子氧的一个 2p 轨道形成 σ 键，另两个 2p 轨道形成 π 键。其分子轨道式为$(\sigma_{1s})^2(\sigma_{1s}^*)^2(\sigma_{2s})^2(\sigma_{2s}^*)^2(\sigma_{2p})^2(\pi_{2p})^4(\pi_{2p}^*)^2$，因此氧气是奇电子分子，具有顺磁性。

图 1-5 双原子氧(O_2)分子的电子式和结构模型

2) 性质

氧气是一种氧化剂，易与大多数元素形成氧化物。在标准压力和温度下，氧气是一种无色、无臭、无味的气体。氧气在水中比氮气更易溶解，在淡水中比在海水中更易溶解。氧气在水中的溶解度随温度的升高而降低，在 0℃时溶解度为 14.6 mg·L^{-1}，大约是 20℃时(7.6 mg·L^{-1})的 2 倍。氧气在 90.20 K 冷凝，在 54.36 K 冻结。液态氧和固态氧都是浅蓝色透明物质(吸收了红色光而呈现蓝色)[41]。液态氧(图 1-6)是高反应活性物质，必须与可燃物质隔离。

图 1-6 液态氧

极光和气辉(夜辉)的部分颜色来自于氧气分子的光谱[42]。氧气分子会吸收赫茨贝格连续区和舒曼-龙格带内的紫外辐射，形成原子氧。

氧气最主要的化学性质是助燃。几乎所有可燃物的燃烧都需要氧气。能够支持聚合物燃烧的氧气最小浓度称为极限氧指数。可燃物燃烧是剧烈氧化反应，常见的燃烧有：

碳(氧气充足时) $\qquad C + O_2 \xrightarrow{点燃} CO_2$ (1-2)

碳(氧气不充足时)　　　$2C + O_2 \xrightarrow{\text{点燃}} 2CO$　　　　　(1-3)

镁　　　　　　　　　　$2Mg + O_2 \xrightarrow{\text{点燃}} 2MgO$　　　　(1-4)

铁(只能在纯氧中燃烧)　$3Fe + 2O_2 \xrightarrow{\text{点燃}} Fe_3O_4$　　　(1-5)

镁是一个例外。镁在氧气、二氧化碳、氮气中都能燃烧。

3) 制备

工业上利用分离液态空气(图 1-7)和电解水制取氧气。

实验室制备氧气的方法较多，简介如下：

(1) 实验室小规模制氧气。一般加热氯酸钾和催化剂二氧化锰的混合物，生成氧气和氯化钾[43]。

$$2KClO_3 \xrightarrow[\triangle]{MnO_2} 2KCl + 3O_2\uparrow \qquad (1\text{-}6)$$

用此方法制得的氧气通常含有少量的氯气。

(2) 加热高锰酸钾可制备氧气。

$$2KMnO_4 \xrightarrow{\triangle} K_2MnO_4 + MnO_2 + O_2\uparrow \qquad (1\text{-}7)$$

(3) 用过氧化氢溶液和催化剂二氧化锰反应制得氧气，同时产生水[44]。

$$2H_2O_2 \xrightarrow{MnO_2} 2H_2O + O_2\uparrow \qquad (1\text{-}8)$$

(4) 电解水也能制备氧气(图 1-8)。电解水时，正极产生氧气，负极产生氢气。

$$2H_2O \xrightarrow{\text{通电}} 2H_2\uparrow + O_2\uparrow \qquad (1\text{-}9)$$

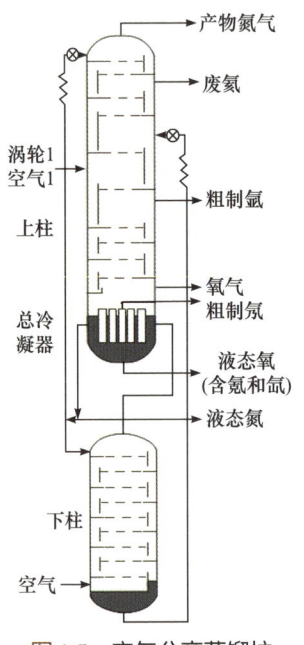

图 1-7　空气分离蒸馏柱

4) 用途

氧被大量用于熔炼、精炼、焊接、切割和表面处理等冶金过程中；液体氧是一种制冷剂，也是高能燃料氧化剂。它和锯屑、煤粉的混合物称为液氧炸药，是一种比较好的爆炸材料。液体氧也可作火箭推进剂。氧与水蒸气相混，可用来代替空气吹入煤气气化炉内，能得到较高热值的煤气。氧气是许多生物过程的基本成分，因此氧也用来在飞机、潜艇、太空船[45]、潜水[46]及火灾中维持生命。医疗上用氧气疗法

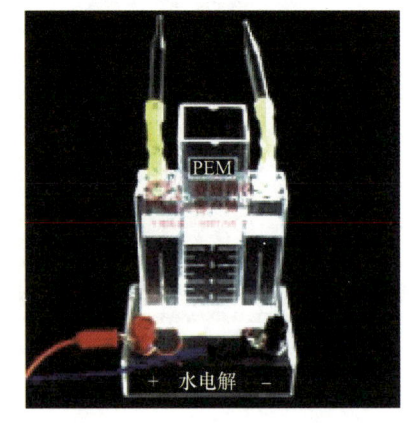

图 1-8　微型电解水装置

医治肺炎以及煤气中毒等缺氧症[47]。石料和玻璃产品的开采、生产和制造均需要大量的氧。

2. 臭氧

1) 结构

臭氧分子由 3 个氧原子组成，呈弯曲形对称结构(图 1-9)。中心原子采取 sp^2 杂化，两个杂化轨道与其他两个氧原子形成两个 σ 键，另一个杂化轨道容纳孤对电子，除此以外，互相平行的 $2p_z$ 轨道重叠形成三中心四电子的大 π 键。

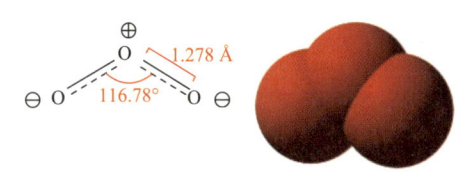

图 1-9　臭氧的结构

臭氧分子可以结合一个电子形成臭氧根离子(O_3^-)，所形成的化合物为离子型臭氧化合物。臭氧分子也可以形成臭氧链——O—O—O—，构成共价型臭氧化物，如 O_3F_2[48]。

例题 1-1

画出臭氧分子的 π_3^4 分子轨道示意图。

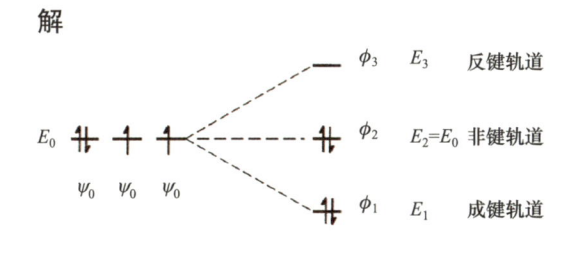

解

臭氧分子的分子轨道示意图

---

2) 性质

臭氧在常温下是一种有特殊臭味的淡蓝色气体，微溶于水，易溶于四氯化碳或碳氟化合物而显蓝色。在 –112℃凝结成深蓝色的液体，低于 –193℃形成紫黑色固体。大多数人都可以嗅到臭氧类似氯的刺鼻气味。人体暴露在 0.1～1 ppm (1 ppm = 10^{-6})的臭氧中时会感觉头痛，眼睛灼热，刺激呼吸道。低浓度的臭氧闻起来就像下过雨后出门闻到的"新鲜空气"的气味，十分怡人。臭氧反应活性强，极易分解，很不稳定，比氧活泼。臭氧会因光、热、水分、金属、金属氧化物以及其他的触媒而加速分解为氧。其性质如下。

(1) 不稳定性。事实上臭氧是吸能物种，常温下可缓慢分解为 O_2。

$$O_3(g) =\!=\!= \frac{3}{2} O_2(g) \qquad \Delta_r H_m^\ominus = -142.7 \text{ kJ} \cdot \text{mol}^{-1} \tag{1-10}$$

(2) 强氧化性。臭氧能迅速且定量地将 I^- 氧化成 I_2，此反应也可以用来测定 O_3 的含量。

$$O_3 + 2H^+ + 2e^- \longrightarrow O_2 + H_2O \qquad E^\ominus = 2.07 \text{ V} \tag{1-11}$$

$$O_3 + H_2O + 2e^- \longrightarrow O_2 + 2OH^- \qquad E^\ominus = 1.20 \text{ V} \tag{1-12}$$

$$O_3 + 2I^- + 2H^+ =\!=\!= I_2 + O_2 + H_2O \tag{1-13}$$

臭氧可将某些难以氧化的单质和化合物氧化。例如：

$$2Ag + 2O_3 \longrightarrow Ag_2O_2 + 2O_2 \tag{1-14}$$

例题 1-2

写出下列两个可用于环保的反应方程式。
(1) 用 O_3 处理电镀工业中的含 CN^- 废液。
(2) 金在 O_3 作用下可以迅速溶解于 HCl。

解 (1) $O_3 + CN^- \longrightarrow OCN^- + O_2 \longrightarrow CO_2 + \frac{1}{2} N_2 + \frac{1}{2} O_2$

(2) $2Au + 3O_3 + 8HCl =\!=\!= 2H[AuCl_4] + 3O_2 + 3H_2O$

3) 制备

工业上用干燥的空气或氧气采用 5~25 kV 的交流电压进行无声放电制取臭氧，用空气作氧源时会衍生出大量氮氧化合气体。目前最先进的臭氧制备方法为高能量紫外线光解空气，可生成纯净的臭氧。另外，在低温下电解稀硫酸，或将液体氧气加热都可制得臭氧。

三过氧化三丙酮分解也可以产生臭氧，但反应较为剧烈，不宜使用。

$$C_9H_{18}O_6 =\!=\!= 3C_3H_6O + O_3 \tag{1-15}$$

臭氧发生器(系统)的主要控制参数为臭氧发生量、臭氧浓度、放电电压、功率、空气处理介质等。

4) 用途

臭氧作为一种常温下的气态强氧化剂，能迅速弥漫到整个灭菌空间，灭菌不留死角，杀菌更彻底，因此臭氧可用于净化空气及饮用水、杀菌、处理工业废物和作为漂白剂[49]。在一些游泳池用臭氧取代氯气作为消毒用途。臭氧的灭菌过程属于生物化学氧化反应，能氧化分解细菌内部葡萄糖所需的酶，使细菌灭活死亡，也能直接与细菌、病毒作用，破坏它们的细胞器和 DNA、RNA，使细菌的新陈代谢受到破坏，导致细菌死亡；还能透过细胞膜组织侵入细胞内，作用于外膜的脂蛋白和内部的脂多糖，使细菌发生通透性畸变而溶解死亡。

3. 固态氧简介

在严格压力和温度条件下，固态氧可以有不同的晶型。在固态氧中，既存在磁交换相互作用，又存在分子间的范德华力，并且晶体的总能量主要由交换相互作用提供。当前，已经确定高压下固态氧共存在 6 个相，包括 3 个低压相和 3 个高压相。常压低温下，固态氧具有 3 个相(图 1-10)，分别为单斜 α-O_2 相[50-51]、菱方层状 β-O_2 相[52]、立方 γ-O_2 相[53-54](图 1-11)，其温度稳定区间分别为 0~45.6 K、

图 1-10 固态氧的相图

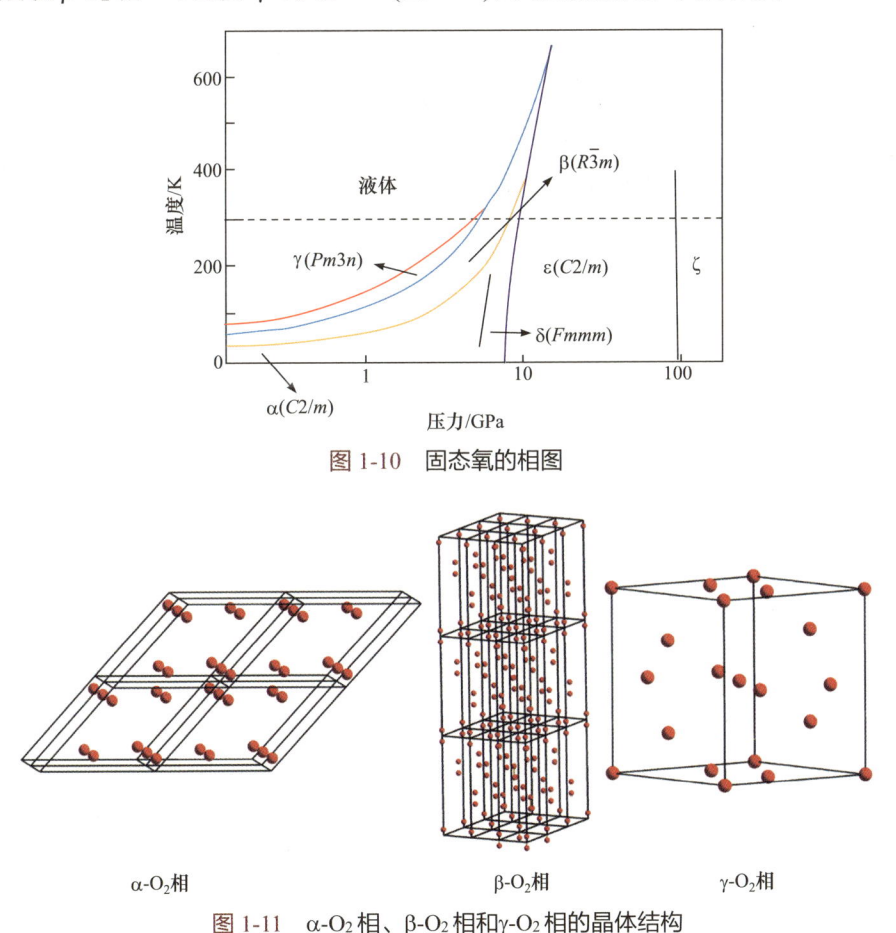

α-O_2相　　　　　β-O_2相　　　　　γ-O_2相

图 1-11　α-O_2 相、β-O_2 相和 γ-O_2 相的晶体结构

23.9~43.8 K、43.8~54.3 K[51-55]。单斜 α-O₂ 相具有反铁磁性，这是简单电子对模型无法解释的。在 295 K，压力增加到约 5.4 GPa 时，固态氧转变为菱方层状 β-O₂ 结构，磁性行为变为短程有序。γ-O₂ 相属于立方晶系，具有顺磁性[56]。随着低温高压技术以及测量技术的进步，研究者通过拉曼光谱、红外光谱、中子衍射、电子衍射、布里渊散射、X 射线衍射等重要方法对固态氧的高压下 p-V-T 关系、磁学性质、晶体结构及相变等物理性质进行了充分的研究[57]。

在理论研究方面，研究者运用密度泛函理论和第一性原理通过计算预测等手段也取得了一些重要成果。高压室温下，固态氧有 3 个相，分别是橙色的 δ-O₂ 相、暗红色的 ε-O₈ 相(图 1-12)和金属 ζ-O₈ 相[57]。当压力增加到约 6 GPa 时，α-O₂ 相转变为

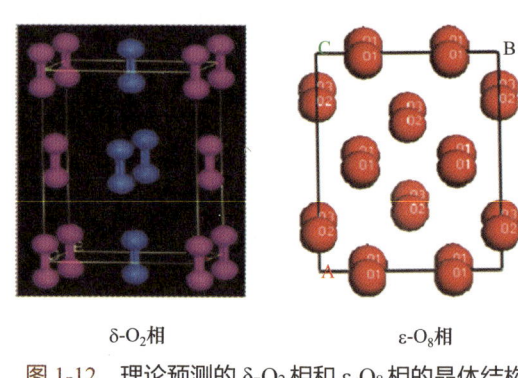

δ-O₂ 相　　　　　　ε-O₈ 相

图 1-12　理论预测的 δ-O₂ 相和 ε-O₈ 相的晶体结构

另一个绝缘相 δ-O₂ 相[50,58-59]。在约 8 GPa 的较高压力下，氧的磁序被破坏，形成由 O₈ 团簇组成的第三个绝缘相 ε-O₈ 相[60-61]。约 10 GPa 时，固态氧晶体呈透明浅蓝色，随着压力的增加依次转变为橙色、红色[57,62]。进一步加压到约 40 GPa 时，由红色转变为暗红色，并且几乎是不透明的。当压力高于 96 GPa 时，ε-O₈ 相等经结构转变为 ζ-O₈ 金属相[63-64]，当压力约 100 GPa 时，固态氧变成超导氧，转变温度为 0.6 K，且电阻率测量和迈斯纳退磁信号已证实这一转变[54]。当压力低于 220 GPa 时，没有新相出现，当压力高于 260 GPa 时有新相出现，预示着金属结构不稳定[65]。

Wang 等利用 CALYPSO(粒子群优化的晶体结构分析)方法[66]，预测分子氧在高于 1.92 TPa 压力下可解离成较稳定的正方晶系 $I4_1/acd$ 结构(命名为 θ-O₄ 相，四聚氧，每个晶胞有 16 个原子，图 1-13)，其密度比 ζ-O₈ 相稍高(约 1.3%)[67]。

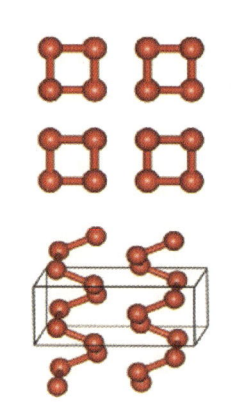

图 1-13　θ-O₄ 相的晶体结构

> **思考题**
>
> 1-3 查阅相关文献(刘艳辉. 固态氧高压相变的第一性原理研究[D]. 长春: 吉林大学, 2008), 说明如何理解"在固态氧中, 既存在磁交换相互作用, 又存在分子间的范德华力, 并且晶体的总能量主要是由交换相互作用所提供"这句话。是否能推测出一些固态氧同素异形体的性质与可能的用途？

1.3.2 硫元素单质

1. 一般介绍

硫是目前报道的唯一能受动力学控制合成新的同素异形体的一种元素[68]。由于 S—S 键键合时能形成多种形式的分子，并以多种方式排列形成晶体，因此硫是能形成最多固态同素异形体的元素。这些同素异形现象主要是由单质硫的分子 S_8 在不同温度下加热时发生质的变化引起硫内部结构的变迁而造成的。硫的同素异形体有斜方硫(rhombic sulfur)、单斜硫(monoclinic sulfur)和弹性硫(plastic sulfur，图 1-14)，从晶体构型上可以分为硫环和硫链两种，从形态上可以分为固态硫、液态硫和气态硫[69]。

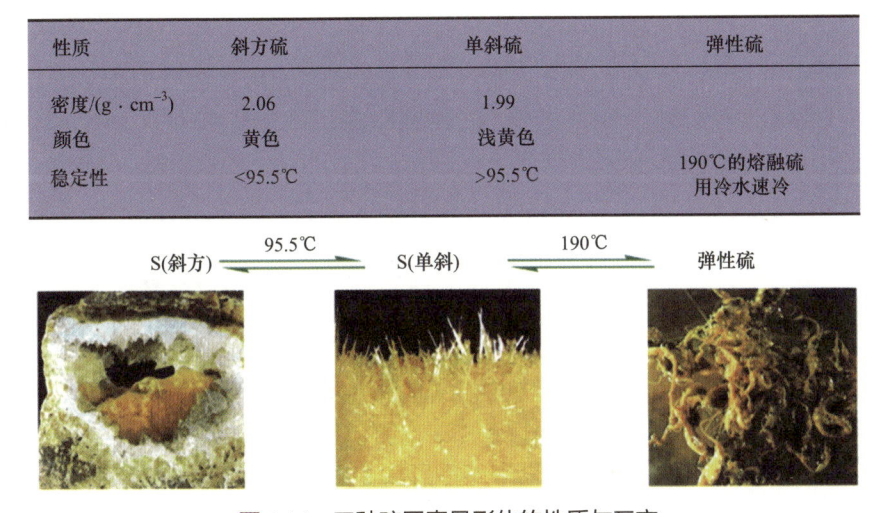

性质	斜方硫	单斜硫	弹性硫
密度/(g·cm^{-3})	2.06	1.99	
颜色	黄色	浅黄色	
稳定性	<95.5℃	>95.5℃	190℃的熔融硫用冷水速冷

S(斜方) ⇌ 95.5℃ ⇌ S(单斜) ⇌ 190℃ ⇌ 弹性硫

图 1-14 三种硫同素异形体的性质与互变

硫的相图(图 1-15)中有可能一共存在四个三相点，实线是斜方硫、液态硫与硫蒸气三相间相互平衡的情况，虚线为介稳平衡态。在所有的物态中，硫都有不同的同素异形体，无论种类，硫单质常简写为 S[69]。晶体硫一般是由八个原子组成的环 S_8，也存在不稳定的环状 S_6 分子作为结构单元的硫单质。

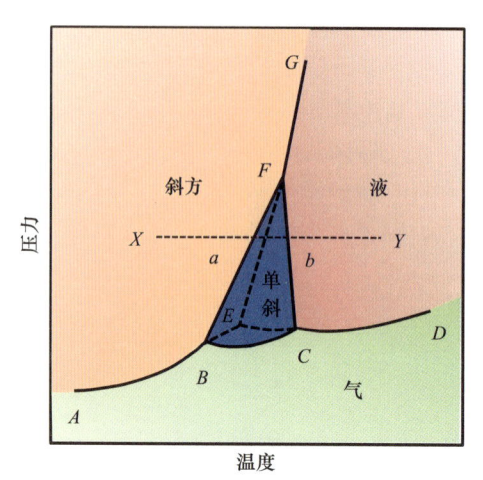

图 1-15 硫的相图

实验室使用的硫粉一般为斜方硫,其熔点为 385 K,当硫开始熔化时,结构仍为 S_8 环,其分子一般具有混杂排列的特征,故此时为黄色流动性液体;随着温度升高,热能使环中的硫原子振动增强,S—S 键开始断裂,生成的硫原子链在每端有一个未成对的电子,当链端的硫原子遇到另一个链时,形成共价键成为 S_{16} 链,继续聚合生成 S_{24} 等长链。长链互相缠绕使液体变得非常黏滞。将单质硫加热到 433 K 以上,S_8 环形分子破裂变成开链状的线形分子,并且聚合成更长链的大分子,黏度增大,颜色变暗红。503 K 时将这种液态硫急速倾入冷水中,纠缠在一起的长链硫被固定下来,成为可以拉伸的弹性硫(S_μ)。在更高的温度下,由于硫原子的振动更加剧烈,长链开始断裂成较小的链段,若继续加热到 563 K 以上,长硫链的大分子断裂成短链的小分子,如 S_6、S_3、S_2 等,黏度减小,流动性增大,液体再次变稀。717.6 K 时,硫变成硫蒸气,根据蒸气密度可知,硫的蒸气中含有 S_8、S_6、S_4、S_2 等分子。约 1273 K 时,蒸气的密度相当于 S_2 分子,1723 K 时,S_2 分子开始分解为单原子 S[69-70]。

$$S_{24} \rightarrow 2S_{12} \rightarrow 3S_8 \rightarrow 4S_6 \rightarrow 6S_4 \rightarrow 12S_2 \rightarrow 24S \tag{1-16}$$

因此,硫有大量的同素异形体(表 1-3),其数量仅次于碳。有关详细的结构、性质、制备等此处不再赘述,读者可参阅相关文献了解[70-71]。下面仅介绍三种稳定的 S_8 固态同素异形体,即 α-硫(正交晶系)、β-硫和 γ-硫(均为单斜晶系)[72]。其中以斜方晶系的 α-硫最稳定,即自然硫。α-硫及 β-硫都是由 S_8 环状分子组成的。α-S_8 在 369 K 以下稳定,β-S_8 在 369 K 以上稳定,369 K 是这两种变体的转变温度,在此温度下这两种变体处于平衡状态。α-硫为黄色,β-硫为浅黄色,它们的导热性、导电性都很差,性松脆,不溶于水,能溶于 CS_2 中(从中再结晶,可得到纯度很高的晶状硫)。

表 1-3 硫的同素异形体汇总

硫的同素异形体	晶体结构	状态
气态硫的同素异形体	S	g
	S_2	g
	S_3	g
	反式-S_4	g
	非对称-S_4	g
	顺式-S_4	g
	环状-S_4	g
	支链-S_4	g
	四面体-S_4	g
	S_5	g
环硫分子同素异形体	S_6	s, g, l
	α-S_7	s, g, l
	β-S_7	s, g, l
	γ-S_7	s, g, l
	δ-S_7	s, g, l
	α-S_8	s, g, l
	β-S_8	s, g, l
	α-S_9	s, g, l
	β-S_9	s, g, l
	S_{10}	s, g, l
	$S_6 \cdot S_{10}$	s, g, l
	S_{11}	s, g, l
	S_{12}	s, g, l
	S_{13}	s, l
	S_{14}	s, l
	S_{15}	s, l
	α-S_{18}	s, l
	β-S_{18}	s, l
	S_{20}	s, l
聚合硫	S_μ	s, l
	S_ψ	s, l
	S_ω	s, l

> **思考题**
>
> 1-4 阅读文献 Steudel R, Eckert B. Solid sulfur allotropes.//Steudel R. Elemental Sulfur and Sulfur-Rich Compounds Ⅰ, Berlin/Heidelberg: Springer, 2003: 1-80. 思考为什么硫的同素异形体那么多。

2. S₈固态同素异形体

1) 斜方 α-硫

尽管早期就有科学家尝试分析 S₈同素异形体的结构，但直到 1935 年 Warren 和 Burwell[73]才首次对 S₈晶体以及分子结构进行了正确的描述。Abrahams 和 Kalnajs[74]在 1955 年对其进行了进一步讨论。Rettig 和 Trotter[75]在 1987 年再次确认了 α-S₈的结构，从而证实了早期研究的结果，但其准确性更高。α-硫由 S₈环状分子结晶而成(图 1-16)，其结构俗称皇冠构型[76]，高度对称，属于非极性分子，因此不溶于水，微溶于乙醇和乙醚，溶于 CS_2、CCl_4 和苯等非极性溶剂，实验室常用 CS_2 除去粘在试管壁上的硫。在 S₈环状分子中，由于分子是四面体构型，每个 S 原子采取 sp³ 杂化，与另两个硫原子通过共价单键(σ 键)相连，分子中共有 8 个 S—S 单键。在此构型中键长为 204 pm，内键角为 108°，两个面之间的夹角为 98°[70]。

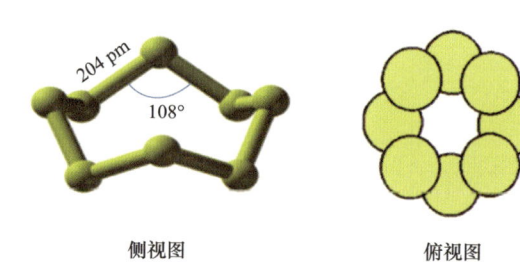

图 1-16 S₈环状结构

α-S₈的空间群为 *Fddd*，晶胞包含 16 个分子，128 个原子，以两层排列，每层垂直于晶体 *c* 轴，形成"曲轴结构"，晶体呈双锥状或厚板状，其晶胞参数 *a* = 10.4646 Å，*b* = 12.8660 Å，*c* = 24.4860 Å，分子结构参数见表 1-4。

表 1-4 α-S₈、β-S₈ 和 γ-S₈ 中 S₈分子的结构参数

同素异形体	晶体空间群	键长/pm	键长区间/pm	角度/(°)	角度区间/(°)	扭转角/(°)	扭转角区间/(°)	温度/K	参考文献
α-S₈	*Fddd*	204.6(3)	203.8～204.9	108.2(6)	107.4～109.0	98.5(19)	96.9～100.8	298	[75]
β-S₈ᵃ	*P2₁/c*	204.8(2.0)	200.9～207.7	107.7(7)	106.2～108.9	99.1(1.7)	95.9～101.5	218ᶜ	[77-78]

续表

同素异形体	晶体空间群	键长/pm	键长区间/pm	角度/(°)	角度区间/(°)	扭转角/(°)	扭转角区间/(°)	温度/K	参考文献
β-S₈ᵃ	d $P2_1/c$	204.2(4.4)	194.8~213.4	108.3(1.6)	105.6~111.8	98.3(2.2)	94.3~102.4	218ᶜ	[77-78]
γ-S₈ᵇ	Iᶜ $P2/c$	204.6(9)	203.7~206.0	108.0(4)	107.8~108.6	98.6(5)	98.0~99.2	约300	[79-80]
	II $P2/c$	204.5(9)	203.5~205.8	107.5(4)	107.1~108.0	99.4(5)	98.6~99.9	约300	[79-80]

a. 字母 o 和 d 分别指代 β-S₈ 处于有序和无序位置的分子;
b. I 和 II 是指 γ-S₈ 的两个独立分子;
c. $T_c \approx 198$ K 转变温度以上的无序结构。

2) 单斜 β-硫

α-硫加热到 368.6 K 转化为 β-硫。晶胞参数和空间群最早是由 Burwell 报道的[81]。β-S₈ 为黄色针状晶体。原子参数由 Donald 报道[82], Templeton 等的报道具有更高的准确性[78], 同时给出了 β-S₈ 晶体孪晶的晶体学解释。β-S₈ 的空间群为 $P2_1/c$(表 1-5), 有两个冠状的 S₈ 环, 具有近似 D_{4d} 对称性(图 1-17)。与斜方硫的情况一样, β-S₈ 分子是完全的 D_{4d} 对称性略微变形。因此, 与处于有序位置的分子相比, 无序分子显示出更大的几何参数变化(表 1-5)。297 K 下, 晶胞参数为 a = 10.926 Å, b = 10.852 Å, c = 10.790 Å, $β$ = 95.92°。晶胞包含 6 种 S₈ 分子, 48 个原子, 密度为 1.94 g·cm⁻³, 比 α-硫小 12%。

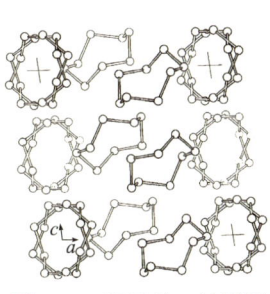

图 1-17 沿晶体 b 轴投影的单斜 β-S₈ 晶胞

表 1-5 β-S₈ 在两个温度下的晶体结构数据

晶体空间群	晶胞参数 a/pm	b/pm	c/pm	$β$/(°)	温度/K	参考文献
$P2_1/c$(No.14)	1092.6(2)	1085.2(2)	1079.0(3)	95.92(2)	297	[78]
$P2_1$(No.4)	1079.9(2)	1068.4(2)	1066.3(3)	95.71(1)	113	[77]

注: No.14 和 No.4 均为晶体点群编号。No.14 表示四方晶系的点群; No.4 表示正交晶系的点群。

3) 单斜 γ-硫

从 S₈ 的溶液中可以获得 γ-硫。单斜 γ-S₈ 为浅黄色针状棱柱形晶体, 珠光闪烁[83]。Lind 和 Geller[84] 较早提出这种同素异形体中 S₈ 分子为"剪切便士卷"排列(图 1-18)。γ-硫的结构曾有多次报道, 最准确的结构数据是 Gallacher 和 Pinkerton 于 1993 年报道的(表 1-6)[85]。其空间群为 $P2/c$, 晶胞参数为 a = 8.455 Å, b = 13.052 Å,

c = 9.267 Å，β = 124.89°。晶胞包含 8 种 S_8 分子，密度为 2.19 g·cm^{-3}，高于 α-硫和 β-硫。分子形成伪六边形密堆积结构。不对称单元由两个半个 S_8 单元组成，其中两个独立分子具有双重晶体学对称性。与 α-S_8 和 β-S_8 相比，γ-S_8 环周围键长的差异非常明显，键长的变化更大。最短分子间距离约为 345 pm，接近 α-S_8 和 β-S_8 修饰的值。γ-S_8 中的分子堆积效率与 α-S_8 相当。

图 1-18　单斜 γ-S_8 向下投影到 b 轴的"剪切便士卷"结构

表 1-6　γ-S_8 在 300 K 左右的晶体结构数据

晶体空间群	点对称	晶胞参数			$\beta/(°)$
		a/pm	b/pm	c/pm	
$P2/c$(No.13)	2-C_2	845.5(3)	1305.2(2)	926.7(3)	124.89(3)

注：No.13 表示单斜晶系的点群。

3. 硫的性质、制备和用途

纯硫呈浅黄色，质地柔软、轻。硫单质的导热性和导电性都差。与氢结合生成有毒化合物硫化氢，有一股臭味(臭鸡蛋味)。硫燃烧时的火焰是蓝色的(图 1-19)，并散发出一种特别的硫黄味(二氧化硫的气味)。结晶形硫不溶于水，微溶于乙醇和乙醚，溶于二硫化碳、四氯化碳和苯。

图 1-19　硫燃烧的蓝色火焰

硫在反应中易得到 2 个电子而呈 –2 价，其最高正价为 +6 价，单质硫的化合价为 0，处于中间价态，因此单质硫既有氧化性又有还原性，在反应中既可作氧化剂又可作还原剂。硫的主要化学性质表现在以下方面。

(1) 在加热的条件下，硫能被 H_2 和绝大多数金属单质还原。硫的氧化性比较弱，与变价金属反应时往往生成低价态的金属硫化物。

与 H_2 反应：

$$S + H_2 \xrightarrow{\triangle} H_2S \qquad (1\text{-}17)$$

与 Na 反应：

$$S + 2Na \xrightarrow{\triangle} Na_2S \qquad (1\text{-}18)$$

与 Fe 反应：

$$S + Fe \xrightarrow{\triangle} FeS \qquad (1\text{-}19)$$

与 Cu 反应：

$$S + Cu \xrightarrow{\triangle} CuS \qquad (1\text{-}20)$$

与 Al 反应：

$$3S + 2Al \xrightarrow{\triangle} Al_2S_3 \qquad (1\text{-}21)$$

特别是 Hg、Ag 在常温下不与 O_2 反应，但易与 S 反应。

(2) 能与氧、碳、卤素(碘除外)等直接作用。例如：

$$S + 3F_2(\text{过量}) = SF_6 \qquad (1\text{-}22)$$

$$S + Cl_2 = SCl_2 \qquad (1\text{-}23)$$

$$S + O_2 = SO_2 \quad (\text{硫在空气中燃烧}) \qquad (1\text{-}24)$$

(3) 能与氧化性酸作用。例如：

$$S + 2HNO_3 = H_2SO_4 + 2NO\uparrow \qquad (1\text{-}25)$$

$$S + 2H_2SO_4(\text{浓}) = 3SO_2\uparrow + 2H_2O \qquad (1\text{-}26)$$

(4) 能与浓氢氧化钠溶液反应。

$$3S + 6NaOH(\text{冷}) = 2Na_2S + Na_2SO_3 + 3H_2O \qquad (1\text{-}27)$$

$$4S + 6NaOH(\text{热}) = 2Na_2S + Na_2S_2O_3 + 3H_2O \qquad (1\text{-}28)$$

思考题

1-5 试写出几个单质(包括金属和非金属)与碱的反应式。

硫主要以单质状态广泛存在于自然界中。每次火山爆发都会将大量的地下硫带到地面(也有人工开采的，图 1-20)。从化合物中提取硫有两种方法：

(1) 硫化氢的氧化：

$$2H_2S + 3O_2 =\!=\!= 2SO_2 + 2H_2O \tag{1-29}$$

$$2H_2S + SO_2 =\!=\!= 3S + 2H_2O \tag{1-30}$$

(2) 隔绝空气加热黄铁矿：

$$FeS_2 \xrightarrow{1200℃} S + FeS \tag{1-31}$$

火山爆发　　　　人工开采硫

图 1-20　火山爆发和人工开采硫

硫在工业中很重要，如硫酸应用非常广。硫可用来制造黑火药，在橡胶工业中作硫化剂。硫还用来杀真菌。硫化物在造纸业中用来漂白。硫酸盐在烟火中也有用途。硫代硫酸钠和硫代硫酸铵在照相中用作定影剂。硫酸镁可用作润滑剂，加在肥皂和轻柔磨砂膏中，也可以用作肥料。所有硫的稳定同素异形体都是极好的电绝缘体。

1.3.3　硒元素单质

硒元素单质的同素异形体依然很多，可分为气态硒(vapor selenium)、液态硒(liquid selenium)、固态硒(solid selenium)、纳米硒(nano selenium)和硒团簇(selenium clusters)五大类。本书重点介绍固体硒。

1. 气态硒

在临界温度(常压 958 K)下固体硒蒸发得到硒蒸气(图 1-21)。与硫类似，硒在气态时的结构很复杂，有 Se_1、Se_2、Se_3、Se_4、Se_5、Se_6、Se_7、Se_8 共 8 种气态分子处于平衡状态。由于 Se_2 分子的稳定性高，硒蒸气的主要成分是 Se_2 与 Se_1 的混合蒸气[86]或 Se_2 与从 Se_3 到 Se_8 的其他所有物种的混合蒸气[87]。压力对气态硒的分子结构影响明显,在真空中较高的温度下,气态硒倾向于分解成较少原子的分子[88]。Becker 等研究了硒的真空紫外光谱,并讨论了不同环硒 $Se_n(n = 5\sim8)$ 分子的几何结构和电子结构[89]。Se_6 和 Se_8 是具有强简并电子基态的高度对称环(D_{3d} 和 D_{4d}),而 Se_5 和 Se_7 分子是对称性(C_{1h})较低的环。

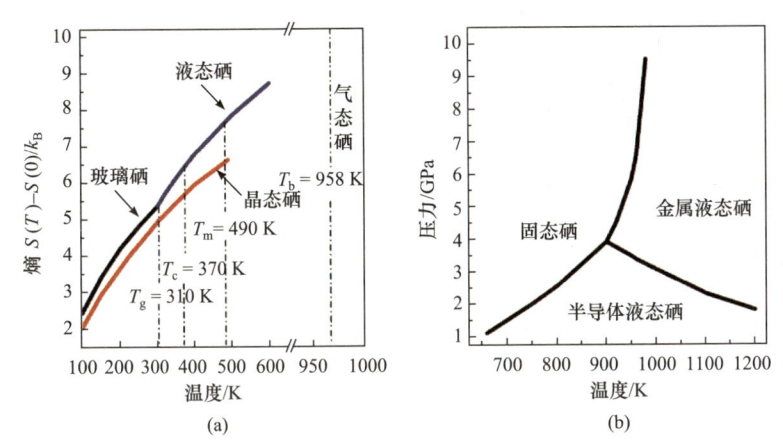

图 1-21　(a)熵作为温度的函数,气态硒-液态硒-晶态硒-玻璃硒(g-Se)的转化;
(b)固态硒和液态硒的温度-压力相图

2. 液态硒

液态硒是最不寻常的元素液体之一,在熔点(T_m = 490 K)以上表现出高黏度,临界点(T_c = 1860 K,p_c = 380 bar①)以下存在带隙和具有低电导率(600℃电导率为 10^{-3} $\Omega^{-1}\cdot cm^{-1}$)[90],被称为"液体半导体"。液态硒的导电性随着温度升高而增加,接近常压下液态金属在临界点附近的电导率值。但本质上硒在临界点附近是分子流体,而不是金属流体[91]。

大量研究证明低温下液态硒由类似于液态硫的环和链的混合物组成(图 1-22),环-链平衡随着温度升高而改变,环逐渐转化成链分子,在熔点(217℃)附近,主要由长链高分子组成(平均链长 $10^4\sim10^5$ 个原子)。中子衍射结果表明自由旋转链分子中键长为 2.38 Å,键角为 103°,配位数为 2.0[92]。随着温度升高,链分子的平均长度变短。液态硒中分子间原子的最近邻距离约为 3.4 Å,接近三方晶态硒的相应值(3.44 Å)[93]。由于这种双重共价键合的结构,三方晶态硒的电子结构的主要特征在熔化时保持不变,即最高填充价带是由非键孤对电子形成的,导带与反键 4p 电子有关。液态硒的半导体特性与这种键合方式有关。Tamura 研究了液态硒在液-气临界点附近的热力学性质、电子性质和结构,证实了在 1500℃

---

① 1 bar = 10^5 Pa。

和 51 MPa 条件下存在近似的双重配位结构(平均链长仅为 7 个原子，配位数略低于 2)[94]。

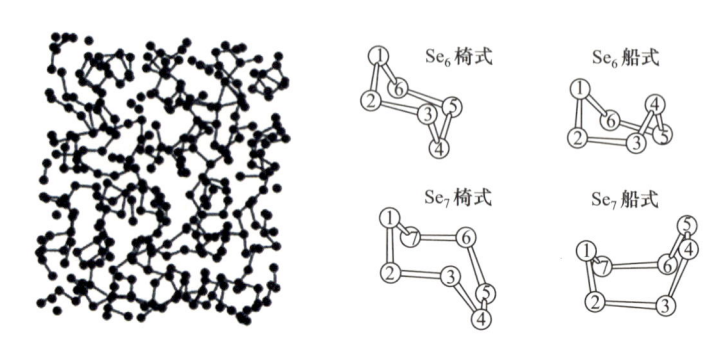

图 1-22 液态硒的链结构和环结构

研究者应用理论计算和分子模拟对液态硒键角的分布、环结构的存在、链的长度、键的寿命等进行了相应研究和报道[95-99]。Misawa 和 Suzuki 提出了一个近似液态硒无序链模型，解释了液态硒分子中环和链分子之间的转化[95]。

3. 固态硒

常温常压下固态硒单质有的为红色或灰色粉末状、灰色金属状，有的为黑色玻璃状(图 1-23)。固态硒的同素异形体主要可分为晶态硒(crystalline selenium)和非晶态硒(non-crystalline selenium)两大类。晶态硒有 7 种，包括 α-Se、β-Se、γ-Se、δ-Se 四种形式的红色单斜硒，灰色金属状三方晶态硒，菱方晶态硒，正交晶态硒；非晶态硒有 2 种，包括无定形红硒和玻璃状黑硒。晶态硒中以灰色金属状三方晶态硒最稳定，密度为 4.81 g·cm^{-3}。商用的常见形式是玻璃状黑硒，其结构也最为复杂。

图 1-23 灰色金属状和红色粉末状固态硒

1) 晶态硒

(1) 结构。表 1-7 汇总了三方晶态硒、菱方晶态硒、正交晶态硒、单斜硒的晶体结构参数和一些性质。单斜硒均由皱褶 Se$_8$ 环通过不同堆叠形成[100-104]，都不稳定，易转化为三方硒。三方晶态硒呈灰黑色，与 Te 同构，其晶胞由六边形排列的螺旋链组成[105]。菱方晶态硒由硒六元环(Se$_6$)组成，晶胞含有 3 个 Se$_6$(对称性为 D_{3d})，空间群为 $R\overline{3}$ [106]。正交晶态硒晶胞包含 28 个原子，可能是由四个 S$_7$ 环组成[107-109]。

表 1-7　三方晶态硒、菱方晶态硒、正交晶态硒、单斜硒的晶体结构参数和一些性质

	三方晶态硒	菱方晶态硒	正交晶态硒	单斜硒			
晶体	t-Se	r-Se	o-Se	α-Se	β-Se	γ-Se	δ-Se
结构单元	Se_∞链	Se_6环	Se_7环	Se_8环	Se_8环	Se_8环	Se_8环
空间群	$P3_121$ 或 $P3_221$	$R3\text{-}H$	$P2_1/m$	$P2_1/n$	$P2_1/a$	$P2_1/c$	$P2_1/c$
晶胞	3 个原子	3 个 Se_6 环	28 个原子，约 4 个 Se_7 环	4 个 Se_8 环	4 个 Se_8 环	8 个 Se_8 环	18 个原子
晶胞参数	$a = 4.3662$ Å; $b = 4.3662$ Å; $c = 4.9536$ Å; $\alpha = 90°$; $\beta = 90°$; $\gamma = 120°$; $V = 81.78$ Å^3	$a = 11.362$ Å; $b = 11.362$ Å; $c = 4.429$ Å; $\alpha = 90°$; $\beta = 90°$; $\gamma = 120°$; $V = 495.16$ Å^3	$a = 26.32$ Å; $b = 6.88$ Å; $c = 4.34$ Å; $\alpha = 90°$; $\beta = 90°$; $\gamma = 90°$	$a = 9.054$ Å; $b = 9.083$ Å; $c = 11.601$ Å; $\alpha = 90°$; $\beta = 90.81°$; $\gamma = 90°$; $V = 953.94$ Å^3	$a = 12.85$ Å; $b = 8.07$ Å; $c = 9.31$ Å; $\alpha = 90°$; $\beta = 93.13°$; $\gamma = 90°$; $V = 964.00$Å^3	$a = 15.018$ Å; $b = 14.713$ Å; $c = 8.789$ Å; $\alpha = 90°$; $\beta = 93.61°$; $\gamma = 90°$; $V = 1938.16$Å^3	$a = 9.041$ Å; $b = 8.969$ Å; $c = 14.517$ Å; $\alpha = 90°$; $\beta = 127.819°$; $\gamma = 90°$; $V = 929.9$ Å^3
平均键长/Å	2.373	2.356	2.36	2.336	2.34	2.334	2.333
平均键角/(°)	103.1	101.1	103	105.7	105.7	105.8	105.7
平均二面角/(°)	101.0	76.2	0~113	102.0	—	101.1	—
颜色	金属灰色	金属灰色	—	红色	红色	红色	红色
密度/(g·cm^{-3})	4.807	4.71	4.67	4.46	4.352	4.33	4.512
光电流峰/eV	1.8	2.6	2.6	2.8	2.8	2.8	—
带隙/eV	1.87	1.9	1.9	2.1	—	—	—

(2) 制备。单斜 α-Se 和 β-Se 是通过在室温下缓慢(α-Se)或快速(β-Se)蒸发黑色玻璃状硒的 CS_2 或苯溶液获得的[110]。β-Se 晶体还可以通过二氯化硒和金刚烷胺在四氢呋喃中的反应得到[111]。单斜 γ-Se 从二哌啶四硒的 CS_2 溶液中获得(产率为 75%)[112]。用 CS_2 萃取细粉玻璃状硒直到深橙红色的饱和溶液，过滤、蒸发溶剂得到红色不规则六边形板状 δ-Se 晶体[102]。

灰色三方晶态硒是热力学最稳定的形式，可通过加热其他同素异形体，缓慢冷却熔融硒或热苯胺中非晶态硒的饱和溶液，或者在−220℃下冷凝硒蒸气获得[105,113-115]。另外，从红色无定形硒的 CS_2 溶液中结晶还可以得到 Se_6 菱方硒晶

体(图 1-24)[116]。

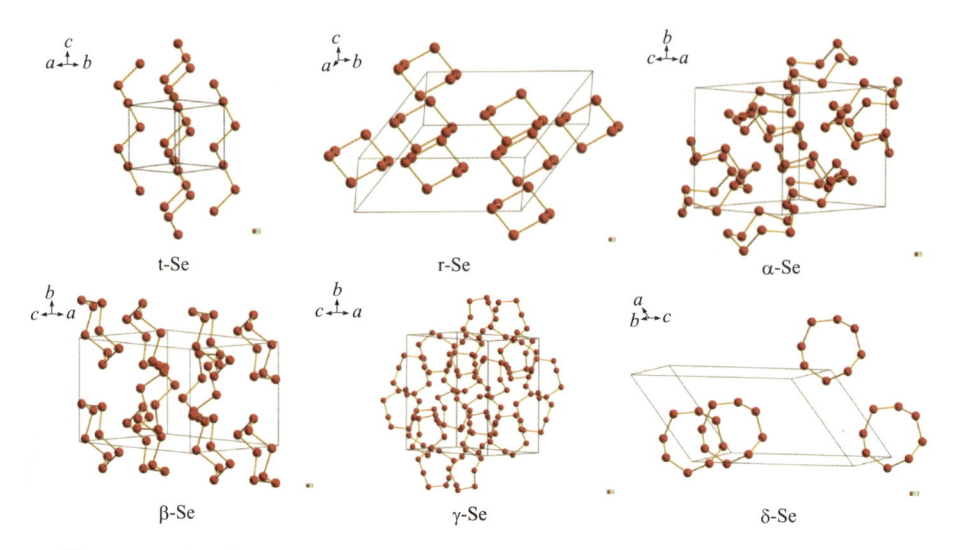

图 1-24　三方晶态硒(t-Se)、菱方晶态硒(r-Se)和红色单斜硒(α-Se、β-Se、γ-Se、δ-Se)的晶体结构

2) 非晶态硒

(1) 结构。非晶态硒有无定形红硒(a-Se)和玻璃状黑硒(g-Se)两种。g-Se 是具有玻璃态的非晶态硒，可以看成一种无机聚合物。它们的结构较复杂，主要从结构均匀性、键合结构的短程结构和中程结构等方面进行理论和实验研究。非晶态硒结构存在不均匀性，如硒团簇、椭球空洞和分形结构、晶体夹杂物(其结构随衬底温度而变化)以及缺陷。

研究者对非晶态硒的键合结构进行了大量的研究和分析。短程结构由三个参数决定，即最近邻配位数 $Z = 2\pm0.1$，共价键长度 $r = 2.30\sim2.37$ Å，角度 $\theta \approx 105°$ (图 1-25)。g-Se 的这些值与 t-Se 和 m-Se 的几乎相同。中程结构参数包括分子间距离 R、二面角 φ (反式/顺式构型)、环链比等。图 1-25 中显示了无定形硒聚合物结构示意图模型。

(2) 制备。a-Se 可由气相、液相和晶相制备。制备 a-Se 薄膜最常用的方法是真空热蒸发法[117-119]。将气体分子(如 Se_6)冷凝可直接制备出大面积的薄膜，厚度可达约 0.5 mm[120]。此外，溅射[121]、化学气相沉积[122]、激光沉积[123]和电子束蒸发[124]等方法也已被用于制备 a-Se 薄膜。a-Se 粉末的制备主要采用球磨法[125]。g-Se 的制备可采用熔体淬火法[126]。

(3) 性质。非晶态硒具有一些独特的电子性质(导电性、雪崩击穿、电子开关与电结晶)。纯 g-Se 硒完全是由电子导电的，没有离子的贡献。室温下、活化能为 0.7~1.0 eV 时直流电导率低至 10^{-17} S·cm^{-1}[127]。a-Se 中的光生载流子在室温下输出常规矩形(非色散)$I_p(t)$信号[128]。对于膜，这些传输参数是衬底温度、膜厚度、弛豫(老化)、偏压照明和掺杂的函数。

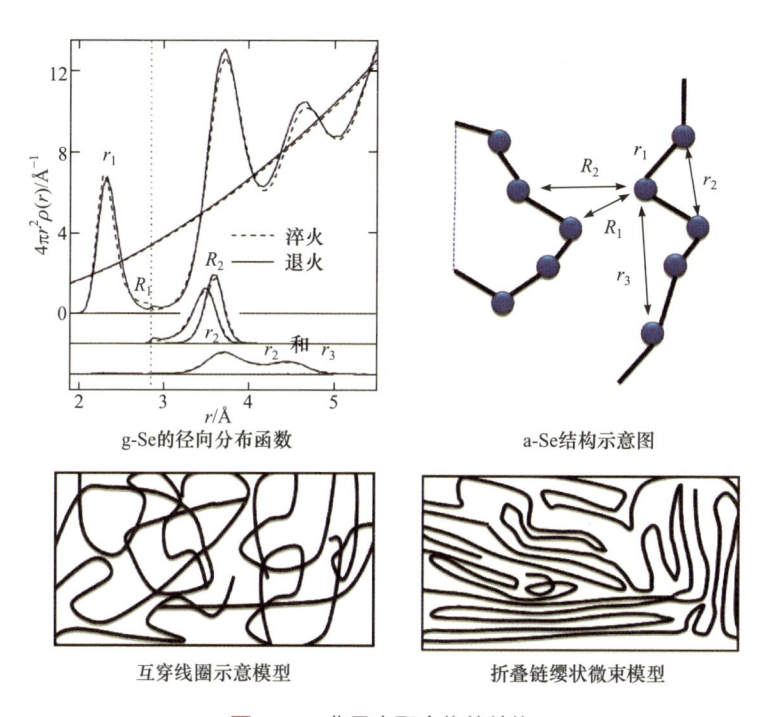

图 1-25 非晶态聚合物的结构

a-Se 薄膜在光学飞行时间测试中表现出光电导雪崩击穿效应[129]。空穴和电子光电流在电场强度大于 1 MV·cm^{-1} 时突然增加。这种效应会引起 a-Se 光电导的灵敏度显著增强[130]，为开发非晶光电导体摄像机奠定了基础。

非晶态硒也具有一些独特的光诱导现象(瞬时效应、光结晶、矢量效应、光致变色和变形)。Vonwiller 首次报道了非晶态硒的光诱导现象——"光照下 g-Se 的流动性"[131]。随后，Ovshinsky 和 Fritzsche[132]在光学(以及电)相变方面的开创性工作引发了世界范围内对非晶态硒的光诱导结构变化研究的广泛关注。a-Se 中的光诱导现象有两种。一种是热变化——加热模式，光吸收引起温度升高，从而控制结构变化[133]；另一种是光致变化——光子模式，在这种模式中，电子激发直接导致一系列转变(不受温度影响)。

(4) 应用。a-Se 光导薄膜已经用于电视摄像机[130]。光触发雪崩击穿产生超高的灵敏度，比晶体硅光电探测器(电荷耦合器件)高 100 倍。目前的研究主要集中在解决 a-Se 薄膜的热不稳定性和光学不稳定性问题[134]以及提高红光灵敏度[135,136]。a-Se 可用于制备 X 射线成像板, 开发用于医疗和科研的 X 射线成像仪[137-138]。

4. 纳米硒

近年来在各种形貌的硒纳米晶体(单斜纳米硒、三方纳米硒、无定形纳米硒、玻璃硒纳米材料,其中三方纳米硒的合成最多)的合成方面取得了显著进展[139-143]。图 1-26 为各种形貌的纳米硒材料及其应用领域。纳米硒材料的独特性质和潜在应用引起了人们的极大兴趣,已成为化学、生物、材料等领域的研究热点之一。更为详细的信息可参阅相关文献[144]。

图 1-26 硒纳米结构示意图及其广泛的潜在应用

5. 硒团簇

原子团簇表现出特殊的尺寸效应,具有与原子态和体相不同的性质。团簇的结构表征是材料科学的一个基本目标。自 20 世纪 90 年代中期以来, 硒团簇因其有趣的光诱导现象以及在半导体器件和高效光电化学电池制造中的潜在应用而受到广泛关注[144]。

6. 固态硒的一般性质和应用

硒可以与硝酸或硫酸反应。硒可以在空气中燃烧,生成二氧化硒,伴有蓝色火焰。硒也可以与大多数金属反应。例如:

$$Se + Cu \stackrel{\triangle}{=\!=\!=} CuSe \tag{1-32}$$

$$Se + 2Ag \xrightarrow{\triangle} Ag_2Se \tag{1-33}$$

$$Se + Zn \xrightarrow{\triangle} ZnSe \tag{1-34}$$

$$3Se + 2Al \xrightarrow{\triangle} Al_2Se_3 \tag{1-35}$$

$$Se + 2K \xrightarrow{液氨} K_2Se \tag{1-36}$$

硒和碱金属氰化物共熔,得到硒氰酸盐[101]。例如:

$$KCN + Se \Longrightarrow KSeCN \tag{1-37}$$

硒和过渡金属氰化物在液氨中有不同的反应发生[145]。例如:

$$3Se + 2CuCN \Longrightarrow Cu(SeCN)_2 + CuSe \tag{1-38}$$

$$22Se + 12AgCN + 16NH_3 \Longrightarrow 6Ag_2Se + Se_4N_4 + 12NH_4SeCN \tag{1-39}$$

硒可以用作光敏材料、电解锰行业催化剂、动物体必需的营养元素和植物有益的营养元素等。用于夜间拍摄的电子照相机中的摄像管(电子倍增管),其关键部件就是非晶态硒膜。硒的主要商业用途是玻璃制造和色素。

1.3.4 碲元素单质

碲有两种同素异形体,一种为斜方晶系银白色结晶(图 1-27),具有金属光泽,性脆,与锑相似;另一种为黑色无定形粉末。碲密度中等,熔、沸点较低,具有良好的导热性和导电性。碲的化学性质与硒相似,在空气或氧中燃烧生成二氧化碲,产生蓝色火焰;易与卤素剧烈反应生成碲的卤化物[146],但不与硫、硒反应,高温下也不与氢作用;溶于硫酸、硝酸、氢氧化钾和氰化钾溶液。碲熔化后会腐蚀铜、铁和不锈钢[147]。

图 1-27　天然 Te 晶体

获得硒和碲的特别有效方法是从电解法冶炼金属的副产物中提取,如由铜精炼厂的阳极泥获得[148]。从阳极泥中提取碲常采用火法和湿法处理相结合的工艺。先对阳极泥进行火法冶金处理(图 1-28),将阳极泥中的碲进行氧化或还原,以获得所需的价态,将碲氧化为碲酸盐和亚碲酸盐,或将其还原为碱性碲化物,再进行湿法冶金处理(图 1-29)。

碲消耗量的 80%用于冶金工业。钢和铜合金加入少量碲,能改善其切削加工性能并增加硬度;在铸铁中碲可用作碳化物稳定剂,使表面坚固耐磨;含少量碲的铅可提升材料的耐蚀性、耐磨性和强度,用作海底电缆的护套。碲可用作石油裂解催化剂的添加剂以及制取乙二醇的催化剂。高纯碲可作温差电材料的合金组分。

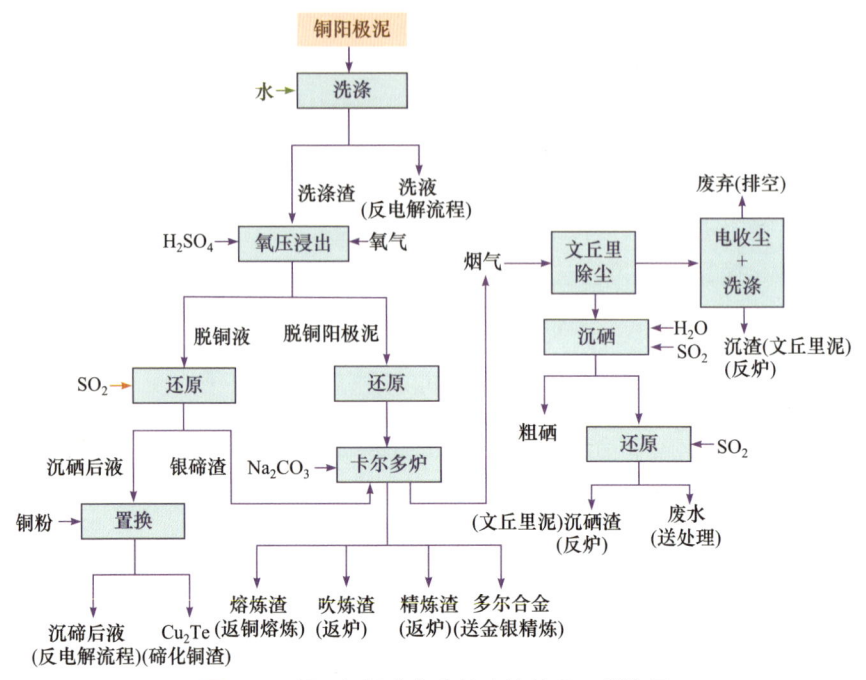

图 1-28　铜阳极泥卡尔多炉火法处理工艺流程

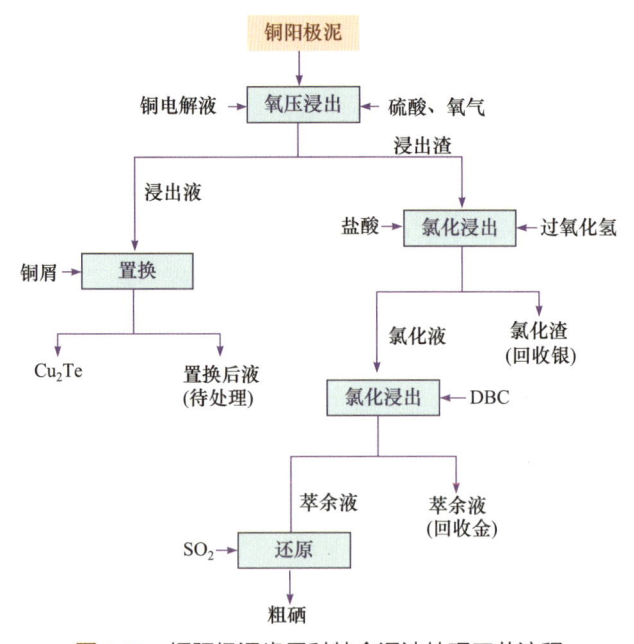

图 1-29　铜阳极泥肯尼科特全湿法处理工艺流程

与多数类金属一样，碲和若干碲化物是半导体材料[149]。超纯碲单晶是新型的红外材料。此外，碲是高性能混合氧化物催化剂中的关键组分，用于丙烷到丙烯酸的非均相催化选择性氧化。碲可用于氨传感器和亚碲酸盐玻璃。

1.3.5 钋元素单质

钋单质是一种稀有且具有高度放射性的银白色金属(图 1-30)，能在黑暗中发光，对人类极为危险。钋的化学性质近似于同族的硒与碲，然而其金属性与同周期的相邻元素铊、铅和铋较为相似。钋有两种同素异形体，分别为 α-Po，密度 9.196 g·cm^{-3}，单正方体；β-Po，密度 9.398 g·cm^{-3}，单菱形体。钋和硒、碲一样有挥发性。钋在 449.85℃下的蒸气压约为 13 Pa，易升华或蒸馏。钋易溶于稀酸，微溶于碱。钋溶于硝酸可以形成正盐 Po(NO$_3$)$_4$ 和各种碱式盐，溶于硫酸只生成简单阳离子的硫酸盐。当钋溶于盐酸时，起初生成氯化亚钋(PoCl$_2$)，但由于 α 射线分解溶剂产生臭氧，钋(Ⅱ)被迅速氧化成钋(Ⅳ)。钋不与硫直接作用。

图 1-30　金属 Po

$$Po + 4HNO_3 =\!=\!= Po(NO_3)_4 + 2H_2 \tag{1-40}$$

钋溶液由于 Po^{2+} 存在而呈粉红色，随后迅速变成黄色，转化为 Po^{4+}。钋在衰变后会释放出 α 粒子，并伴随气泡产生，玻璃器皿因吸收 α 粒子而发出热和光。钋溶液易挥发。当 pH≈1 时，钋离子易被乙酸、柠檬酸和酒石酸等酸水解并络合[150]。

钋尽管有寿命稍长的一些同位素存在，但它们的制造非常困难。毫克量的钋通常由铋的中子照射产生。但其具有强烈的放射性，导致化学键的放射性分解和放射性自热，使化学研究大多只在痕量尺度上进行。钋常用锌还原氧化钋制取。

利用 ^{210}Po 的 α 粒子轰击轻元素靶核发生(α，n)核反应以获得大量中子的特性，可制成钋-锂、钋-硼、钋-铍和钋模拟(^{235}U)裂变中子源[151-152]。钋-铍中子源的用途相当广泛，在原子能工业中主要用于核武器试验以及核潜艇和核电站。据公开资料报道，美国和苏联在早期的核武器中使用了构造复杂的钋-铍中子源作点火源[153]。

利用 ^{210}Po 的强 α 放射性，可制成多种用途的 α 源，如制成参考源，可用来刻度半导体 α 谱仪和其他核物理仪器。利用其 α 粒子能使空气电离的特点，可制成静电消除器和阴离子发生器。放射性同位素制作的静电消除器可用于印刷、造纸、胶片、塑料、卫生材料和纺织等行业[154]。

历史事件回顾

1 臭氧层破坏与修复简介

20 世纪 70 年代,科学家对平流层臭氧爆炸性增长的科学认识震撼了科学和政治领域,甚至持续到今天[155]。

一、一些基本概念

1. 大气中臭氧层的发现

1839 年 3 月 13 日,巴塞尔大学的舍恩拜因(C. F. Schönbein, 1799—1868)教授在一次学术报告中首次报道了他在实验室中发现的一种有臭味的气体[156]。舍恩拜因甚至试图用化学的方法测量大气中臭氧的含量,因为当时人们已经知道,闪电之后大气中通常有臭味,类似于臭氧的味道[157]。当然,他使用化学方法的测量并不成功,因为大气中的臭氧并不在近地面,而是位于 25 km 的高空。

1881 年,爱尔兰物理学家哈特利(W. N. Hartley, 1845—1912)[158]在测量地表太阳紫外辐射时发现太阳辐射光谱在 0.3 μm 波段处存在突然截断的现象,表明太阳紫外辐射在穿越大气层时被某些气体吸收了。哈特利将其归因于臭氧分子

舍恩拜因

的吸收,也就是说大气中存在足够多的臭氧,吸收了绝大部分的太阳紫外辐射。但这并没有解决臭氧的垂直分布问题,直到 20 世纪 30 年代,气球探空开始实施,发现臭氧层主要位于 15~30 km 的高空,浓度最大的臭氧大约在 25 km。

2. 查普曼循环

1930 年,英国物理学家查普曼(S. Chapman, 1888—1970)提出了大气中臭氧的形成和分解的光化理论[159],该理论描述了阳光作用下氧的各种形态间是如何相互转化的(图 1-31)。

植物通过光合作用在大气中释放氧气(将二氧化碳转化为氧气)[160]。这些氧气的积累导致臭氧层在平流层形成。这一层吸收来自太阳紫外辐射的 93%~99%,将氧气转化为臭氧,臭氧形成的过程称为光解。臭氧层是自然分解的,但其形成与自然损耗之间存在差距,就查普曼循环来说,四个反应构成了一个稳态:平流层中臭氧生成的速率等于臭氧分解的速率。因此,平流层中的臭氧总量保持不变。

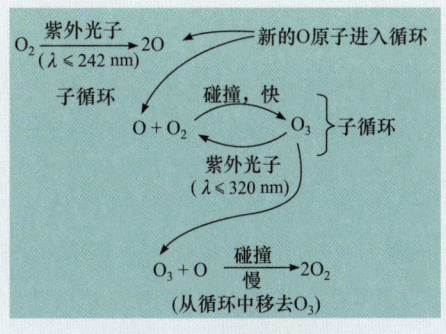

图 1-31　查普曼循环

查普曼

3. 臭氧在大气中垂直分层

1) 平流层和对流层的臭氧分布

臭氧是垂直分布的。大部分(约90%)臭氧存在于平流层，少量(约10%)臭氧存在于对流层(图 1-32)。它是由阳光、挥发性有机物和一氧化氮反应产生的。其中一些是由人为活动产生的，如道路上行驶的汽车和火力发电厂等不同来源的污染物释放到大气中，这称为地面臭氧层。它不但对人体健康有害，还会引起烟雾。平流层臭氧阻止有害的太阳辐射到达地球表面。地面上的臭氧吸收一些来自太阳的辐射。它只是一种污染物，不能补偿平流层中的臭氧损失[161-163]。平流层中最高含量的臭氧存在于海拔 15～30 km 的大气层中，该层称为臭氧层(ozone layer)。臭氧主要是在赤道由于最大的日照而产生的，但是随着风向高纬度地区传播，并在平流层中积累。重要的是，臭氧层的高度决定了它可能有益，也可能有害。显然，平流层臭氧可以防止人类受到太阳辐射的伤害，对人类有好处；对流层

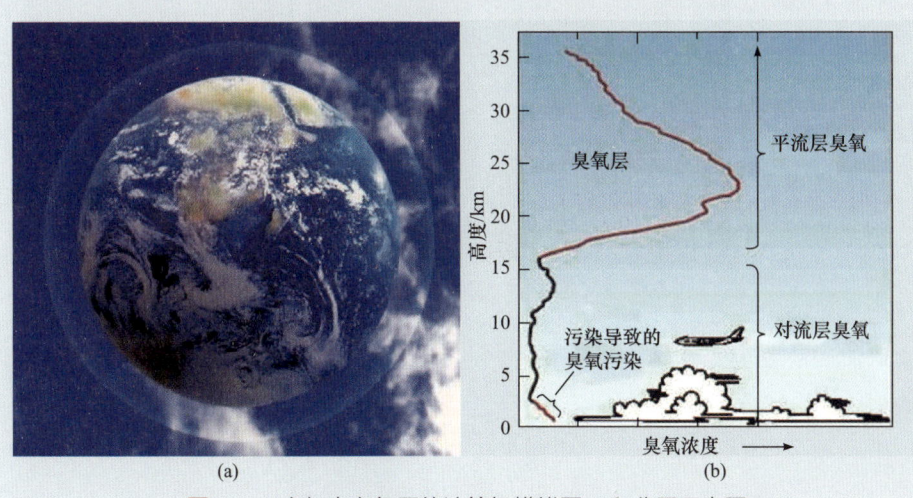

图 1-32　大气中臭氧层的计算机模拟图(a)和分层示意图(b)

臭氧对人类有害。

2) 多布森单位

为了描述大气中臭氧的密度，规定在标准大气状态(273.15 K，101.325 kPa)下 10 μm 厚度的臭氧层为一个多布森单位(Dobson unit，DU)[164]。所以大气臭氧层的厚度为 300～400 DU。多布森单位是最常见的平流层臭氧监测单位。选用这个名字是为了纪念英国牛津大学的学者多布森(G. Dobson，1889—1976)。他在 20 世纪 20～70 年代对大气中的臭氧进行了最早的研究[165]。多布森单位测量平流层中臭氧的总浓度。平流层中臭氧的平均含量是 300 DU。当这个浓度降到 200 DU 以下时，代表臭氧空洞形成。此外，规定 220 DU 是臭氧层空洞的标准。

二、平流层臭氧层的破坏

1. "生命之伞"

太阳辐射能量巨大，太阳辐射出的紫外线(按照波长由长到短)包括紫外线 A(又称"黑斑效应"紫外线)、紫外线 B(又称"红斑效应"紫外线)和紫外线 C，也就是人们常说的 UVA、UVB、UVC。其中，波长最短、蕴含能量最大、对皮肤等伤害最大的是 UVC，平流层的臭氧层刚好可以将 UVC 全部吸收，将其阻隔在地球以外；它还可以吸收大部分 UVB，最终就是这"薄薄"的臭氧层阻绝了 97%～99%的紫外辐射，使地球免遭过强的太阳紫外辐射，庇护着人类及地球上的所有生灵，被称为"生命之伞"[166](图 1-33)。

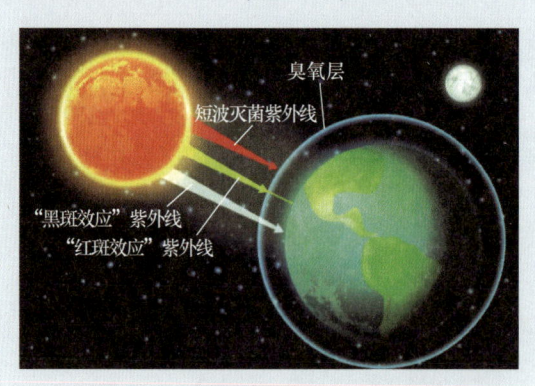

图 1-33　臭氧层吸收大部分紫外线

2. "生命之伞"被破坏的后果

但是，当"生命之伞"破了以后，过多的紫外辐射对地球的负面影响是极大的[167]。

1) 对人类健康造成巨大威胁

研究指出，臭氧层浓度每减少 1%，地面上有伤害性的紫外辐射将增加 1.5%~12%；浓度每减少 2.5%，就会给世界带来 47 万个皮肤癌患者。据称，皮肤癌已成为美国社会最大的公众健康问题之一(因为他们喜欢沙滩浴)。如果按现在臭氧层破坏速率推算，2075 年全世界皮肤癌患者将达 1.54 亿人，其中 6.6 万人将面临死亡。紫外辐射增加能破坏生物蛋白质和遗传物质脱氧核糖核酸(DNA)，造成细胞死亡，人体免疫系统功能降低，使包括艾滋病病毒在内的多种病毒的活力增强；还会使患白内障疾病的患者人数增加，造成患者暂时或长期失明。

2) 温室效应增温大气

臭氧层被破坏所带来的地球环境的变化，会造成农作物大幅减产。美国马里兰大学对 300 种植物进行试验，证明其中 200 种对臭氧减少造成的紫外线增加敏感，可使作物对病虫害更加敏感，如叶片发黄、机能下降、植株矮小等。例如，对大豆的试验表明，若臭氧减少 20%~25%，可以导致大豆减产 20%。紫外线还可穿透 10 m 深的水层，杀死浮游生物和微生物，从而危及水中生物的食物链和自由氧的来源，影响生态平衡和水体的自净能力。不仅如此，臭氧层被破坏还会使全球气候变暖，雨量增多，加速极地冰川的融化，海平面上升，导致大片海滨地区被淹没。

3) 对流层臭氧浓度要增大

模式计算还指出，当平流层臭氧浓度减少 16.7%时，对流层臭氧浓度将增大 20%~25%，会大大增加光化学烟雾。这显然对人类生命健康是一种威胁。

3. 臭氧空洞

1) 南极上空的臭氧空洞

臭氧层是一个很脆弱的大气层，如果进入一些破坏臭氧的气体，它们与臭氧发生化学作用，臭氧层就会遭到破坏。这称为臭氧损耗(ozone depletion)。

每年的 7~12 月，南极洲没有阳光。南极大陆周围的强风将南极洲上空的空气与地球隔离开。这股强风形成了极地涡流，使空气冷却到-80℃。冰层和极化平流层云层为破坏臭氧层的化学反应提供了表面，但由于缺乏阳光，化学反应无法启动。每当春天到来，当太阳照耀时提供能量，开始光化学反应。这种能量融化了云层，氯氟烃(CFCs)释放出的化合物(如氯和一氧化氯)与臭氧发生化学反应，破坏了臭氧层，导致大量的臭氧空洞形成[168](图 1-34)。

1985 年 5 月，英国南极调查局科学家法尔曼(J. C. Farman，1930—2013)等[169]在 Nature 发表论文，报道了南极上空臭氧空洞。首次根据南极观测，揭示了南极平流层臭氧自 20 世纪 70 年代末开始，每年春季就出现浓度急剧降低的现象，而且

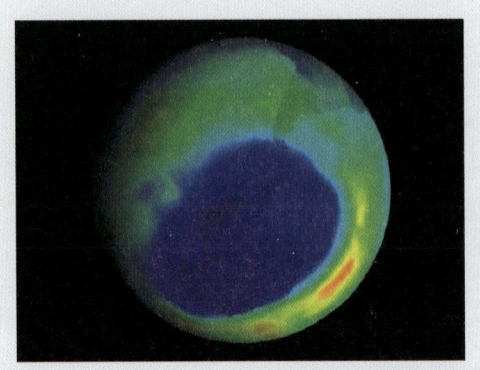

图 1-34　2000 年 9 月 10 日南极上空的臭氧空洞分布
蓝色和紫色区域为南极臭氧空洞的范围，外围的黄色和红色表示高浓度臭氧区域

臭氧浓度降低的趋势在不断增大。观测事实首次证实了臭氧空洞的存在[170]。臭氧空洞的成因很快成为大气化学领域的热点研究方向。

2) 北极上空的臭氧空洞

2020 年 3 月，根据美国国家航空航天局(National Aeronautics and Space Administration，NASA)提供的图片可以清晰地看出北极上空出现了臭氧空洞，而且面积已经很大。这可能是该地区有史以来出现的最大的空洞[覆盖面积约为格陵兰岛的 3 倍，图 1-35(a)]，已与每年在南极形成的臭氧空洞面积相当。但是时间仅过去一个月就传来了好消息，只用了一个月的时间，从 NASA 提供的图片上可以看出，北极上空的臭氧空洞不见了，它居然自己关上了[图 1-35(b)]。有分析认为臭氧空洞的形成是因为"太冷"(北极平流层温度通常高于 200 K)；而闭合是由于人类活动减少，减少了污染源。但此次事件再次提醒人类要注意环保、保护地球！

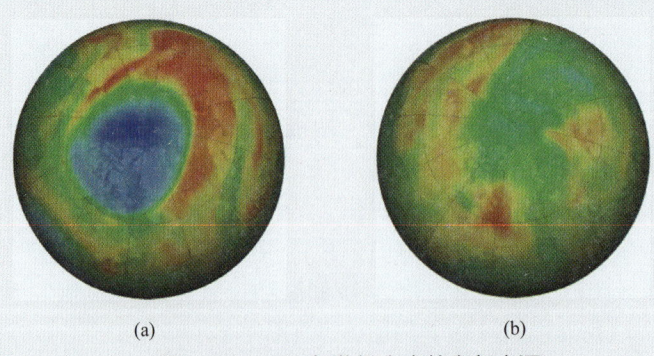

(a)　　　　　　　　　　(b)

图 1-35　2020 年北极上空的臭氧空洞

> **例题 1-3**
>
> 为什么臭氧空洞仅存在于南极平流层，而北极平流层不存在臭氧空洞？
>
> **解** 因为北极平流层温度通常高于 200 K，极地平流层云(polar stratospheric clouds，PSCs)不易形成。另外，北半球大气波动较强，北极平流层涡旋在大气波动的作用下很不稳定，大约每两年就出现平流层爆发性增温的现象。因此，虽然北极平流层在每年春季也出现臭氧降低的情形，但通常达不到臭氧空洞的标准。尽管如此，北极平流层在 1989 年、1997 年和 2011 年春季也出现了极其严重的损耗(Hu Y, Xia Y. Chin Sci Bull, 2013, 58: 3155-3160)。

4. 抓住破坏"生命之伞"的凶手

自 Farman 等[169]的论文发表后，学术界就开始关注臭氧空洞形成的原因以及臭氧损耗可能导致的地表紫外辐射增强引起的灾难。

1) 臭氧空洞形成的原因

(1) 1967 年，有科学家认为土壤中微生物过程产生的一氧化二氮可以被输送到平流层[171]，在那里它的分解可能会导致 NO 和 NO_2 的分解。他们虽然关注了平流层中氮氧化物的潜在天然来源，但是没有把这些与臭氧化学联系起来，也没有讨论到肥料。

(2) 1970 年，克鲁岑(P. J. Crutzen，1933—2021)[172]发表了一篇里程碑式的论文(当时他还是博士后)，他部分引用了贝茨(D. R. Bates)和海斯(P. B. Hays)的工作，指出氮氧化物对臭氧层的危害，并指出一个涉及氮氧化物的新催化循环可以解决这个难题。

(3) 1971 年，约翰斯顿(H. S. Johnston，1920—2012)借鉴了克鲁岑的研究成果，认为当时提议的超声速客机(supersonic transport，SST)飞行器编队在较低的平流层中巡航并释放氮氧化物[173]，这种飞行器对臭氧层的消耗远远超出了人们的想象。他使用手工计算器计算了计划中的 500 架飞机和没有飞机的情况下臭氧的稳定状态浓度，并指出到 1985 年臭氧层将被消耗 20%～50%，这个灾难性的数据将对表面生物造成严重破坏(包括以皮肤癌和眼睛损伤的形式对人类的直接影响)。约翰斯顿的研究结果遭到气象学家的强烈批评，他们认为平流层风和传输的影响可能会使他所做的稳定假设失效，并减少估计的损失。

(4) 1974 年，莫利纳(M. J. Molina，1943—2020)和罗兰德(F. S. Rowland，1927—2012)首先注意到[174]，当时主要用作喷雾罐推进剂的氯氟烃化学品可能对臭氧层构成危险。这些化学品的其他用途包括作为制冷剂和空气调节的冷却剂、溶剂，以及用于吹泡沫塑料等。莫利纳和罗兰德认为，人类持续使用氯氟烃化学品所释放的氯气会导致臭氧损失,其损失程度与估计的来自 SST 的氮氧化物损失相当。

克鲁岑　　约翰斯顿　　莫利纳　　罗兰德

(5) 1974 年,克鲁岑又发表了一篇论文[175],介绍了他的一维全球平流层平均值模型,这是第一个尝试用计算机模拟化学物质传输的模型(尽管在垂直方向上只有一个维度),并应用它来改进对臭氧层风险的估计。克鲁岑是最早量化这一问题的人之一。他的这篇论文建立在早期(1972 年)的工作基础上[176],提供了对中纬度地区臭氧损失的估计(约 14%),小于约翰斯顿的数据,不包括运输,但仍然是相当大的。中纬度地区臭氧总量每减少 1%,预计可使地面上有伤害性的紫外辐射增加 2%~3%,造成浅肤色人群的皮肤癌增加和对某些粮食作物和海洋生物的巨大影响。克鲁岑还提出了核武器中氮氧化物消耗平流层臭氧的潜力的分析。他仔细考虑了 20 世纪 60 年代的核试验,指出在世界主要大国之间发生核战争时,可能产生的氮氧化物很多,将引起更大的灾难性影响,如 500 Mt TNT 爆炸预计会造成总臭氧损失 50%。

(6) 克鲁岑没有考虑烟灰的影响。后来的研究表明[177],即使是规模、范围更小的核交换(如印度和巴基斯坦之间的核交换),也可能向平流层注入足够多的烟尘,导致臭氧损失,其损失程度可与臭氧空洞相媲美,因为平流层空气的加热和气温对臭氧化学的影响(特别是 1970 年克鲁岑发现的硝基氧化反应)。因此,核战争、核试验、核变化对全球臭氧层的稳定性也存在风险。

(7) 与人类使用化肥有关的可持续性挑战,从增加粮食供应的重要用途,到影响气候变化和臭氧层的 N_2O 排放。约翰斯顿等首先指出[178],施用氮肥可以增加平流层 N_2O 的丰度,从而代表了臭氧损耗的一种新机制。克鲁岑和埃哈特 1977 年的论文[179]详细阐述了氮肥和燃烧对平流层臭氧层的影响问题。他们强调,土壤中某些类型的细菌可以将硝酸盐(NO_3^-)还原为气态氮和 N_2O。虽然反硝化过程发生的自然速率必须等于固氮作用,但向土壤中添加氮肥会增加反硝化作用,并增加 N_2O 的释放。释放程度取决于酸度、温度,特别是氧的可利用性等因素。在缺氧条件下,更易转化为 N_2O。

2) 臭氧损耗机理

臭氧在平流层中形成,并且自然地被分解,因此在平流层中臭氧的数量保持不变。臭氧量在两极最大,在热带最小。它也有季节性的变化,但是在本地仍然是恒定的。然而，人类排放的一些化合物到达平流层并进入对流层顶，在紫外线照射下，它们会导致臭氧消耗。这些化合物是氯氟烃。

(1) 氯氟烃。1974 年，莫利纳和罗兰德首次提出人造氯氟烃[又称氟利昂(Freon)]能够对臭氧层产生很强的破坏，是臭氧消耗的主要途径。据估计，氟利昂消耗的臭氧占臭氧消耗量的 80%。氟利昂最早于 1928 年被美国化学家米吉利(T. Midgley，1889—1944)人工合成，在之后的半个世纪被大规模生产和使用，主要作为制冷剂用于冰箱、空调等。氟利昂在对流层非常稳定，生命周期可达百年。它含有氯、氟和碳原子，极易挥发，不易燃，不致癌，用作冷却剂、空气调节、干洗液、电子工业和泡沫塑料生产中的溶剂。氟利昂逐渐从低层大气扩散到平流层需要 7~15 年。其在平流层的生命周期很长，可达 20~100 年。在平流层，它很容易吸收紫外辐射(波段为 190~220 nm)并被光解，释放出氯原子。

米吉利

$$\text{光子}(220\ nm) + CF_2Cl_2 \longrightarrow CF_2Cl^* + Cl^* \tag{1-41}$$

$$Cl^* + O_3 \longrightarrow ClO + O_2 \tag{1-42}$$

$$2Cl^* + O_2 \longrightarrow ClOOCl \tag{1-43}$$

$$\text{紫外光子} + ClOOCl \longrightarrow ClOO^* + Cl^* \tag{1-44}$$

$$ClOO^* \longrightarrow Cl^* + O_2 \tag{1-45}$$

(2) 消耗臭氧层的化学物质称为臭氧消耗物质(ozone depleting substance, ODS)。著名的"杀手"有：甲基氯、甲基溴、四氯化碳和哈龙(halon)。这些化合物也称为人为化合物。

哈龙是一种特定的溴化合物，属于卤代烷，主要用于灭火药剂[180]。它和含氮化合物(NO 和 NO$_2$)[172]像氯氟烃一样消耗臭氧层物质，但消耗臭氧层物质的能力更强。因为它们释放出的溴比氯对臭氧的危害大 50 倍。但它们在平流层的生命周期要短一些。

卤族化合物(CH$_3$Cl、CH$_3$Br)都可以导致臭氧分解的催化反应发生，使臭氧分解速率加快。甲基氯是破坏臭氧层的物质，比氯氟烃和哈龙要少。它被用作溶剂、杀虫剂和除草剂。在使用过程中，释放出一定量的甲基氯，并进入平流层。甲基氯在大气中的寿命约为 1.5 年。甲基氯在使用期间释放氯，与大气中的臭氧发生反应。它也是破坏全球臭氧层的重要臭氧消耗物质。甲基溴消耗臭氧的潜能值(ODP)为 0.22~0.48。5%~10%的全球臭氧消耗是通过甲基溴完成的。据说溴对臭氧层消耗的"贡献"最大。

(3) 氮氧化物主要来自超声速飞机和内燃机车排放的废气，包括 NO、NO_2 和 N_2O 等。农业肥料的分解产物 N_2O 本身并不与臭氧发生反应，但光照下可转化成 NO。氮氧化物破坏臭氧的主要反应为[181]

$$NO + O_3 \longrightarrow NO_2 + O_2 \qquad (1\text{-}46)$$

$$NO_2 + O \longrightarrow NO + O_2 \qquad (1\text{-}47)$$

净反应为

$$O_3 + O \longrightarrow 2O_2 \qquad (1\text{-}48)$$

另外，不同自由基间的反应也影响臭氧的浓度。例如，ClO 与 NO_2 反应，形成相对惰性的硝酸氯。

$$ClO + NO_2 \longrightarrow ClONO_2 \qquad (1\text{-}49)$$

在极冷的南极冬季，硝酸氯在极地平流层云的表面发生反应，经光照射解离为氯原子。

$$ClONO_2 + HCl \longrightarrow Cl_2 + HNO_3 \qquad (1\text{-}50)$$

$$Cl_2 + h\nu \longrightarrow 2Cl \qquad (1\text{-}51)$$

类似的多相反应也可以在常年环绕着地球的硫酸盐气溶胶表面上进行。

三、应对平流层中臭氧层破坏的对策

1. 对氟利昂的治理

从战略上讲，消除氟利昂的危害有三条途径：①减少污染物的排放，甚至实现零排放；②合成新的化学品以取代对环境不友好的物质；③将污染物转化为无害物质。有关前两条途径已有综述[182-183]可供读者参考，这里不再赘述。第三条途径的实行也如火如荼。特别是催化分解是极有前景的方法[183-189]，包括催化剂与活性中心、反应路径、氟化现象与氟利昂副产物的生成、失活与活性的保持问题，已成为前沿热点。

有人提出了恢复被破坏的臭氧层的两种兼容方法[190]。第一种方法包括利用激光辐射照射含臭氧的大气层以及制冷机中冷冻臭氧。第二种方法是在地球轨道安装反射镜，以便将部分太阳能引导至大气层，并利用超高频率的无线电波在平流层产生放电。

2. 国际公约制约

法尔曼等发现南极臭氧空洞的论文发表引起了国际社会和各国政府的高度重

视。此后，在联合国组织下，召开了一系列政府间工作会议，制定了氟利昂减排方案和臭氧层保护措施。

(1) 1985 年 3 月，21 个国家和欧洲共同体签订了《保护臭氧层维也纳公约》，首次建立了合作保护臭氧层的全球机制。

(2) 1987 年 9 月，36 个国家和 10 个国际组织在加拿大蒙特利尔签订了《关于消耗臭氧层物质的蒙特利尔议定书》(简称《蒙特利尔议定书》)，对 5 种 CFC(11、12、113、114、115)和 3 种哈龙(1211、1301、2402)提出禁用时间表。发展中国家的控制时间表比发达国家相应延迟 10 年。

(3) 1990 年 6 月，包括我国在内的 90 个国家在伦敦通过了《蒙特利尔议定书(修正案)》，把受控臭氧消耗物质扩大到 5 类 20 种，增加了 10 种 CFC(13、111、112、211、212、213、214、215、216、217)、CCl_4 和 CH_3CCl_3，并提前了禁用时间，还把 34 种氢氯氟烃(HCFC)列为过渡性物质。

(4) 1992 年 11 月，90 个国家在哥本哈根对《蒙特利尔议定书(修正案)》做了进一步修订，把受控 ODS 扩大到 7 类上百种，新增加了 HCFC、氢溴氟烃(HBrFC)和 CH_3Br 三类，并再次提前了禁用时间：1994 年停用哈龙类(潜艇、飞机、宇航等必要场合除外)；1995 年起，把 CH_3Br 用量控制在 1991 年水平；1996 年停用 CFC、CCl_4、CH_3CCl_3、HBrFC；对于 HCFC，2005 年减少 35%，2010 年减少 65%，2030 年停用。

(5) 我国于 1989 年 9 月加入《保护臭氧层维也纳公约》。1993 年 1 月，编制了《中国消耗臭氧层物质逐步淘汰的国家方案》，对我国目前生产和使用的 3 种 CFC(11、12、113)、2 种哈龙(1211、1301)、CCl_4 和 CH_3CCl_3 提出了禁用或限用时间表。

尽管臭氧层的破坏问题还未得到彻底解决，但臭氧消耗物质在大气中浓度增加的速度已开始减缓，人类保护臭氧层的努力已初见成效。南极臭氧层逐渐恢复的事实已被 Nature 评为 2020 年十大科学发现[191]。显然，这应归功于《蒙特利尔议定书》的影响。

四、讨论

(1) 克鲁岑和埃哈尔特等的研究[172,179]向人们揭示了臭氧屏障可能受到的损害，引起了科学家和政府官员的重视。克鲁岑、莫利纳和罗兰德这三位大气化学家也因这方面研究的重大贡献获得 1995 年诺贝尔化学奖。

(2) 依靠实验室和现场试验提供的众多严格的数据信息，科学家之间的辩论和分歧得到解决，表明基础研究的思路和科学方法对于解决全球性环境、气候和人类健康问题具有关键作用。这对于大学生和起步期研究生来说意义重大。

(3) 世界气象组织(WMO)等机构组织各国专家撰写的最新臭氧层评估报告[192]表明臭氧消耗物质排放自 1960 年至 1990 年呈增加趋势，在《蒙特利尔议定书》实施后，开始迅速下降，预期在 2045 年恢复到 1980 年以前的水平。这说明人类珍爱地球、自我保护生存环境是可以通过自身努力实现的，并且这是一项长期的工作。

参 考 文 献

[1] 黎彤, 袁怀雨. 地球化学, 2011, 40(1): 1-5.
[2] Kump L R. Nature, 2001, 293(5531): 277-278.
[3] 毛亚晶, 秦克章, 唐冬梅, 等. 岩石学报, 2014, 30(6): 1575-1594.
[4] 李静贤, 刘家军. 资源与产业, 2014, 16(2): 90-97.
[5] 王芳, 鲁力, 康健, 等. 资源环境与工程, 2016, 30(2): 244-247.
[6] 钱汉东, 陈武, 谢家东, 等. 高校地质学报, 2000, 6(2): 178-187.
[7] 骆耀南, 付德明, 周绍东, 等. 四川地质学报, 1994, 2: 100-110.
[8] 蔡善钰. 同位素, 2008, 21(4): 241-248.
[9] Hladyniuk R, Longstaffe F J. Quaternary Sci Rev, 2016, 134: 39-50.
[10] Jørgensen B B, Findlay A J, Pellerin A. Front Microbiol, 2019, 10: 849.
[11] Vernon R E. J Chem Educ, 2013, 90(12): 1703-1707.
[12] Morss R, Edelstein N M, Fuger J. The Chemistry of the Actinide and Transactinide Elements. 3rd ed. Netherlands: Springer, 2006.
[13] Samsonov G V, Straumanis M E. Phys Today, 1968, 21(9): 97.
[14] Jackson M. Periodic: Table Advanced. Boca Raton: BarCharts Publishing Inc., 2014.
[15] Guenther W B. J Chem Educ, 1987, 64(1): 9-10.
[16] Paul A. J Mater Sci, 1975, 10(3): 415-421.
[17] Zhao P, Yu F, Wang B, et al. J Mater Chem A, 2021, 9(8): 4990-4999.
[18] 陈应宏. 世界科学, 1994, 3: 46-47.
[19] Greenwood N N, Earnshaw A. Chemistry of the Elements. Oxford: Butterworth-Heinemann, 1997.
[20] Priestley J, Lindsay J. Autobiography of Joseph Priestley. London: Adams & Dart, 1970.
[21] Emsley J. Nature's Building Blocks: An A-Z Guide to the Elements. New York: Oxford University Press, 2001.
[22] 范巧玲, 姜雪峰. 化学教育(中英文), 2019, 40(1): 2-6.
[23] Donovan A. Antoine Lavoisier: Science, Administration and Revolution. Cambridge: Cambridge University Press, 1996.
[24] Poirier J P. Lavoisier: Chemist, Biologist, Economist. Pennsylvania: University of Pennsylvania Press, 1998.
[25] Weeks E M. J Chem Educ, 1932, 9(1): 3.
[26] Trofast J. Chem Int, 2011, 33 (5): 16-19.

[27] von Reichenstein F J M. Physikalische Arbeiten der Einträchtigen Freunde in Wien, 1783, 1 (1): 70-74.
[28] Dong S, Li C, Ge X, et al. ACS Nano, 2017, 11(10): 10012-10024.
[29] Purkayastha A, Jain A, Hapenciuc C, et al. Chem Mater, 2011, 23(12): 3029-3031.
[30] Weeks E M. J Chem Educ, 1933, 10(5): 314.
[31] Weeks E M. J Chem Educ, 2009, 12(9): 403.
[32] Curie P, Curie M, Bémont G. Comptes Rendus, 1898, 127: 1215-1217.
[33] Galton F. Nature, 1906, 73(1901): 534.
[34] Oganessian Y T, Utyonkov V K, Lobanov Y V, et al. Phys Rev C, 2000, 63(1): 011301.
[35] Oganessian Y T, Utyonkov V K, Lobanov Y V, et al. Phys Rev C, 2004, 70(6): 064609.
[36] Barber R C, Gaeggeler H W, Karol P J, et al. E Vogt Chem, 2009, 81(7): 1331-1343.
[37] 才磊. 中国科技术语, 2013, 15(2): 43-45.
[38] 乔成芳, 乔佳乐, 崔孝炜, 等. 化学教育, 2021, 42(22): 1-6.
[39] Weiss H M. J Chem Educ, 2008, 85(9): 1218-1219.
[40] Schmidt-Rohr K. J Chem Educ, 2015, 92(12): 2094-2099.
[41] Lide D R. CRC Handbook of Chemistry and Physics. 84th ed. Boca Raton: CRC Press, 2003.
[42] Krupenie P H. J Phys Chem Ref Data, 1972, 1(2): 423-534.
[43] Fukushima S, Horibe Y, Titani T. Chem Soc Jpn, 1953, 25(4): 245-248.
[44] 李焱. 化学教与学, 2013, 9: 88, 89.
[45] Morgenthaler G W, Fester D A, Cooley C G. Acta Astronaut, 1994, 32(1): 39-49.
[46] Longphre J M, Denoble P J, Moon R E, et al. Undersea Hyperbaric Med, 2007, 34(1): 43-49.
[47] Sim M A B, Dean P, Kinsella J, et al. Anaesthesia, 2008, 63(9): 938-940.
[48] 刘新锦, 朱亚先, 高飞. 无机元素化学. 2 版. 北京: 科学出版社, 2010.
[49] Ding W, Jin W, Cao S, et al. Water Res, 2019, 160: 339-349.
[50] Schiferl D, Cromer D T, Schwalbe L A, et al. Acta Crystallogr B, 1983, 39(2): 153-157.
[51] English C A, Venables J A. Proc R Soc London, 1974, 340(1620): 57-80.
[52] Horl E M. Acta Crystallogr, 1962, 15: 845-850.
[53] LeSar R, Etters R D. Phys Rev B: Condens Matter, 1988, 37: 5364-5370.
[54] Shimizu K, SuhAra K, Ikumo M, et al. Nature, 1998, 393: 767-769.
[55] Meier R J, Helmholdt R B. Phys Rev B, 1984, 29(3): 1387-1393.
[56] Goncharenko I N. Phys Rev Lett, 2005, 94: 205701.
[57] Desgreniers S, Brister K E. High Pressure Science and Technology. Singapore: World Scientific, 1996.
[58] Gorelli F A, Santoro M, Ulivi L, et al. Phys Rev B, 2002, 65: 1-200.
[59] Goncharenko I N, Makarova O L, Ulivi L. Phys Rev Lett, 2004, 93(5): 055502.
[60] Fujihisa H, Akahama Y, Kawamura H, et al. Phys Rev Lett, 2006, 97(8): 245-249.
[61] Lundegaard L F, Weck G, McMahon M I, et al. Nature, 2006, 443(7108): 201-204.
[62] Sun Y X, Xi W H, Wei G H. J Phys Chem B, 2015, 119(7): 2786-2794.
[63] Akahama Y, Kawamura H, Usermann D H, et al. Phys Rev Lett, 1995, 74(23): 4690-4693.
[64] Weck G, Desgreniers S, Loubeyre P, et al. Phys Rev Lett, 2009, 102(25): 255503.

[65] GonchArov A F, GregoryAnz E, Hemley R J, et al. Phys Rev B, 2003, 68(10): 185-192.
[66] Wang Y, Lv J, Zhu L, et al. Phys Rev B, 2010, 82(9): 7174-7182.
[67] Zhu L, Wang Z W, Wang Y C, et al. Proc Natl Acad Sci, 2012, 109(3): 751-753.
[68] 张克强, 季民, 李军幸, 等. 首届全国农业环境科学学术研讨会论文集. 长沙: 首届全国农业环境科学学术研讨会, 2005.
[69] 金伟建. 化学教学, 1991, 1: 27-29.
[70] Steudel R, Eckert B. Solid Sulfur Allotropes. Berlin: Springer, 2003.
[71] 曹宝月, 崔孝炜, 乔成芳, 等. 化学教育(中英文), 2020, 41(20): 11-31.
[72] Lau G E, Cosmidis J, Grasby S E, et al. Geochim Cosmochim Acta, 2017, 200: 218-231.
[73] Warren B E, Burwell J T. J Chem Phys, 1935, 3(1): 6-8.
[74] Abrahams S C, Kalnajs J. Acta Crystallogr, 1955, 8(8): 503-506.
[75] Rettig S J, Trotter J. Acta Crystallogr, 1987, c 43: 2260-2262.
[76] 张仿刚, 徐宾. 化学教育, 2014, 35(9): 84-87.
[77] Goldsmith L M, Strouse C E. J Am Chem Soc, 1977, 99(23): 7580-7589.
[78] Templeton L K, Templeton D H, Zalkin A. Inorg Chem, 1976, 15(8): 1999-2001.
[79] Wheeler G L, Ammon H L. Acta Crystallogr B, 1974, 30(3): 680-687.
[80] Gallacher A C, Pinkerton A A. Acta Crystallogr C, 1993, 49 (1): 125-126.
[81] Burwell A W. Process of pesulfurizing crude petroleum: USA, US738656A. 1903.
[82] Donald E. J Am Chem Soc, 1965, 87 (6): 1395-1402.
[83] Donohue J. The Structures of the Elements. New York: John Wiley & Sons Inc, 1974.
[84] Lind M D, Geller S. J Chem Phys, 1969, 51(1): 348-353.
[85] Gallacher A C, Pinkerton A A. Acta Crystallogr C, 1993, 49(1): 125-126.
[86] Budininkas P, Edwards R K, Wahlbeck P G. J Chem Phys, 1968, 48(7): 2867.
[87] Rau H, Kutty T R N, de Carvalho J R F G. J Chem Thermodyn, 1973, 5(6): 833-844.
[88] Meschi D J, Searcy A W. J Chem Phys, 1969, 51(11): 5134-5138.
[89] Becker J, Rademann K, Hensel F. Z Phys D, 1991, 19(4): 233-235.
[90] Gobrecht H, Gawlik D, Mahdjuri F. Phys Kondens Mater, 1971, 13(2): 156-163.
[91] Hoshino H, Schmutzler R W, Hensel F. Berichte der Bunsengesellschaft für Physikalische Chemie, 1976, 80 (1): 27-31.
[92] Misawa M, Suzuki K. Trans Jpn Inst Met, 1977, 18(5): 427-434.
[93] Edeling M, Freyland W. Berichte der Bunsengesellschaft für Physikalische Chemie, 1981, 85(11): 1049-1054.
[94] Tamura K J. Non-Cryst Solids, 1990, 117-118: 450-459.
[95] Misawa M, Suzuki K. J Phys Soc Jpn, 1978, 44(5): 1612-1618.
[96] Bichara C, Pellegatti A, Gaspard J P. Phys Rev B, 1994, 49(10): 6581-6586.
[97] Kirchhoff F, Kresse G, Gillan M J. Phys Rev B, 1998, 57(17): 10482-10495.
[98] Phillips W A, Buchenau U, Nücker N, et al. Phys Rev Lett, 1989, 63(21): 2381-2384.
[99] Hohl D, Jones R O. Phys Rev B, 1991, 43(5): 3856-3870.
[100] Cherin P, Unger P. Acta Crystallogr, Sect B: Struct Crystallogr Cryst Chem, 1972, 28(1): 313-317.

[101] Marsh R E, Pauling L, Mccullough J D. Acta Crystallogr, 1953, 6(1): 71-75.
[102] Černošek Z, Růzicka A, Holubová J, et al. Main Group Met Chem, 2007, 30(5): 231-235.
[103] Foss O, Janickis V. J Chem Soc, Dalton Trans, 1980, 4: 624-627.
[104] Burbank R D. Acta Crystallogr, 1951, 4(2): 140-148.
[105] Cherin P, Unger P. Inorg Chem, 1967, 6(8): 1589-1591.
[106] Miyamoto Y. Jpn J Appl Phys, 1980, 19(10): 1813-1819.
[107] Nagata K, Miyamoto Y. Jpn J Appl Phys, 1984, 23(6): 704-708.
[108] Takahashi T, Yagi S, Sagawa T, et al. J Phys Soc Jpn, 1985, 54(3): 1018-1022.
[109] Geshi M, Oda T, Hiwatari Y. J Phys: Condens Matter, 2002, 14 (44): 10885-10890.
[110] Moody J W, Himes R C. Mater Res Bull, 1967, 2(7): 523-530.
[111] Maaninen T, Konu J, Laitinen R S. Acta Crystallogr, Sect E: Struct Rep Online, 2004, 60(12): O2235-O2237.
[112] Foss O, Janickis V. J Chem Soc Chem Commun, 1977, 23: 834-835.
[113] Takumi M, Tsujioka Y, Hirai N, et al. J Phys: Conf Ser, 2010, 215(1): 012049.
[114] Miyamoto Y. Jpn J Appl Phys, 1977, 16(12): 2257-2258.
[115] Takahashi T. Phys Rev B, 1982, 26(10): 5963-5964.
[116] Nagata K, Ishibashi K, Miyamoto Y. Jpn J Appl Phys, 1981, 20(3): 463-469.
[117] Audiere J P, Mazieres C, Carballes J C. J Non-Cryst Solids, 1978, 27(3): 411-419.
[118] Suzuki K, Matsumoto K, Hayata H, et al. J Non-Cryst Solids, 1987, 95-96: 555-562.
[119] Goldan A H, Li C, Pennycook S J, et al. J Appl Phys, 2016, 120(13): 135101.
[120] Mortensen D, Belev G, Koughia K, et al. Can J Phys, 2014, 92(7/8): 629-633.
[121] Rechtin M D, Averbach B L. J Non-Cryst Solids, 1973, 12(3): 391-421.
[122] Nagels P, Sleeckx E, Callaerts R, et al. Solid State Commun, 1997, 102(7): 539-543.
[123] Scopigno T, Steurer W, Yannopoulos S N, et al. Nature Comm, 2011, 2(1): 1-7.
[124] Sun H, Zhu X H, Yang D Y, et al. Mater Lett, 2016, 183: 94-96.
[125] Jóvári P, Delaplane R G, Pusztai L. Phys Rev B, 2003, 67(17): 172201.
[126] Kirillov Y P, Shaposhnikov V A, Kuznetsov L A, et al. Inorg Mater, 2016, 52(11): 1183-1188.
[127] Abdul-Gader M M, Al-Basha M A, Wishah K A. Int J Electron, 1998, 85(1): 21-41.
[128] Kasap S, Koughia C, Berashevich J, et al. J Mater Sci: Mater Electron, 2015, 26(7): 4644-4658.
[129] Juška G, Arlauskas K. Phys Status Solidi(a), 1980, 59(1): 389-393.
[130] Tanioka K, Yamazaki J, Shidara K, et al. IEEE Electron Device Lett, 1987, 8(9): 392-394.
[131] Vonwiller O U. Nature, 1919, 104(2613): 345-347.
[132] Ovshinsky S R, Fritzsche H. IEEE Trans Electron Devices, 1973, 20(2): 91-105.
[133] Roy A, Kolobov A V, Oyanagi H, et al. Philos Mag B, 1998, 78(1): 87-94.
[134] Reznik A, Lui B J M, Lyubin V, et al. J Non-Cryst Solids, 2006, 352(9-20): 1595-1598.
[135] Ohkawa Y J, Miyakawa K, Matsubara T, et al. IEICE Electron Expr, 2009, 6(15): 1118-1124.
[136] Park W D, Tanioka K. Appl Phys Lett, 2014, 105(19): 192106.
[137] Kasap S, Frey J B, Belev G, et al. Sensors, 2011, 11(5): 5112-5157.
[138] Kuo T T, Wu C M, Lu H H, et al. J Vac Sci Technol A, 2014, 32(4): 041507.

[139] Piacenza E, Presentato A, Zonaro E, et al. Phys Sci Rev, 2018, 3(5): 1-14.
[140] Chaudhary S, Umar A, Mehta S K. Prog Mater Sci, 2016, 100(83): 270-329.
[141] Huang W C, Wang M M, Hu L P, et al. Adv Funct Mater, 2020, 30(42): 2003301.
[142] Zambonino M C, Quizhpe E M, Jaramillo F E, et al. Int J Mol Sci, 2021, 22(3): 989.
[143] Xu C L. Green Synthesis of Selenium Nanoparticles (SeNPs) Via Environment-Friendly Biological Entities. Singapore: Springer, 2020.
[144] 顾泉, 籍文娟, 魏灵灵, 等. 化学教育(中英文), 2022, 43(2): 8-26.
[145] 姚守拙, 朱元保, 何双娥, 等. 化学元素反应手册. 长沙: 湖南教育出版社, 1998.
[146] Fricke B. Superheavy Elements a Prediction of Their Chemical and Physical Properties. Berlin: Springer, 1975.
[147] Weeks M E. J Chem Educ, 1932, 9(1): 3.
[148] Hoffmann J E. JOM, 1989, 41(7): 33-38.
[149] Shahi P, Sun J P, Sun S S, et al. Phys Rev B, 2017, 97(2): 020508.
[150] 姚凤仪, 郭德威, 桂明德. 无机化学丛书 第五卷: 氧硫硒分族. 北京: 科学出版社, 1990.
[151] 曹盘年, 蔡善钰. 中国科学院原子能研究所年报. 北京: 中国原子能科学研究院, 1980.
[152] Breen R J, Hertz M R. Phys Rev, 1955, 98: 599-604.
[153] Kristensen H M, Korda M. Bull At Sci, 2021, 77(1): 43-63.
[154] 蔡善钰. 同位素, 2008, 21(4): 242-248.
[155] 靳睿杰, 王淑娟, 付翠轻, 等. 现代农业研究, 2021, 27(2): 142-143.
[156] Schönbein C. F Lecture of 13 March 1839 Ber Verh Nat Ges Basel, 1838-1840, 4: 58.
[157] Schönbein C. F Philo Mag, 1845, 27: 197-205.
[158] Hartley W N. J Chem Soc Trans, 1881, 39: 111-128.
[159] Chapman S. Meteorol Soc, 1930, 3(26): 103-125.
[160] Konerding M A, Miodonski A J, Lametschwandtner A. Scanning Microsc, 1995, 9(4): 1233-1244.
[161] Grunt T W, Lametschwandtner A, Karrer K, et al. Scanning Electron Microsc, 1986, (Pt2): 557-573.
[162] Grunt T W, Lametschwandtner A, Karrer K. Scanning Electron Microsc,1986, (2): 575-598.
[163] 刘峰, 朱永官, 王效科. 生态环境, 2008, 4: 1674-1679.
[164] Schwartz S E, Warneck P. Pure Appl Chem, 1995, 67 (8-9): 1377-1406.
[165] Walshaw C D. Nature, 1976, 261(5558): 353.
[166] 王恩眷. 知识就是力量, 2021, 11: 36-37.
[167] 成广兴, 邵军. 化学通报, 1999, 9: 44-47.
[168] 胡永云. 科学通报, 2020, 65(18): 1797-1803.
[169] Farman J C, Gardiner B G, Shanklin J D. Nature, 1985, 315(6016): 207-210.
[170] Solomon S. Nature, 2019, 575: 46-47.
[171] Bates D R, Hays P B. Planet Space Sci, 1967, 15(1): 189-197.
[172] Crutzen P J. Q J R Meteorol Soc, 1970, 96(408): 320-325.
[173] Tie X X, Brasseur G, Lin X, et al. J Atmos Chem, 1994, 18(2): 103-128.
[174] Molina M J, Rowland F S. Nature, 1974, 249(5460): 810-812.

[175] Crutzen P J. Ambio, 1974, 3(6): 201-210.
[176] Crutzen P J. Ambio, 1972, 1(2): 41-51.
[177] Feck T, Groo J U, Riese M. Geophys Res Lett, 2008, 35(1): 179-210.
[178] Krey P W, Lagomarsino R J, Schonberg M. Geophys Res Lett, 1977, 4(7): 271-274.
[179] Crutzen P J, Ehhalt D H. Ambio, 1977, 6(2-3): 112-117.
[180] Giolando D M, Fazekas G B, Taylor W D, et al. J Photochem, 1980, 14(4): 335-339.
[181] 江学忠, 宋心琦. 大学化学, 1994, 4: 35-37 + 48.
[182] 林永达, 陈庆云. 化学进展, 1998, 2: 119-126.
[183] 成广兴, 邵军. 化学通报, 1999, 9: 44-47.
[184] 马臻, 华伟明, 高滋. 化学通报, 2001, 6: 339-344.
[185] Nagata H, Takakura T, Tashiro S, et al. Appl Catal B, 1994, 5(1-2): 23-31.
[186] Fu X, Zeltner W A, Yang Q, et al. J Catal, 1997, 168(2): 482-490.
[187] Tajima M, Niwa M, Fujii Y, et al. Appl Catal B, 1997, 12(14): 97-103.
[188] Bickle G M, Suzuki T, Mitarai Y. Appl Catal B, 1994, 4(2-3): 141-153.
[189] Li G L, Tatsumi I, Yoshihiko M O, et al. Appl Catal B, 1996, 9(1): 239-249.
[190] Akhobadze G N. IOP Conf Ser: Mater Sci Eng, 2020, 962(4): 042009.
[191] Banerjee A, Fyfe J C, Polvani L M, et al. Nature, 2020, 579: 544-548.
[192] World Meteorological Organization. Scientific Assessment of Ozone Depletion: 2018-Report No. 58. Geneva: World Meteorological Organization, 2018.

第2章

氧族元素的简单化合物

2.1 氢 化 物

2.1.1 水

水是地球上最常见的化学物质之一，也是最重要的自然资源之一。它对所有已知的生命形式都至关重要，是影响地球化学的重要因素之一，在世界经济中起重要作用。在无机溶液体系中，它是最常用的溶剂。水的具体应用涵盖了人们生产生活的各个方面，包括工业、农业、运输业、娱乐业、食品、医药等领域。近几十年来，人类生产生活导致水的污染，地表水中出现了重金属、有机物等污染物。因此，在将自然水用作饮用水之前，需要进行处理。

1. 纯水制备

1) 天然水的净化

饮用水主要是通过净化天然水(如河水、江水、湖水、井水)得到的。净化过程主要包括去除许多可溶性和不溶性杂质以及杀菌，如图 2-1 所示。

2) 硬水的软化

含有可溶性的钙、镁和铁盐的水称为硬水。饮用硬水会对人体肠胃造成损害，使体内结石的发病率提升。与硬水进行身体接触，会增加发质损伤及患上特应性皮炎(湿疹)的可能性。使用硬水清洗衣物，会导致洗涤剂的除污效能下降。硬水作为工业冷却水，会在锅炉、冷却塔等设备中结垢，影响设备的运行效率并带来爆炸的风险。因此，除去水中的钙、镁等金属离子非常必要，这一过程称为水的软化。硬水的软化方法很多，大致可分为化学沉淀法、离子交换法、膜分离法等传统软化方法以及近年发展的新兴技术[1-4]。

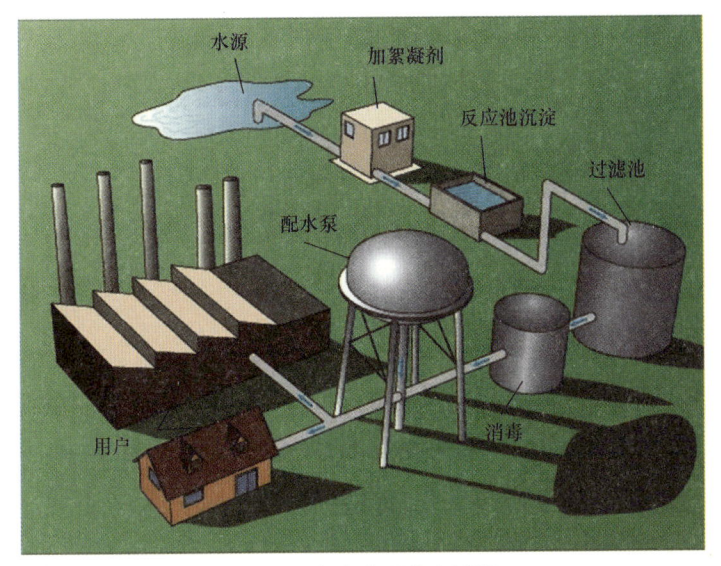

图 2-1 自来水厂净水过程

传统化学沉淀法是目前较为成熟的硬水软化技术。主要是向水中加入石灰[Ca(OH)$_2$]、烧碱(NaOH)和纯碱(Na$_2$CO$_3$)等化学软化剂，使水中 Ca^{2+}、Mg^{2+}等离子形成难溶盐而析出，以达到硬水软化的目的。

离子交换法主要是利用离子交换树脂(R—SO$_3$H)、沸石(铝硅酸钠)、磺化煤等固体离子交换剂中的阳离子(含有 H$^+$和 Na$^+$)与水中的钙、镁等离子进行可逆交换反应，从而将水中的这些离子除去[5]。阳离子交换剂包括无机类和有机类两大类，以有机类 Na$^+$型、H$^+$型阳离子交换剂为主。其中，Na$^+$型适合软化碱度较低的硬水；H$^+$型适合软化碱度较高的硬水，这是因为其交换出的 H$^+$可中和水中的 OH$^-$。软化原理如下：

$$Ca^{2+} + 2R—SO_3H \rightleftharpoons 2H^+ + (R—SO_3)_2Ca \tag{2-1}$$

$$Ca^{2+} + 2NaAlSi_2O_6 \rightleftharpoons 2Na^+ + Ca(AlSi_2O_6)_2 \tag{2-2}$$

$$Ca^{2+} + 2R—SO_3Na \rightleftharpoons 2Na^+ + (R—SO_3)_2Ca \tag{2-3}$$

膜分离法主要是使用半透膜将水中的 Ca^{2+}和 Mg^{2+}截留，使硬水软化。常用的膜分离技术包括：微滤、纳滤、超滤、反渗透、电渗析等。其中，纳滤较其他膜分离技术应用更广泛。纳滤软化法与离子交换法类似，适合软化低硬度水。

3) 实验室用水的制备

水是重要的化学物质，在科研中具有非常重要的作用，纯水的制备非常重要。水纯度通常采用电导法测量[6]，理论计算纯水的电导率为 5.482×10^{-6} S·m^{-1}(电阻率为 18.248 MΩ·cm)。

制备纯水有多种方法，对纯水的纯净度、离子含量的要求不同，所用方法不同。国家标准规定分析实验室用水的技术指标见表 2-1。实验室水的纯化通常采用蒸馏法、离子交换法和反渗透法[6-8]。

表 2-1　一、二、三级实验室用水的技术指标(GB/T 6682—2008)

名称	一级	二级	三级
pH 范围(25℃)	—	—	5.0~7.5
电导率(25℃)/(mS·m^{-1})	≤0.01	≤0.10	≤0.50
吸光度(254 nm, 1 cm 光程)	≤0.001	≤0.01	—
可氧化物质含量(以 O 计)/(mg·L^{-1})	—	≤0.08	≤0.4
蒸发残渣(105℃±2℃)/(mg·L^{-1})	—	≤1.0	≤2.0
可溶性硅(以 SiO$_2$ 计)/(mg·L^{-1})	≤0.01	≤0.02	—

2. 水的结构

目前，游离水分子的结构已精确测定。水分子中心氧原子采取 sp^3 不等性杂化，2 个氢原子和 2 对孤对电子以氧为中心形成四面体，它们分别在四面体的 4 个顶点。2 个氢原子与中心氧原子形成 2 个 O—H 键，中心氧原子的 2 对孤对电子不参与成键(图 2-2)。不考虑孤对电子，2 个氢原子和中心氧原子呈 V 形结构。因为孤对电子之间的排斥力大于 O—H 键之间的排斥力，所以 H—O—H 键键角比正四面体的键角略小，为 104.52°±0.05°(形成正四面体时的键角为 109.5°)；O—H 键键长为 95.72 pm±0.03 pm。游离水分子的结构参数见表 2-2。

表 2-2　游离水分子的结构参数

参数	O—H 键键长	H—O—H 键键角	偶极矩(298~484 K)	平均四极矩	平均极化率	解离能(H—OH、O—H)
数值	95.72 pm ±0.03 pm	104.52°±0.05°	6.138×10^{-30}~6.172×10^{-30} C·m	(−5.6±1.0)×10^{-26} e.s.u.cm^2	1.444×10^{24} cm^3	493.2 kJ·mol^{-1}、463.1 kJ·mol^{-1}

在水分子中，氧的电负性较强(能更紧密地吸引电子)，所以氧原子带负电荷，氢原子带正电荷，分子具有偶极矩，因此水是极性分子。V 形结构使水分子正、负电荷向两端集中，故水分子具有较强的极性。当多个水分子充分接近时，一个分子中带负电荷的氧原子和带正电荷的氢原子可同时分别吸引邻近分子中带正电荷的氢原子和带负电荷的氧原子，形成氢键，使得简单水分子之间发生缔合作

用形成多聚体分子$(H_2O)_n$。液态或固态的水分子可以与相邻的分子形成四个氢键(图 2-2)。温度降低，水的缔合程度增大。当结成冰时，所有水分子缔合在一起形成一个巨大的分子。实验测得，在冰中，氢键的键能为 18.8 kJ·mol^{-1}，键长(O—H—O 键中 O 到 O 的距离)为 276 pm。

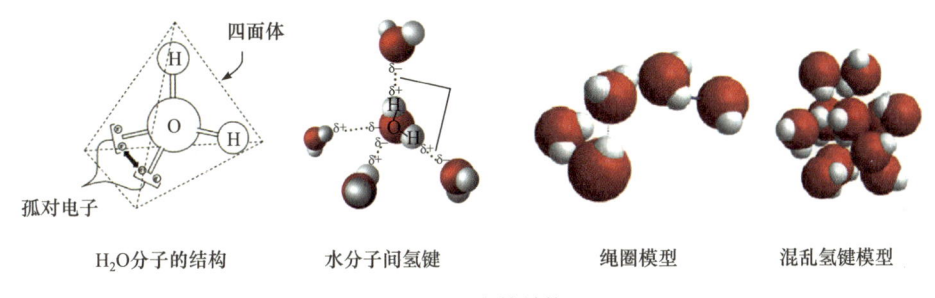

图 2-2 水的结构

液态水的结构是极其重要的科学难题，人们采用理论计算和实验手段研究液态水的微观结构，目前有多种模型。经典的液态水微观结构模型认为液态水分子间存在类似冰结构的氢键，它们组成近似四面体的复杂网络[9]，但这种网络结构没有冰晶体中的固定位置关系，而是处在不断解体和重构的动态变化中。这种模型给出液态水中的氢键是平均化的，每个水分子可以与周围的 4 个水分子形成氢键，其中水分子的中心氧原子作为受体形成 2 个氢键，水分子的 2 个氢原子作为给体形成另外 2 个氢键(图 2-2)。X 射线吸收光谱和 X 射线拉曼散射光谱研究表明[10]，无论是室温还是 90℃下，80%～85%的水分子周围最紧密结合的并不是经典模型中的 4 个水分子，而是 2～3 个水分子，每个水分子平均形成 2 个较强的氢键，其中一个是质子给体氢键，另一个是质子受体氢键。这种模型为锁环(chains and rings)或绳圈(loops)的结合模式，如图 2-2 所示，这种模型存在广泛争议[11]。中子散射[12]和 X 射线散射[13]实验说明，随着压力增大，水中氢键网络结构逐渐被打破和挤压，原有的近似四面体结构被破坏，水分子周围的配位数增加到约 12，接近普通的液体结构模型。在过冷水中，存在低密度的四面体结构模型和高密度的混乱氢键结构模型两种情况。液态水的结构还需要从多种理论和实验角度入手进行深入研究。

冰是冻结成固态的水，是水分子另一种存在形式。冰、水和水蒸气可以在三相点共存，在 611.657 Pa 的压力下，三相点正好为 273.16 K(0.01℃)。根据温度和压力的不同，冰至少呈现出 19 种固态结晶相和各种密度的非结晶态(根据晶体结构、质子有序性和密度划分)[14-39]。无论在哪种晶型的冰中，都存在[OH]$_4$ 四面体结构单元，其中 2 个氢原子和氧通过共价键相连接，另 2 个氢原子和氧通过氢键相连接。

3. 水的物理性质

水在常温下为无色、无味、无臭的液体。在标准大气压(101.325 kPa)下，纯水的沸点为 100℃，凝固点为 0℃。水存在许多自然状态，它以雨和气溶胶的形式形成雾状的降水。云由悬浮的水滴和冰组成，为固态。当细分时，结晶冰可能以雪的形式沉淀。水的气态是水蒸气。水在各种状态时的主要物理性质汇总于表 2-3。

表 2-3　水在各种状态时的主要物理性质

状态	物理性质	数值
液态水	沸点/K	373.15
	沸点升高常数/(K·kg·mol^{-1})	0.512
	气化热/(J·g^{-1})	2257.1(373.15 K)；2440.9(298.15 K)
	比热容/(J·g^{-1}·K^{-1})	4.1868(288.15 K)
	临界温度/K	647.30
	临界压力/kPa	22119
	临界体积/(cm^3·mol^{-1})	59.1±0.5
	密度/(g·cm^{-3})	0.999841(273.15 K)；0.999973(277.15 K)；0.999126(288.15 K)；0.997071(298.15 K)
	黏度/(g·cm^{-1}·s^{-1})	0.010019 ± 0.000003(293.15 K)
	离子浓度[H$^+$] = [OH$^-$]/(mol·L^{-1})	1.004×10^{-7}(293.15 K)
	电离常数/(mol·L^{-1})	[H$^+$][OH$^-$]/[H$_2$O] = 1.821×10^{-16}(298.15 K)
	离子积/(mol^2·L^{-2})	[H$^+$][OH$^-$] = 1.008×10^{-14}(298.15 K)
	电导/S	0.01×10^{-6}(273.15 K)；0.17×10^{-4}(298.15 K)
	电导率/(S·cm^{-1})	5.7×10^{-8}(293.15 K)
	热导率/(W·m^{-1}·K^{-1})	2.06×10^{-3}(273.15 K)
	表面张力/(N·m^{-1})	0.07305(291.15 K)
冰	熔点/K	273.15
	熔化热/(J·g^{-1})	332.43(273.15 K)
	比热容/(J·g^{-1}·K^{-1})	2.0390(273.15 K)
	密度(冰-Ⅰ)/(g·cm^{-3})	0.91671(273.15 K)

续表

状态	物理性质	数值
水蒸气	密度(以同压下空气密度等于 1 为标准)	0.624(273.15 K)
	1 L 饱和水蒸气质量/g	0.5974(373.15 K，101.325 kPa)
	恒压比热容/(J·g^{-1}·K^{-1})	1.9343(373.15 K)
	范德华常数(大气压、体积单位以升表示时)：a/(L·atm·mol^{-2})	5.464
	b/(L·mol^{-1})	0.03049
	位力系数：B/(cm^3·mol^{-1})	−112.9(573.15 K)
	C/(cm^6·mol^{-2})	−3470(573.15 K)

例题 2-1

水有哪些特殊的物理性质？引起这些特殊物理性质的原因是什么？

解 虽然水是许多物理常数的标准，但是它本身却具有一些特殊的物理性质。与绝大多数物质凝固时体积缩小、密度增大的情况不同，水结冰时体积变大、密度减小；与绝大多数物质的密度随着温度降低而增大的情况不同，水的密度在 277.16 K 时最大；在所有固态和液态物质中，水的比热容最大；水的相对分子质量虽然不大，但其沸点和蒸发热却相当高；同族同类型化合物的沸点及凝固点一般都随相对分子质量的增加而升高，而水比同族相对分子质量比它大的同类物的沸点及凝固点还要高；在众多物质中，水的介电常数特别大，因此也是优良的极性溶剂。这些现象都与水能形成氢键并发生缔合作用密切相关。

4．水的化学性质

1) 自解离

虽然水是强极性的，但由于氢键的存在，水却难解离，是极弱的电解质，表现出微弱的导电性。水的自解离作用是可逆的。

$$H_2O + H_2O \rightleftharpoons H_3O^+ + OH^- \tag{2-4}$$

水是一种既能释放质子又能接受质子的两性物质。水解离时，质子从一个水分子转移到另一个水分子，形成 H_3O^+ 和 OH^-。质子的水合是一个强烈的放热反应。由热力学循环估算，气态质子的水合能高达 1093 kJ·mol^{-1}。通常将水合氢离子 H_3O^+ 简写为 H^+，其解离方程式简写为

$$H_2O \rightleftharpoons H^+ + OH^- \tag{2-5}$$

水的解离是一个吸热过程，升高温度，水的解离平衡向右移动。标准平衡常数为 $K_w^\ominus$，称为水的离子积常数，简称水的离子积，表达式如下：

$$K_w^\ominus = [H^+][OH^-]$$

当温度为 298 K 时，$K_w^\ominus = 1.008 \times 10^{-14}$。与一般弱电解质的解离常数随着温度升高而减小的趋势相反，水的离子积随温度的升高迅速增大，这可能与升高温度时氢键受到破坏、解缔作用加强有关。

2) 热稳定性

由于水具有很大的生成热，因而是很稳定的化合物。水的热分解需要在很高的温度下进行。在 3000 K 的高温下，水只有 11.1% 的分解率，而且反应是可逆的。水的分解需要吸收大量的热，在 1000 K 和 202.65 kPa 时，2 mol 气态水分解成 2 mol H_2 和 1 mol O_2 吸热 495.80 kJ，在 3000 K 时吸热 572.04 kJ。

3) 水的分解

水分解生成氢气和氧气是制备清洁能源 H_2 的重要反应，具有非常重要的意义，方程式如下：

$$2H_2O(l) \rightleftharpoons 2H_2(g) + O_2(g) \qquad \Delta_r G_m^\ominus (298 \text{ K}) = +273.2 \text{ kJ} \cdot \text{mol}^{-1} \tag{2-6}$$

其 298 K 下标准吉布斯自由能变化 ($\Delta_r G_m^\ominus$) 为 +273.2 kJ·mol^{-1}，是一个热力学非自发的反应。水分解是一个简单自氧化还原反应，由水氧化产氧和质子还原产氢两个半反应组成。

酸性或中性溶液：

$$2H^+ + 2e^- \longrightarrow H_2(g) \tag{2-7}$$

$$2H_2O(l) \longrightarrow 4H^+ + 4e^- + O_2(g) \tag{2-8}$$

碱性溶液：

$$2H_2O(l) + 2e^- \longrightarrow 2OH^- + H_2(g) \tag{2-9}$$

$$4OH^- \longrightarrow 2H_2O(l) + O_2(g) + 4e^- \tag{2-10}$$

如上所述，水分解需要在非常高的温度下进行，耗能很大。目前可采用电解(理论分解电压为 1.23 V vs. NHR)、电催化、光催化等方法实现水在常温常压下的分解。

4) 与单质的反应

水能与很多主族金属和副族金属发生反应。

水与活泼金属如 Li、Na、K、Ca、Sr、Ba 发生反应,生成 H_2 和金属氢氧化物。

水与 Mg、Al、Cr、Mn、Fe、Zn、Cd 等活泼性较差的金属只能在加热或高温条件下才能反应,生成氢气和碱(或碱性氧化物)。例如:

$$Mg + 2H_2O \xrightarrow{\triangle} Mg(OH)_2 + H_2\uparrow \qquad (2\text{-}11)$$

$$Mg + H_2O \text{(水蒸气)} = MgO + H_2\uparrow \qquad (2\text{-}12)$$

$$3Fe + 4H_2O \text{(水蒸气)} = Fe_3O_4 + 4H_2\uparrow \qquad (2\text{-}13)$$

Co、Ni、Cu、Ag、Sn、Pb 等不活泼金属难与水反应。

水只能与极个别的非金属单质发生反应。F_2、Br_2 和 Cl_2 在常温下可与水反应。Br_2 和 Cl_2 与水的反应相同,但 F_2 与水的反应不一样,是发生几个并行反应,生成物有 O_2、OF_2、H_2O_2、O_3 和 HF。

$$Cl_2 + H_2O = HCl + HClO \qquad (2\text{-}14)$$

$$Br_2 + H_2O = HBr + HBrO \qquad (2\text{-}15)$$

炽热的碳可以与水蒸气反应生成水煤气(一氧化碳和氢气的混合气体,是一种气体燃料)。

$$C + H_2O\text{(水蒸气)} = CO + H_2 \qquad (2\text{-}16)$$

5) 与化合物的反应

(1) 水与氧化物的反应。水容易与碱金属和碱土金属的氧化物(如 Na_2O、CaO、SrO、BaO 等)发生反应生成相应的碱,并放出大量的热。某些非金属氧化物(如 CO_2、SO_2、P_2O_5 等)也能与水反应,生成酸。例如:

$$CaO + H_2O = Ca(OH)_2 \qquad (2\text{-}17)$$

(2) 水与共价化合物反应。某些共价型的非金属二元互化物,尤其是卤化物和硫化物,非常容易发生水解反应。例如,SiF_4 和 $SiCl_4$ 与水反应生成挥发性的 HF 和 HCl,它们在潮湿的空气中会发烟。

2.1.2 过氧化氢

过氧化氢(H_2O_2)因分子中含有过氧键(O—O)而得名,其水溶液俗称双氧水,市场上通常有质量分数为 35%、50% 和 70% 的水溶液。H_2O_2 的用途随地区不同而异。例如,欧洲国家将总产量的 40% 用于制造过硼酸盐和过碳酸盐,50% 用于纸张和纺织品漂白;美国则没有前一用途,总产量的 25% 用于净化水(杀菌和除氯)。

1. 过氧化氢的发现

Davy 和 Gay-Lussac 在其电化学研究中可能观察到了过氧化氢(H_2O_2)。von Humboldt 于 1799 年合成了第一个过氧化物——过氧化钡。1818 年，Thénard 认识到这种化合物可以用于制备一种以前未知的化合物[40]，他将其描述为"氧化水"(eau oxygenénée)——后来被称为过氧化氢。Thénard 在制得了 H_2O_2 后，还对它的性质做了一些研究。他发现当用 MnO_2 处理 H_2O_2 时，MnO_2 会催化分解 H_2O_2 放出氧气。放出氧气的体积是水放出氧气的 2 倍，因此 H_2O_2 所含氧是水的 2 倍。

2. 过氧化氢的结构

过氧化氢分子中有一个过氧链(—O—O—)，氧原子为 sp^3 杂化，其中两个轨道中是孤对电子，而含有成单电子的一个 sp^3 杂化轨道与另一个氧原子中的同样轨道头对头重叠形成 O—O σ 键，含单电子的一个 sp^3 杂化轨道与氢的 1s 轨道重叠而成 O—H σ 键。每个氧原子上两个孤对电子之间的排斥使得 O—H 键和 O—O 键靠拢，以致 H—O—O 键键角远比四面体角小，也比 H_2O 分子中 H—O—H 键的键角小。H_2O_2 的分子不是直线形，也不是平面结构，而是具有两个平面的立体结构[41-43]，如图 2-3 所示。过氧链位于两个平面的交线上，两个 H 原子分别在两个平面上，两个平面的夹角即二面角的大小与 H_2O_2 的状态有关。气态和晶体 H_2O_2 的分子结构有显著差异。这种差异归因于氢键的作用，气态中不存在氢键。在各种不同的晶体中二面角的数值不同，晶体 H_2O_2 中为 90.2°，$Na_2C_2O_4 \cdot H_2O_2$ 中为 180°[41]。

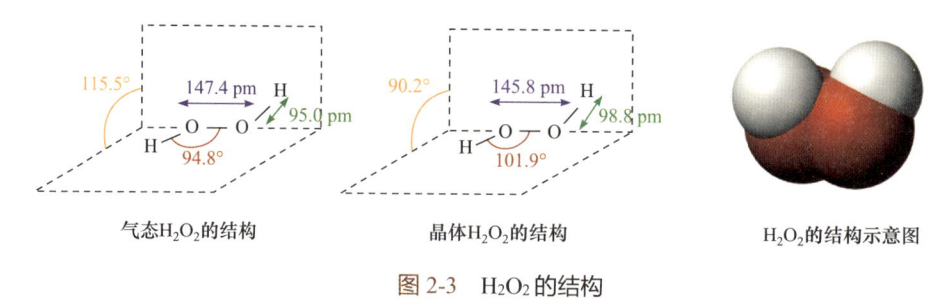

气态H_2O_2的结构　　晶体H_2O_2的结构　　H_2O_2的结构示意图

图 2-3　H_2O_2 的结构

3. 过氧化氢的物理性质

纯过氧化氢为淡蓝色的黏稠液体。它的结构决定其极性很强，偶极矩 μ = 2.16 deb(1 deb = 3.33564×10^{-30} C·m)，理论上应该是一种很好的极性溶剂，但是由于其不稳定而无法实际应用。H_2O_2 分子之间会发生强烈的缔合作用，这种缔合甚至在接近沸点时还存在，比水的缔合程度还大，所以它的沸点远高于水的沸点，为

150.2℃。但是其熔点与水接近，为–0.43℃。H_2O_2 和 H_2O 都是极性溶剂，两者能以任意比例互溶，在一定条件下，可生成化合物 $H_2O_2 \cdot 2H_2O$[44]，其在液相中几乎完全解离。过氧化氢还能溶于许多有机溶剂，如醇、醚、酯和胺。

4. 过氧化氢的化学性质

H_2O_2 的化学性质主要表现为弱酸性、氧化还原性和不稳定性。

1) 弱酸性

H_2O_2 是一种比水稍强、比 HCN 稍弱的弱酸，其不能使蓝色的石蕊溶液变红，发生如下解离：

$$H_2O_2 \rightleftharpoons H^+ + HO_2^- \qquad K_1^\ominus = 2.29 \times 10^{-12} \qquad (2\text{-}18)$$

H_2O_2 作为酸可以与碱发生反应。例如：

$$H_2O_2 + Ba(OH)_2 =\!=\!= BaO_2 + 2H_2O \qquad (2\text{-}19)$$

2) 氧化还原性

在过氧化氢分子中，氧的氧化态为–1，可降到–2 显氧化性，也可升为 0 显还原性。因此，过氧化氢既可以作为氧化剂，又可以作为还原剂。

(1) 氧化性。纯过氧化氢具有很强的氧化性，遇到可燃物即着火。H_2O_2 在水溶液中氧化能力的大小可以通过其标准电极电势的数值判断。

$$H_2O_2 + 2H^+ + 2e^- \longrightarrow 2H_2O \qquad E_A^\ominus = 1.763 \text{ V} \qquad (2\text{-}20)$$

$$HO_2^- + H_2O + 2e^- \longrightarrow 3OH^- \qquad E_B^\ominus = 0.867 \text{ V} \qquad (2\text{-}21)$$

由此可知，在水溶液中，H_2O_2 是常用的强氧化剂。表 2-4 为 H_2O_2 与其他常见强氧化剂的比较。

表 2-4　H_2O_2 与常见强氧化剂的比较

氧化剂	还原产物	电极电势/V
F_2	HF	3.0
O_3	O_2	2.1
H_2O_2	H_2O	1.763
$KMnO_4$	MnO_2	1.7
ClO_2	HClO	1.5
Cl_2	Cl^-	1.4

一般来说，氧化反应在酸性溶液中较慢，在碱性溶液中较快。在酸性溶液中，H_2O_2 可以氧化 I^-、Fe^{2+}、$[Fe(CN)_6]^{4-}$、H_3AsO_3、H_2SO_3、HNO_2、PbS 等。例如：

$$H_2O_2 + 2I^- + 2H^+ =\!=\!= I_2 + 2H_2O \tag{2-22}$$

利用 H_2O_2 的氧化性，可漂白毛、丝织物和油画。例如，油画的染料含 Pb，长时间与空气中的 H_2S 作用会生成 PbS 而发黑，用 H_2O_2 处理可将其氧化成 $PbSO_4$，使油画变白。

$$PbS + 4H_2O_2 =\!=\!= PbSO_4 + 4H_2O \tag{2-23}$$

在碱性溶液中，H_2O_2 除了可以氧化 $Fe(OH)_2$、AsO_3^{3-}、SO_3^{2-}、NO_2^- 外，还可以氧化 Mn(Ⅱ)、Cr(Ⅲ)。例如：

$$HO_2^- + Mn(OH)_2 =\!=\!= MnO_2 + OH^- + H_2O \tag{2-24}$$

$$3HO_2^- + 2[Cr(OH)_4]^- =\!=\!= 2CrO_4^{2-} + OH^- + 5H_2O \tag{2-25}$$

H_2O_2 也能氧化许多有机物，并用来制备环氧化合物、砜等。它还可以作为火箭燃料的氧化剂。H_2O_2 作为氧化剂使用时，活性氧含量高(47.1%，质量分数)、氧化能力强，而且是一种环境友好的氧化剂，其还原产物是水，无污染，过量的过氧化氢可以通过热分解除去，不会引入杂质。

(2) 还原性。由标准电极电势可知，过氧化氢在酸性或碱性溶液中均具有一定的还原性。

$$O_2 + 2H^+ + 2e^- \longrightarrow H_2O_2 \qquad E_A^\ominus = 0.695\ V \tag{2-26}$$

$$O_2 + H_2O + 2e^- \longrightarrow HO_2^- + OH^- \qquad E_B^\ominus = -0.069\ V \tag{2-27}$$

在酸性溶液中，H_2O_2 的还原性不强，只能被高锰酸钾、二氧化锰、臭氧、氯等强氧化剂氧化。

$$2MnO_4^- + 5H_2O_2 + 6H^+ =\!=\!= 2Mn^{2+} + 5O_2\uparrow + 8H_2O \tag{2-28}$$

$$MnO_2 + H_2O_2 + 2H^+ =\!=\!= Mn^{2+} + O_2\uparrow + 2H_2O \tag{2-29}$$

$$O_3 + H_2O_2 =\!=\!= 2O_2 + H_2O \tag{2-30}$$

$$Cl_2 + H_2O_2 =\!=\!= 2Cl^- + O_2 + 2H^+ \tag{2-31}$$

H_2O_2 与高锰酸钾的反应可用来测定过氧化氢的含量。H_2O_2 与 Cl_2 的反应在工业上用来除去少量氯气。

在碱性溶液中，过氧化氢是中等强度的还原剂，不但能还原高锰酸钾、次氯酸钠、次溴酸钠、臭氧等强氧化剂，还能还原 Ag_2O 和六氰合铁(Ⅲ)酸根离子等较弱氧化剂。例如：

$$2MnO_4^- + 3HO_2^- + H_2O \Longrightarrow 2MnO_2 + 3O_2\uparrow + 5OH^- \tag{2-32}$$

$$ClO^- + HO_2^- \Longrightarrow Cl^- + O_2\uparrow + OH^- \tag{2-33}$$

$$BrO^- + HO_2^- \Longrightarrow Br^- + O_2\uparrow + OH^- \tag{2-34}$$

$$O_3 + HO_2^- \Longrightarrow 2O_2 + OH^- \tag{2-35}$$

$$Ag_2O + HO_2^- \Longrightarrow 2Ag + O_2\uparrow + OH^- \tag{2-36}$$

$$2[Fe(CN)_6]^{3-} + HO_2^- + OH^- \Longrightarrow 2[Fe(CN)_6]^{4-} + O_2\uparrow + H_2O \tag{2-37}$$

因为 H_2O_2 的氧化产物是 O_2，所以也不会给由它作还原剂的反应体系引入杂质，是一种绿色的还原剂。

3) 不稳定性

$$E_A^{\ominus}/V \qquad O_2 \xrightarrow{0.695} H_2O_2 \xrightarrow{1.763} H_2O$$

$$E_B^{\ominus}/V \qquad O_2 \xrightarrow{-0.069} HO_2^- \xrightarrow{0.867} OH^-$$

从以上元素电势图中可以看出，无论在酸性条件还是碱性条件下，都有 $E_{右}^{\ominus} > E_{左}^{\ominus}$，$H_2O_2$ 在两种介质中都是不稳定的，发生歧化分解。

$$2H_2O_2(l) \Longrightarrow 2H_2O(g) + O_2(g) \qquad \Delta_r G_m^{\ominus} = -233.4 \text{ kJ} \cdot \text{mol}^{-1} \tag{2-38}$$

事实上，无论在气态、液态、固态还是水溶液中，H_2O_2 都具有热力学不稳定性，易发生歧化分解，生成水和氧气。H_2O_2 在较低温度和高纯度时分解速率较慢，如 90% H_2O_2 在 325 K 时每小时仅分解 0.001%。

过氧化氢的歧化分解作用受到很多动力学因素影响。一般来说，影响 H_2O_2 分解速率的主要因素是催化剂、溶液的酸碱性、温度、光、容器。加热温度高于 426 K 时会猛烈分解。波长为 320~380 nm 的紫外光可以加速过氧化氢的自身氧化还原反应速率，并且在碱性介质中的分解速率远比在酸性介质中快。由于容器的粗糙表面具有催化作用，因此容器内壁的面积与其容积的比值对过氧化氢的分解速率也有影响，比值越大，分解速率越快。电极电势为 1.763~0.695 V 的电对 Ox/Red，其氧化型 Ox 和还原型 Red 都会成为 H_2O_2 分解的催化剂，如 Fe^{3+}、Fe^{2+}、MnO_2、Mn^{2+}、$Cr_2O_7^{2-}$、Cr^{3+} 和有机物等。氧化型 Ox 将 H_2O_2 氧化：

$$Ox + H_2O_2 \longrightarrow Red + O_2\uparrow \tag{2-39}$$

生成的还原型物质 Red 将 H_2O_2 还原：

$$Red + H_2O_2 \longrightarrow Ox + H_2O \tag{2-40}$$

上述两个反应不断交替进行，总反应为

$$2H_2O_2 = 2H_2O + O_2\uparrow \tag{2-41}$$

为阻止 H_2O_2 分解，必须针对热、光、介质、反应器、杂质等因素采取措施。实验室一般将 H_2O_2 溶液装在棕色瓶内存放在阴凉处，有时加入稳定剂，如微量的锡酸钠(Na_2SnO_3)、焦磷酸钠($Na_4P_2O_7$)或8-羟基喹啉等，用来抑制所含杂质的催化作用。

> **思考题**
>
> 2-1 为什么重金属离子可以促进 H_2O_2 分解？
> 2-2 从热力学上判断 Br^- 和 Cl^- 哪一个能催化 H_2O_2 的分解反应。

4) 特征反应

在酸性溶液中，H_2O_2 能与重铬酸盐反应生成蓝色的 CrO_5。CrO_5 在乙醚或戊醇中比较稳定。这个反应可以检验 H_2O_2 的存在，也可以用 H_2O_2 检验铬酸根或重铬酸根的存在。其反应式如下：

$$4H_2O_2 + H_2Cr_2O_7 = 2CrO(O_2)_2 + 5H_2O \tag{2-42}$$

反应之前，应在待检测溶液中提前加入适量乙醚，否则在水溶液中 CrO_5 可以进一步与过氧化氢反应，蓝色迅速消失。

$$2CrO(O_2)_2 + 7H_2O_2 + 6H^+ = 2Cr^{3+} + 7O_2 + 10H_2O \tag{2-43}$$

> **例题 2-2**
>
> 画出 CrO_5 的结构，说明 Cr 在此化合物中的氧化态。
>
> **解** CrO_5 中，铬原子位于中心，通过双键连接一个氧原子，同时连接两个过氧基，铬的氧化态为+6。

5. 过氧化氢的制备

H_2O_2 用途广泛，且需求量越来越大，其合成和制备尤为重要。我国 H_2O_2 生产方法先后大致经历了电解法、镍催化剂搅拌釜氢化工艺的蒽醌法和钯催化剂固定床氢化工艺的蒽醌法3个发展阶段。下面介绍实验室合成方法和工业生产方法。

1) 实验室常用合成方法

(1) 酸解无机过氧化物。实验室中一般用稀硫酸与 BaO_2 或 Na_2O_2 反应制备 H_2O_2。

$$BaO_2 + H_2SO_4 = BaSO_4 + H_2O_2 \tag{2-44}$$

$$Na_2O_2 + H_2SO_4 = Na_2SO_4 + H_2O_2 \qquad (2\text{-}45)$$

过滤后的溶液含 6%~8%(质量分数)H_2O_2。或者将 Na_2O_2 加入冷的 NaH_2PO_4 饱和溶液、冷的稀 HCl 溶液甚至冰水中都可以得到 H_2O_2。

$$Na_2O_2 + 2NaH_2PO_4 = 2Na_2HPO_4 + H_2O_2 \qquad (2\text{-}46)$$

$$Na_2O_2 + 2HCl = 2NaCl + H_2O_2 \qquad (2\text{-}47)$$

$$Na_2O_2 + 2H_2O = 2NaOH + H_2O_2 \qquad (2\text{-}48)$$

(2) 水解有机过氧化物。水解过氧乙酸得到 H_2O_2 和乙酸的混合物,然后加入钙盐,并经酸化后得到 H_2O_2 溶液。

$$CH_3COOOH + H_2O = CH_3COOH + H_2O_2 \qquad (2\text{-}49)$$

$$H_2O_2 + CaCl_2 + 2NaOH = CaO_2 + 2NaCl + 2H_2O \qquad (2\text{-}50)$$

$$CaO_2 + H_2SO_4 = CaSO_4 + H_2O_2 \qquad (2\text{-}51)$$

2) 工业大规模生产方法

(1) 大规模生产——蒽醌法。蒽醌氧化最早是由德国巴斯夫(BASF)公司的 Riedl 和 Pfleiderer 于 1939 年开发的[45],此工艺生产的 H_2O_2 占全球产量的 95% 以上。

$$H_2 + O_2 \xrightarrow[\text{催化剂}]{\text{烷基蒽醌}} H_2O_2 \qquad (2\text{-}54)$$

在一定压力(大于 0.4 MPa)和温度(40~50℃)下,烷基蒽醌在 Pd 等催化剂作用下与 H_2 发生催化加氢反应,得到相应的烷基蒽氢醌。然后在温和条件(温度为 30~60℃,接近大气压)下用空气中的 O_2 氧化为烷基蒽醌,同时生成 H_2O_2[46]。最后,经萃取、净化、浓缩等后处理得到不同浓度的产品。我国蒽醌法生产 H_2O_2 的工艺最早由黎明化工研究院于 1971 年开发成功,并在北京氧气厂投产运用。使用的主要原料有 2-乙基蒽醌、重芳烃溶剂、磷酸三辛酯溶剂、氢气、含 O_2 气体和 Pd 催化剂等[47-48]。

加氢副反应: [结构式] + H₂ —催化剂→ [结构式] (2-55)

氧化副反应: [结构式] + O₂ → [结构式] + H₂O₂ (2-56)

虽然蒽醌法很高效,但存在以下不足:①由于载体分子的非选择性氢化,通常在使用几个周期后需要对其进行更换,存在碳效率低的问题;②整个过程较复杂,需要大量合适的溶剂;③在该工艺反应条件下,H_2O_2的不稳定性要求使用稳定剂,通常使用酸性稳定剂,如乙酸、过氧乙酸、二吡啶酸、喹啉酸或磷酸,然而使用此类稳定剂通常会导致反应器的腐蚀,并且会增加后续处理成本。

(2) 醇氧化法。

异丙醇氧化法:生产是基于伯醇和仲醇的部分氧化,产生醛或酮副产物。异丙醇/水共沸物在温度 90~140℃和压力 1~2 MPa 下,被富 O_2 气流(O_2的体积分数为 80%~90%)氧化而得到 H_2O_2 [46]。

$$\text{(CH}_3\text{)}_2\text{CHOH} + O_2 \longrightarrow \text{(CH}_3\text{)}_2\text{CO} + H_2O_2 \quad (2\text{-}57)$$

由于醇在过氧化物中的溶解性较差,醇氧化法生产的 H_2O_2 质量比蒽醌法的差,难以获得高纯度的 H_2O_2。

甲基苄醇(MBA)氧化法:美国利安德化学(Lyondell Chemical)公司和西班牙雷普索尔化工(Repsol Quimica)公司同时开发了一种基于甲基苄醇氧化的 H_2O_2 生产工艺,将反应液通入萃取和蒸馏装置,得到所需浓度的过氧化氢产品。馏分苯乙酮通过加氢可转化为 MBA。

$$\text{PhCH(OH)CH}_3 + O_2 \longrightarrow \text{PhCOCH}_3 + H_2O_2 \quad (2\text{-}58)$$

$$\text{PhCOCH}_3 + H_2 \longrightarrow \text{PhCH(OH)CH}_3 \quad (2\text{-}59)$$

由于 MBA 可循环使用，该工艺在经济方面有一定优势。液相中 MBA 的氧化也可采用镍(Ⅱ)β-二酮配合物作为均相催化剂以增加醇的转化率。

(3) 电解法。该法是 Meidinger 于 1853 年在电解硫酸过程中发现的[49]，大规模生产始于 1895 年[50]。此方法的原理是电解硫酸或其盐(硫酸铵或硫酸钾)，生成过硫酸或过硫酸盐，然后经减压水解、蒸馏、浓缩，即可得到质量分数为 30%～35%的过氧化氢水溶液。

$$2H_2SO_4 \Longrightarrow H_2S_2O_8 + H_2 \tag{2-60}$$

$$H_2S_2O_8 + H_2O \Longrightarrow H_2SO_5 + H_2SO_4 (快) \tag{2-61}$$

$$H_2SO_5 + H_2O \Longrightarrow H_2SO_4 + H_2O_2 (慢) \tag{2-62}$$

当电解液为硫酸氢铵(NH_4HSO_4)饱和溶液时，其被电解生成过硫酸铵，然后加入适量稀硫酸水解得到 H_2O_2。为了提高水解效率，可以先将铵盐转化成钾盐，再在稀硫酸溶液中水解。反应过程中生成的 NH_4HSO_4 和 $KHSO_4$ 可循环使用。

$$2NH_4HSO_4 \Longrightarrow (NH_4)_2S_2O_8 + H_2 \tag{2-63}$$

$$(NH_4)_2S_2O_8 + 2H_2O \Longrightarrow 2NH_4HSO_4 + H_2O_2 \tag{2-64}$$

$$(NH_4)_2S_2O_8 + 2KHSO_4 \Longrightarrow K_2S_2O_8 + 2NH_4HSO_4 \tag{2-65}$$

$$K_2S_2O_8 + 2H_2O \Longrightarrow 2KHSO_4 + H_2O_2 \tag{2-66}$$

根据水解的物质，电解法分为过硫酸法、过硫酸钾法和过硫酸铵法 3 种，通常采用的是过硫酸铵法。该方法是一种经济可行的工艺，可生产高纯度、不含有机杂质、高稳定性、高浓度的过氧化氢溶液，缺点是生产能力低、耗能大。

3) 其他工业合成方法

(1) 空气阴极法。在燃料电池的基础上，借助气体扩散电极，氧气在碱性电解质(如 NaOH 溶液)中还原成 HO_2^-，经热法磷酸处理得到 H_2O_2。

阳极反应：
$$4OH^- \longrightarrow O_2 + 2H_2O + 4e^- \tag{2-67}$$

阴极反应：
$$O_2 + H_2O + 2e^- \longrightarrow HO_2^- + OH^- \tag{2-68}$$

总反应：
$$O_2 + 2OH^- \longrightarrow 2HO_2^- \tag{2-69}$$

与蒽醌法相比，该法具有设备简单、生产成本低、安全可靠、无污染等特点。与电解法相比，理论分解电压降低了 75%，更节能。该方法特别适用于造纸、印染厂漂白使用的碱性过氧化氢的生产[51]。然而，该方法只能得到浓度较低的过氧化氢溶液(质量分数为 2%～5.4%)。

(2) 用 $CO/O_2/H_2O$ 混合物合成。Ermakov 等在 1979 年首次报道了由 O_2、CO、H_2O 催化合成 H_2O_2 的新方法[52]。

$$O_2 + H_2O + CO \Longrightarrow H_2O_2 + CO_2 \tag{2-70}$$

反应在热力学上能自发进行($\Delta_r G_m^\ominus$ = –134.2 kJ·mol^{-1})。使用的催化剂为三苯基磷酸钯均相催化剂和 Cu/Al$_2$O$_3$ 等[53]多相催化剂。

6. 过氧化氢的应用

H$_2$O$_2$ 用途非常广泛，主要是以其氧化性为基础[46,54-56]。在工业上，H$_2$O$_2$ 广泛用于漂白许多物质，包括棉织物、生丝、毛发、兽皮、兽骨、象牙、脂肪、纸浆等，全世界约 60%的过氧化氢生产用于纸浆和纸张漂白。H$_2$O$_2$ 还用来制造过硼酸钠、过碳酸钠、过氧乙酸、过氧化硫脲等无机和有机过氧化物，并作为高分子聚合反应的催化剂。稀 H$_2$O$_2$ 溶液在医药上可作为消毒剂、杀菌剂和脱臭剂。30%的 H$_2$O$_2$ 溶液在实验室中常用作氧化剂。H$_2$O$_2$ 能除去电镀液中的无机杂质以提高镀件质量。高浓度(90%以上)的 H$_2$O$_2$ 与某些可燃物混合可制造炸药；在近代高能技术中曾被用作火箭燃料的高能氧化剂和单组分燃料。

H$_2$O$_2$ 在使用和运输过程中存在较大的安全隐患，历史上曾发生过很多次爆炸、泄漏并造成人员伤亡的事故。使用高浓度过氧化氢溶液时，要注意其危害性，避免与眼睛和皮肤、衣物等接触，也要避免其与可燃物接触，以防着火或爆炸。

> **思考题**
>
> 2-3　为什么人们不会忘记疫情时期(如"非典"和"新冠")过氧化氢的作用？

7. 过氧化氢合物

与水能形成盐的水合物一样，过氧化氢能形成盐的过氧化氢合物。除草酸盐可以形成过氧化氢合物外，碳酸钠也可以形成过氧化氢合物，如 2Na$_2$CO$_3$·3H$_2$O$_2$、Na$_2$CO$_3$·H$_2$O$_2$·H$_2$O、Na$_2$CO$_3$·2.5H$_2$O$_2$·H$_2$O 等。碳酸钠的过氧化氢合物可以用来生产各种洗涤粉。

H$_2$O$_2$ 和 NaOH 与硼砂溶液反应，或 Na$_2$O$_2$ 与硼砂溶液反应，可以得到偏硼酸钠的过氧化氢合物。

$$Na_2B_4O_7 + 2NaOH = 4NaBO_2 + H_2O \tag{2-71}$$

$$NaBO_2 + H_2O_2 + 3H_2O = NaBO_2 \cdot H_2O_2 \cdot 3H_2O \tag{2-72}$$

$$Na_2B_4O_7 + 4Na_2O_2 + 19H_2O = 4(NaBO_2 \cdot H_2O_2 \cdot 3H_2O) + 6NaOH \tag{2-73}$$

用铂网作阳极电解硼砂和碳酸钠溶液，也可以得到这种过氧化氢合物。

$$Na_2B_4O_7 + 2Na_2CO_3 + 21H_2O = 4(NaBO_2 \cdot H_2O_2 \cdot 3H_2O) + 2NaHCO_3 + 4H_2 \tag{2-74}$$

历史事件回顾

2　H₂O₂绿色合成方法的最新研究进展

随着绿色化学理念深入人心，人们致力于开发更温和的操作、无污染物产生的绿色方法，如直接合成、电催化、光催化、光电催化等合成方法[57-62]。虽然这些方法还没有实现工业化，但是可以为未来实现 H₂O₂ 绿色生产提供指导和启发。

一、H₂ 和 O₂ 直接合成 H₂O₂

从 H₂ 和 O₂ 直接合成 H₂O₂($H_2 + O_2 \longrightarrow H_2O_2$)可提供一种比当前工业过程的原子利用率更高、绿色环保的途径[63]。可通过热催化、燃料电池和等离子体等方法实现上述反应合成 H₂O₂。

1. 催化合成

催化 H₂ 和 O₂ 直接合成 H₂O₂ 的方法最早由 Henkel 和 Weber 于 1914 年提出[64]，使用负载型贵金属 Pd 基催化剂[46,54]，催化 H₂ 和 O₂ 直接合成 H₂O₂ 的过程存在爆炸危险，通常可通过用惰性气体稀释、使用溶剂和限制氢气供给比(H₂ 体积分数 <4%)来提高安全性。然而，使用溶剂和有限的氢进料比都会降低 H₂O₂ 的合成效率。为了解决这一矛盾，研究人员使用了超临界 CO₂ 溶剂和膜催化剂。

该催化合成 H₂O₂ 的反应比较复杂，有三个副反应，即氢气的燃烧($H_2 + 1/2O_2 \longrightarrow H_2O$)、H₂O₂ 的氢化($H_2O_2 + H_2 \longrightarrow 2H_2O$)和 H₂O₂ 的分解($H_2O_2 \longrightarrow H_2O + 1/2O_2$)，都会导致副产物 H₂O 的生成。为了提高 H₂O₂ 的选择性和产率，人们对催化剂的活性组分、载体、制备方法以及副反应抑制剂、溶剂、压力和温度等进行了研究[65]。

2. 燃料电池

随着燃料电池技术迅速发展，人们开发出了一种利用燃料电池制备 H₂O₂ 的方法。与电解工艺不同，燃料电池不但不需要电能，而且在生成过氧化氢的同时能产生电能。目前已有多种直接连续生产 H₂O₂ 的燃料电池。最简单的设计是分离式燃料电池。采用电解质膜(nafion 117)将电池分为两部分，膜的阳极一面电沉积一层铂组成电池阳极，氢气在阳极被氧化；阴极一面采用石墨、金丝网等材料组成电池的阴极，氧气在阴极被还原产生 H₂O₂[66]。反应式如下：

阳极反应：　　　　　　　$H_2 \longrightarrow 2H^+ + 2e^-$　　　　　　　(2-75)

阴极反应：$\quad\quad\quad O_2 + 2H^+ + 2e^- \longrightarrow H_2O_2 \quad\quad\quad$ (2-76)

总反应：$\quad\quad\quad\quad\quad H_2 + O_2 \longrightarrow H_2O_2 \quad\quad\quad\quad\quad$ (2-77)

这些设计的限制因素是阴极室的 O_2 浓度。为此，Yamanaka 等开发了由碳粉制备的多孔膜电极作为三相界面(固体阴极/水电解质/气态 O_2)使得氧与三相界面上的活性位直接作用，从而解决了氧的传质问题。

另一种设计是非分离碱性燃料电池(AFC)[67]，其包含一个 H_2 扩散阳极和一个 O_2 扩散电极。H_2 在阳极被氧化成水，O_2 在阴极被还原为 HO_2^-。

阳极反应：$\quad\quad\quad H_2 + 2OH^- \longrightarrow 2H_2O + 2e^- \quad\quad\quad$ (2-78)

阴极反应：$\quad\quad\quad O_2 + H_2O + 2e^- \longrightarrow HO_2^- + OH^- \quad\quad\quad$ (2-79)

总反应：$\quad\quad\quad H_2 + O_2 + OH^- \longrightarrow HO_2^- + H_2O \quad\quad\quad$ (2-80)

还可以将传统的蒽醌法与燃料电池法相结合，利用 H_2 和 O_2 生产过氧化氢的同时进行发电[68]。在此法中，醌被部分吸附在玻碳电极表面将 O_2 还原为超氧自由基，然后进一步还原为过氧化氢。

近年来，电化学合成 H_2O_2 取得了重大突破。美国莱斯大学的 Wang 课题组设计了一个使用多孔固体电解质直接电合成过氧化氢的方案(图 2-4)[69]，将氢气和氧气分别输送到由多孔固体电解质分离的阳极和阴极，可高选择性地直接合成质量分数高达 20% 的 H_2O_2 溶液，而且催化剂的活性和选择性可保持 100 h。

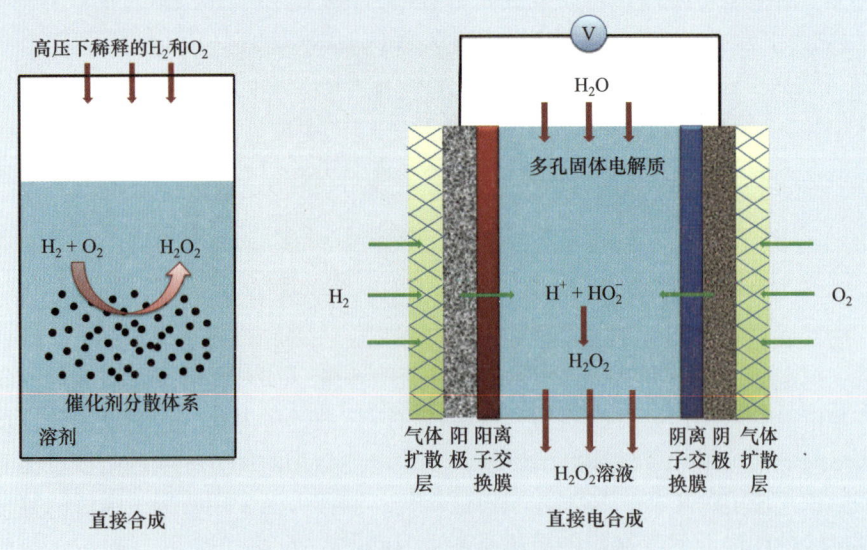

图 2-4 两种 H_2O_2 合成方法的示意图

3. 等离子体

通过等离子体和其他物理方法也可以实现由 H_2 和 O_2 的混合物合成 H_2O_2。早在 20 世纪 60 年代,已有研究报道在大气压下将介质阻挡放电作用于 H_2/O_2 混合气体,可产生非平衡等离子体,再经过自由基反应高选择性地生成 H_2O_2[70-71]。该方法的优点在于它不涉及除 H_2 和 O_2 以外的任何试剂,生成 H_2O_2 的最佳选择性的 H_2/O_2 化学计量比远离它们的爆炸极限,不受传质限制。而且这种工艺技术简单,产品浓度高,反应副产物只有水,是环境友好型的工艺路线。

二、H_2O 和 O_2 合成 H_2O_2

1. H_2O 和 O_2 电催化合成 H_2O_2

从可持续能源角度来看,以 H_2O 和 O_2 作为原料的电催化法是合成 H_2O_2 的理想绿色途径。由于 H_2O_2 中氧元素的氧化数(-1)介于分子 O_2(0) 和 H_2O(-2) 的氧化数之间,因此原则上有两种电化学生成 H_2O_2 的途径。一种是阴极上两电子 O_2 还原途径:

$$O_2 + 2H^+ + 2e^- \longrightarrow H_2O_2 \qquad E^\ominus = 0.695 \text{ V } vs. \text{ RHE} \qquad (2\text{-}81)$$

$$O_2 + H_2O + 2e^- \longrightarrow HO_2^- + OH^- \qquad E^\ominus = -0.076 \text{ V } vs. \text{ RHE} \qquad (2\text{-}82)$$

另一种是阳极上两电子参与的水氧化途径:

$$2H_2O \longrightarrow H_2O_2 + 2H^+ + 2e^- \qquad E^\ominus = 1.776 \text{ V } vs. \text{ RHE} \qquad (2\text{-}83)$$

$$3OH^- \longrightarrow HO_2^- + H_2O + 2e^- \qquad E^\ominus = 0.878 \text{ V } vs. \text{ RHE} \qquad (2\text{-}84)$$

这两种途径都会与热力学上更有利的四电子途径竞争(得到的产物分别为水和氧气)。

$$O_2 + 4H^+ + 4e^- \longrightarrow 2H_2O \qquad E^\ominus = 1.229 \text{ V } vs. \text{ RHE} \qquad (2\text{-}85)$$

$$O_2 + 2H_2O + 4e^- \longrightarrow 4OH^- \qquad E^\ominus = 0.401 \text{ V } vs. \text{ RHE} \qquad (2\text{-}86)$$

O_2 还原和 H_2O 氧化的可能途径见图 2-5。

高效、高选择性的电催化剂是决定该技术未来应用的关键因素之一。已开发的电催化剂包括均相分子电催化剂(如钴酞菁、铁酞菁等)和非均相电催化剂(碳材料、合金等)[58]。

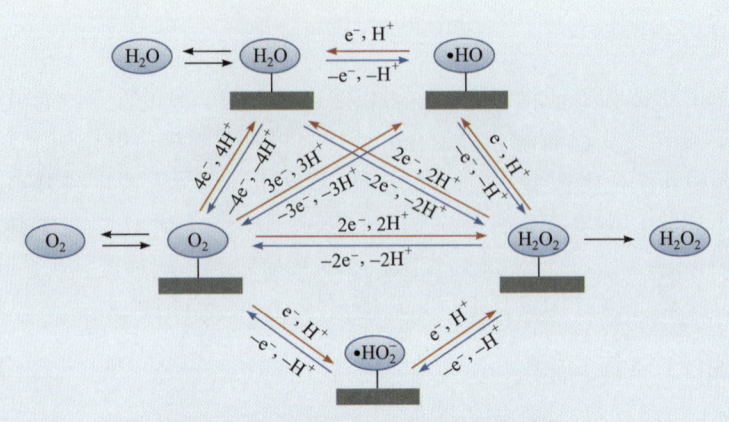

图 2-5　O_2 还原和 H_2O 氧化的可能途径

2. H_2O 和 O_2 光催化合成 H_2O_2

在过去的几十年里,利用可再生和可持续太阳能的光催化技术受到了极大的关注。通常,光催化过程包括三个主要步骤。第一步,当光子的能量大于光催化剂的带隙时,光子被半导体光催化剂吸收,在其导带(CB)和价带(VB)分别产生光生电子(e^-)和光生空穴(h^+)。第二步,e^- 和 h^+ 分离并迁移到光催化剂表面。第三步,光生电荷与光催化剂表面吸附的化学物质发生反应。遵循这一基本原理,利用光催化技术也可以实现 H_2O_2 合成。光催化合成 H_2O_2 的示意图如图 2-6 所示。半导体 VB 中的光生空穴氧化 H_2O 形成 O_2 和 H^+。

$$2H_2O + 4h^+ \longrightarrow O_2 + 4H^+ \tag{2-87}$$

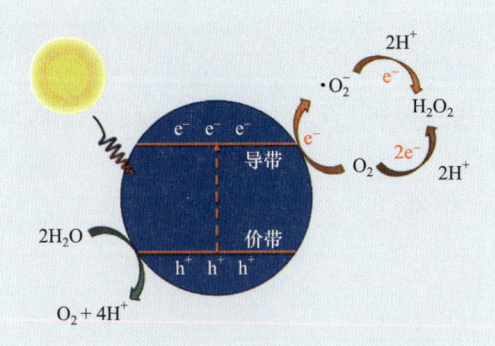

图 2-6　光催化合成 H_2O_2 的示意图

而 CB 中的光生电子与吸附的 O_2 反应生成 H_2O_2。目前,公认的光催化 H_2O_2 产生途径有间接连续两步单电子还原($O_2 \longrightarrow \cdot O_2^- \longrightarrow H_2O_2$)和直接一步两电子还原($O_2 \longrightarrow H_2O_2$)过程。

H₂O₂ 的间接连续两步单电子还原途径：

$$O_2 + e^- \longrightarrow \cdot O_2^- \qquad (2\text{-}88)$$

$$\cdot O_2^- + H^+ \longrightarrow \cdot HO_2 \qquad (2\text{-}89)$$

$$\cdot HO_2 + e^- \longrightarrow HO_2^- \qquad (2\text{-}90)$$

$$HO_2^- + H^+ \longrightarrow H_2O_2 \qquad (2\text{-}91)$$

产生 H₂O₂ 的直接一步两电子还原过程：

$$O_2 + 2H^+ + 2e^- \longrightarrow H_2O_2 \qquad (2\text{-}92)$$

总反应为 H₂O 和 O₂ 在光催化作用下产生 H₂O₂，其标准吉布斯自由能变 ($\Delta_r G_m^\ominus$) 为 117 kJ·mol⁻¹，这是一个热力学非自发的反应。

用于光催化产生 H₂O₂ 的光催化剂有 TiO₂ 及其他无机光催化剂(如 BiVO₄)、金属有机材料[包括超分子配合物如 2-苯基-4-(1-萘基)喹啉离子、配位聚合物如 Cd₃(C₃N₃S₃)₂、金属有机框架材料如 MIL-125-NH₂、无金属聚合物如石墨相氮化碳 (g-C₃N₄)和间苯二酚甲醛树脂][72]。

3. H₂O 和 O₂ 光电催化合成 H₂O₂

用 H₂O 和 O₂ 作为原料，使用光催化和电化学相结合的光电催化技术在很大程度上能提高 H₂O₂ 的生产效率。与电化学方法类似，光电催化合成 H₂O₂ 主要可通过两种途径实现。第一种途径是在酸性或碱性条件下，光阴极上通过两电子途径还原 O₂ 合成 H₂O₂。李灿院士报道了一种无金属窄带聚合物半导体聚噻吩(pTTh)光阴极材料，能在碱性溶液中通过 O₂ 还原产生 H₂O₂[73]。H₂O₂ 的选择性依赖于电解质的 pH，在 pH = 13 时接近 100%，H₂O₂ 浓度达到 110 mmol·L⁻¹。此外，NiFeO$_x$/BiVO₄-pTTh 双光电极组成的光电化学装置可在无偏压下合成浓度为 90 mmol·L⁻¹ 的 H₂O₂。

第二种途径是在光阳极上催化 H₂O 氧化合成 H₂O₂。

$$2H_2O + 2h^+ \longrightarrow H_2O_2 + 2H^+ \qquad E^\ominus = 1.776 \text{ V } vs. \text{ RHE} \qquad (2\text{-}93)$$

$$3OH^- + 2h^+ \longrightarrow HO_2^- + H_2O \qquad E^\ominus = 0.878 \text{ V } vs. \text{ RHE} \qquad (2\text{-}94)$$

此过程不需要牺牲水还原产生的 H₂。但是，与 H₂O 氧化释放 O₂ 的过程相比，H₂O 氧化成 H₂O₂ 的反应在热力学上不易进行。

$$2H_2O \longrightarrow O_2 + 2H_2 \qquad E^\ominus = 1.229 \text{ V } vs. \text{ RHE} \qquad (2\text{-}95)$$

$$2H_2O \longrightarrow H_2O_2 + H_2 \qquad E^\ominus = 1.776 \text{ V } vs. \text{ RHE} \qquad (2\text{-}96)$$

Fuku 等发现 WO$_3$/BiVO$_4$ 光阳极可以在 HCO$_3^-$ 存在下选择性催化 H$_2$O 氧化生成 H$_2$O$_2$[74]。Norskov 和 Zheng 的研究小组随后利用各种光阳极材料(如 BiVO$_4$、Gd 掺杂 BiVO$_4$、SnO$_2$、TiO$_2$、WO$_3$)在含 HCO$_3^-$ 的电解液中实现了 H$_2$O$_2$ 的水氧化合成[75-76]。Zhang 等报道了一种 SnO$_{2-x}$ 包覆的 BiVO$_4$ 光阳极，它显示了几乎完全抑制光电水氧化析氧而只进行 H$_2$O 氧化产生 H$_2$O$_2$ 的巨大能力[77]。

三、其他方法

1. 生物电化学合成 H$_2$O$_2$

自 2009 年首次在生物电化学系统(BES)中发现 H$_2$O$_2$ 产生以来[78]，BES 被认为是一种很有前途的 H$_2$O$_2$ 生物合成技术，包括微生物燃料电池(MFC)和微生物电解池(MEC)。生物电化学基本原理是阳极室中的电活性微生物催化各种电化学反应，如可生物降解底物的氧化反应；从电活性微生物细胞内部转移到阴极的电子，在阴极的催化作用下，可被电子受体用来发电或产生其他增值化工产品(H$_2$O$_2$)。与其他技术相比，生物电化学技术具有节能、成本低等优点，不但可以利用阳极氧化进行污染物处理，还可以利用阴极产生的 H$_2$O$_2$ 进行杀菌消毒等。

2. 仿生方法

H$_2$O$_2$ 可以在活的有机体中通过 O$_2$ 的单电子还原产生，也可以作为自氧化反应的副产物而形成。半乳糖氧化酶是一种多功能生物催化剂[79-80]，可以催化氧化半乳糖的羟基形成相应的醛，也可以催化氧化简单的伯醇，从而产生 H$_2$O$_2$。另外，黄素酶葡萄糖氧化酶可催化 β-D-葡萄糖被氧气氧化成 δ-D-葡萄糖酸内酯，同时产生等物质的量的过氧化氢。

$$C_6H_{12}O_6 + O_2 \Longrightarrow C_6H_{10}O_6 + H_2O_2 \tag{2-97}$$

有机底物的酶氧化从概念上来说是一种简单、温和、安全的生产过氧化氢的方法。但是，通常氧化还原酶产生的 H$_2$O$_2$ 的浓度不超过 1%(质量分数)。生物体内通过加氧酶还原氧产生 H$_2$O$_2$ 时，可产生过氧化氢酶，会造成 H$_2$O$_2$ 迅速分解。

3. 均相催化 O$_2$ 还原

研究表明，在室温条件下，高价锰配合物可促进羟胺在乙腈/水的混合物中还原 O$_2$ 生成 H$_2$O$_2$[81]，反应式如下：

$$O_2 + 2NH_2OH \Longrightarrow H_2O_2 + 2H_2O + N_2 \tag{2-98}$$

配合物浓度增加会加快 H$_2$O$_2$ 的生成速率，但当配合物浓度超过 10 μmol·L^{-1} 时，会引起 H$_2$O$_2$ 快速分解。此方法生产 H$_2$O$_2$ 的 TOF 值高达 10000 h^{-1}，与蒽醌氧化工艺相当。

四、结语

图 2-7 给出了 H_2O_2 合成的主要进展。

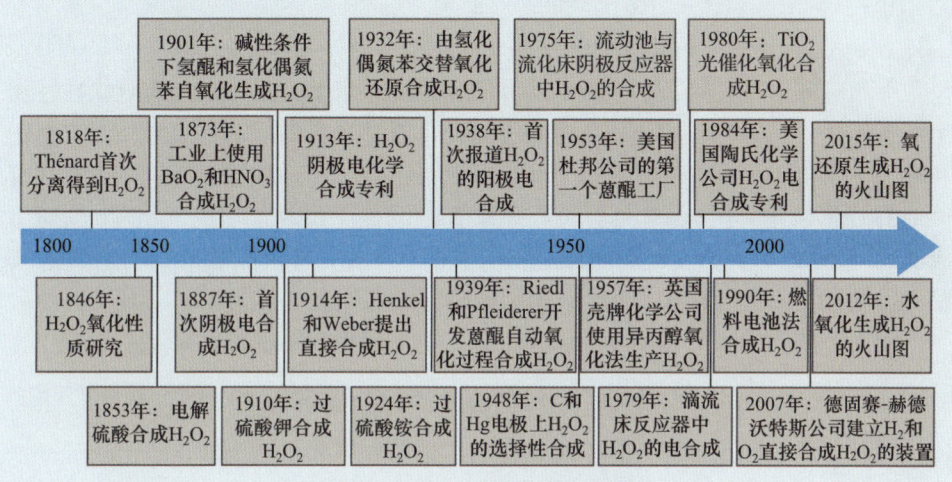

图 2-7　H_2O_2 合成的主要进展

2.1.3　硫的氢化物

1. 硫化氢

硫化氢(H_2S)是一种无色的硫属氢化物气体,由瑞典化学家舍勒于 1777 年发现。硫化氢通常是在缺乏氧气的情况下由微生物分解有机物产生的,如在沼泽和下水道中,这一过程称为厌氧消化,由硫酸盐还原微生物完成。H_2S 也存在于火山气体、天然气和一些井水中。人体产生少量 H_2S,是体内的信号分子。

1) 硫化氢的结构

H_2S 是硫的氢化物中最简单的一种。其分子的几何形状与水分子类似,中心原子 S 原子采取 sp^3 杂化,电子对构型为正四面体形,分子构型为 V 形(图 2-8),H—S—H 键键角为 92.1°。

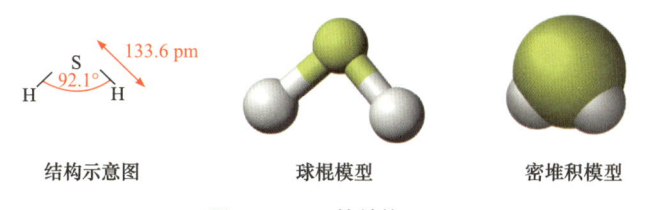

图 2-8　H_2S 的结构

2) 硫化氢的制备

H_2S 可通过金属硫化物和酸反应制备。例如：

$$FeS + H_2SO_4(稀) == H_2S\uparrow + FeSO_4 \tag{2-99}$$

$$FeS + 2HCl(稀) == H_2S\uparrow + FeCl_2 \tag{2-100}$$

$$Na_2S + H_2SO_4(稀) == H_2S\uparrow + Na_2SO_4 \tag{2-101}$$

在实验室中，常用人工合成的块状硫化亚铁于启普发生器中与非氧化性酸作用制备硫化氢。由 FeS 和盐酸反应制得的硫化氢常含有 H_2、N_2、O_2、CO_2、AsH_3 和酸蒸气等杂质，可将气体通过 $CaCl_2$ 干燥器除去水，再通过装有干燥的 I_2 和玻璃棉的 U 形管中，使 AsH_3 与 I_2 反应生成 AsI_3 沉积在管内而与 H_2S 分离；反应生成的 HI 及原先所含的 CO_2 等可用适量的蒸馏水洗去，如欲除去杂质气体 H_2、N_2 和 O_2，可用 P_4O_{10} 将 H_2S 干燥后，用干冰冷冻，使其液化而与 H_2、N_2 和 O_2 分离。

用中等浓度的硫酸作用于三硫化二锑，也可获得较纯的硫化氢。

$$3H_2SO_4 + Sb_2S_3 == 3H_2S\uparrow + Sb_2(SO_4)_3 \tag{2-102}$$

还可用碱金属、碱土金属、铝的硫化物的水解制备硫化氢。例如：

$$6H_2O + Al_2S_3 == 3H_2S\uparrow + 2Al(OH)_3 \tag{2-103}$$

$$2H_2O + 2MgS == Mg(HS)_2 + Mg(OH)_2 \tag{2-104}$$

$$2H_2O + Mg(HS)_2 == 2H_2S\uparrow + Mg(OH)_2 \tag{2-105}$$

用硫化镁或硫氢化镁水解制备硫化氢时，需要加热至 333 K，随后用 $CaCl_2$ 或 P_4O_{10} 将气体干燥，可得到纯度较高的硫化氢。

利用有机含硫化合物硫代乙酰胺的加热水解，也可制得硫化氢。

$$CH_3CSNH_2 + H_2O == CH_3CONH_2 + H_2S\uparrow \tag{2-106}$$

将氢气和硫单质直接化合，可获得纯度很高的硫化氢。

$$H_2 + S == H_2S \tag{2-107}$$

3) 硫化氢的物理性质

H_2S 具有典型的臭鸡蛋气味。它有毒、有腐蚀性、易燃易爆。H_2S 的分子结构决定它和水分子一样，也是一个极性分子，偶极矩为 0.97 deb，但它的极性比水弱很多，以致分子间几乎不存在氢键，所以硫化氢的熔点、沸点都很低，通常以气体状态存在，在 −59.55℃时凝聚成液体，−85.5℃时成为固体。硫化氢的密度比空气稍高，相对密度为 1.189(15℃，101.325 kPa)。硫化氢气体能溶于水、乙醇及甘油中，它在水中的溶解度较小，在 20℃时 1 体积水能溶解 2.6 体积硫化氢，生成的水溶液称为氢硫酸，浓度约为 0.1 mol·L^{-1}。

4) 硫化氢的化学性质

(1) 热稳定性。硫化氢的稳定性远小于水,加热高于 700 K 时即分解为 H_2 和 S 单质,这是由于 S—H 键比 O—H 键弱。

$$H_2S \rightleftharpoons H_2 + S \tag{2-108}$$

(2) 弱酸性。H_2S 在水中分两步解离,溶液中存在如下平衡:

$$H_2S \rightleftharpoons H^+ + HS^- \qquad K_{a_1}^{\ominus} = 1.07 \times 10^{-7} \tag{2-109}$$

$$HS^- \rightleftharpoons H^+ + S^{2-} \qquad K_{a_2}^{\ominus} = 1.26 \times 10^{-13} \tag{2-110}$$

氢硫酸是二元弱酸,其可与碱反应,生成酸式盐和正盐,酸式盐都易溶于水,正盐大多难溶于水,并具有特征颜色。

(3) 还原性。H_2S 气体有一定的还原性。完全干燥的气态硫化氢在室温下不与空气中的氧发生反应,但在高温时能在空气中燃烧,产生蓝色火焰并生成二氧化硫和水;若空气不足,则生成单质硫。

$$2H_2S + 3O_2 \Longrightarrow 2SO_2 + 2H_2O \tag{2-111}$$

$$2H_2S + O_2 \Longrightarrow 2S + 2H_2O \tag{2-112}$$

H_2S 气体可以与金属离子反应产生沉淀。实验室中除去硫化氢气体,一般采用的方法是将硫化氢气体通入硫酸铜溶液中,形成不溶解于一般强酸(非氧化性酸)的硫化铜。

$$H_2S + CuSO_4 \Longrightarrow CuS\downarrow + H_2SO_4 \tag{2-113}$$

H_2S 的水溶液除显示微酸性外,还表现出比气态 H_2S 强的还原性。其酸性和碱性溶液的标准电极电势如下:

$$S + 2H^+ + 2e^- \longrightarrow H_2S \qquad E_A^{\ominus} = 0.142 \text{ V} \tag{2-114}$$

$$S + 2e^- \longrightarrow S^{2-} \qquad E_B^{\ominus} = -0.476 \text{ V} \tag{2-115}$$

由此可知,无论在酸性条件还是碱性条件下,H_2S 溶液都具有较强的还原性。H_2S 的水溶液长时间暴露在空气中时会逐渐被空气中的 O_2 氧化,析出单质硫,使溶液变浑浊。

$$2H_2S + O_2 \Longrightarrow 2S\downarrow + 2H_2O \tag{2-116}$$

因此,实验室使用的 H_2S 的水溶液必须是新配制的。

硫化氢作为还原剂可以与二氧化硫发生逆歧化反应。

$$2H_2S + SO_2 \Longrightarrow 3S\downarrow + 2H_2O \tag{2-117}$$

当硫化氢溶液遇到其他氧化剂时,依氧化剂强弱的不同被氧化为单质硫或硫的含氧酸。例如:

$$H_2S \text{ (aq)} + I_2 = S + 2HI \tag{2-118}$$

$$H_2S \text{ (aq)} + 2Fe^{3+} = S\downarrow + 2Fe^{2+} + 2H^+ \tag{2-119}$$

$$2H_2S \text{ (aq)} + SO_2 = 3S\downarrow + 2H_2O \tag{2-120}$$

$$H_2S \text{ (aq)} + 4Br_2 + 4H_2O = H_2SO_4 + 8HBr \tag{2-121}$$

$$H_2S \text{ (aq)} + 4Cl_2 + 4H_2O = H_2SO_4 + 8HCl \tag{2-122}$$

当 I_2 等弱氧化剂过量时，生成硫酸。

$$H_2S \text{ (aq)} + 4I_2 + 4H_2O = H_2SO_4 + 8HI \tag{2-123}$$

例题 2-3

单质形态的硫怎样在火山喷发时形成并沉积？

解 火山喷发过程中，地下硫化物与高温水蒸气作用生成 H_2S，H_2S 再与 SO_2 或 O_2 反应生成单质硫。

(4) 氧化性。硫化氢的硫是 –2 价，处于最低价。但氢是 + 1 价，能降到 0 价，所以整个分子可表现出氧化性。例如：

$$H_2S + 2Na = Na_2S + H_2 \tag{2-124}$$

5) 硫化氢的应用

H_2S 的主要用途是作为前驱物生产含硫有机化合物和碱金属硫化物，用于荧光粉、农药、医药等的合成，光电器件等的制造，金属精制、催化剂再生。在分析化学中，主要用于对金属离子的定性分析；此外，H_2S 在分离和生物方面有重要的应用，如硫化氢用于通过 Girdler 硫化物法将氧化氘或重水从正常水中分离出来；H_2S 对预防中风、心脏病等疾病和减轻炎症具有一定的作用。

2. 多硫化氢

1) 多硫化氢的结构

多硫化氢 $H_2S_n(n>1)$ 中 S 是链状结构[82]，因其结构与碳烷烃相似，又称为硫烷，如五硫化氢(H_2S_5)可称为五硫烷、六硫化氢(H_2S_6)可称为六硫烷等。目前发现的 n 值可达到 35。已分离出的稳定化合物仅是 n = 2～8 个串联硫原子的化合物，一些具有更长 S 链的化合物仅在溶液中检测到。分子中含硫原子数目最少的多硫化氢是二硫化氢 H_2S_2，其分子结构(图 2-9)与过氧化氢类似，因而又称为过硫化氢。

图 2-9 H₂S₂ 的结构图

2) 多硫化氢的制备

多硫化氢是非常敏感的化合物，许多物质能将其催化分解。因此，制备时所用的玻璃器皿必须清洁、干燥。制备过程中温度不能高于 30℃。

将九水合硫化钠($Na_2S \cdot 9H_2O$)加热，使它溶于自身所含的结晶水，再将硫溶入其中，制备多硫化钠溶液。在 263 K 下，在搅拌下将多硫化钠溶液注入稀盐酸中，可得到黄色油状的多硫化氢混合物。

$$Na_2S + (n-1)S \Longrightarrow Na_2S_n \ (n = 2 \sim 6) \tag{2-125}$$

$$Na_2S_n + 2HCl \Longrightarrow H_2S_n + 2NaCl \tag{2-126}$$

分出此混合物，用无水氯化钙干燥后进行真空蒸馏，较高级的多硫化氢发生裂解，即可获得相当纯的 H_2S_2 和 H_2S_3。

$$2H_2S_n \Longrightarrow H_2S_{n+x} + H_2S_{n-x} \tag{2-127}$$

$$H_2S_n \Longrightarrow H_2S_{n-1} + S \tag{2-128}$$

$n > 3$ 的 H_2S_n 挥发性很低，不能采用真空蒸馏法制备，通常通过缩合反应制备。反应物为低硫烷和二氯磺烷(S_mCl_2)。

$$2H_2S + S_mCl_2 \Longrightarrow H_2S_{m+2} + 2HCl \tag{2-129}$$

$$2H_2S_2 + S_mCl_2 \Longrightarrow H_2S_{m+4} + 2HCl \tag{2-130}$$

$n = 3 \sim 5$ 的 H_2S_n 可以由硅烷衍生物的磺酸盐(R_3SiSNa，$R_3Si = MePh_2Si$)制备。

$$2R_3SiSNa + I_2 \Longrightarrow (R_3Si)_2S_2 + 2NaI \tag{2-131}$$

$$2R_3SiSNa + S_{n-2}Cl_2 \Longrightarrow (R_3Si)_2S_n \ (n = 3 \sim 5) + 2NaCl \tag{2-132}$$

$$(R_3Si)_2S_n + 2CF_3COOH \Longrightarrow H_2S_n + 2CF_3COOSiR_3 \tag{2-133}$$

液硫与 H_2S 反应生成长链多硫化氢混合物。

$$H_2S + (n-1)S(液) \Longrightarrow H_2S_n \tag{2-134}$$

3) 多硫化氢的物理性质

多硫化氢的主要物理性质列于表 2-5 中。$H_2S_n(n = 2 \sim 8)$ 都是黄色的油状液体，颜色随分子中硫链的增长而加深。H_2S_2、H_2S_3、H_2S_4 的凝固点分别为 −90℃、−53℃、

−85℃。H₂S₂、H₂S₃、H₂S₄ 和 H₂S₅ 的沸点分别为 70℃、170℃、240℃和 285℃。对于更高级的多硫化氢，由于热不稳定性和冷却时形成玻璃的趋势，凝固点和沸点均未知。H₂S$_n$(n = 2～8)的密度和黏度也随着链长的增加而增大。理论计算表明，S—S 键的解离能随链长的增加而降低。它们都不溶于水，在醇和水中迅速分解，但能溶于苯、乙醚、二硫化碳、三氯甲烷和四氯化碳等有机溶剂。

表 2-5　多硫化氢的主要物理性质

H₂S$_n$	密度(20℃)/(g·cm⁻³)	黏度(20℃)/(mPa·s)	蒸气压/kPa	凝固点/℃	沸点/℃
H₂S₂	1.334	0.616	11.692	−90	70
H₂S₃	1.491	1.32	0.187	−53	170
H₂S₄	1.582	2.63	0.0047	−85	240
H₂S₅	1.644	5.52	0.00016	—	285
H₂S₆	1.688	11.0	—	—	—
H₂S₇	1.721	22.8	—	—	—
H₂S₈	1.747	46.8	—	—	—

4) 多硫化氢的化学性质

(1) 不稳定性。标准状况下，多硫化氢的生成焓均为负值(H₂S₂、H₂S₃、H₂S₄、H₂S₅、H₂S₆ 的标准生成焓分别为 −8 kJ·mol⁻¹、−14 kJ·mol⁻¹、−12 kJ·mol⁻¹、−10 kJ·mol⁻¹、−8 kJ·mol⁻¹)，多硫化氢都不稳定，在加热和光照下发生分解。

$$H_2S_n \Longrightarrow H_2S + \frac{n-1}{8}S_8 \tag{2-135}$$

分解反应始终是放热的，在 298 K 下即能进行，尤其是在有催化剂的情况下，反应更能迅速发生。

(2) 质子化。多硫化氢既是质子受体，又是质子给体。作为质子受体，形成 $H_3S_n^+$。

$$H_2S_n + H^+ \Longrightarrow H_3S_n^+ \tag{2-136}$$

(3) 酸性。在气相中，所有的多硫化氢分子都是相对较强的 Brønsted 酸。

$$H_2S_n \Longrightarrow HS_n^- + H^+ \tag{2-137}$$

由于气相 H₂S$_n$ 的酸性随着链长而增加，常发生如下副反应：

$$H_2S_n + HS_m^- \rightleftharpoons HS_n^- + H_2S_m \ (m < n) \tag{2-138}$$

水溶液中，多硫化氢的酸性也随着链长的增加而增加，与气相中一样。H_2S_4 的 $pK_1 = 3.8$、$pK_2 = 6.3$；H_2S_5 的 $pK_1 = 3.5$、$pK_2 = 5.7$。

(4) 亲核取代反应。多硫化氢与亲核试剂(如碱金属亚硫酸盐、碱金属氰化物等)在水溶液中作用时，会发生如下反应：

$$H_2S_n + (n-1)SO_3^{2-} \rightleftharpoons (n-1)S_2O_3^{2-} + H_2S \tag{2-139}$$

$$H_2S_n + (n-1)CN^- \rightleftharpoons (n-1)SCN^- + H_2S \tag{2-140}$$

$$H_2S_n + (n-1)AsO_3^{2-} \rightleftharpoons (n-1)AsO_3S^{2-} + H_2S \tag{2-141}$$

历史事件回顾

3 硫化氢在超高压下的超导性

一、寻找 T_c 超过 40 K 的常规超导体是超导研究领域的关键课题

1911 年，荷兰科学家 Onnes 首次在金属汞中发现了超导现象。超导作为人类发现的第一个宏观量子现象，至今已有百余年的研究历史。经过 100 多年的研究，人们已经发现了多达数万种超导体。按照超导体的临界温度，可以将超导体分为低温超导体和高温超导体，临界温度低于 25 K 的超导体为低温超导体，临界温度高于 25 K 的超导体为高温超导体。目前，寻找 T_c 超过 40 K 的常规超导体是超导研究领域的关键课题。

2004 年，美国科学院院士 Ashcroft 提出[83]：高压下金属化的富氢化合物可能是潜在的高温超导体。但由于富氢化合物的种类繁多，究竟选择哪种富氢化合物开展高压实验是此领域的难点，需要前瞻性的理论计算来指导。早期的理论研究认为高压下 H_2S 会分解为单质硫和氢，不存在稳定的硫氢化合物，科学家也因此失去了研究 H_2S 高压超导的兴趣。

二、硫化氢在超高压下的超导性

1. 理论计算预测硫化氢高压下的超导性

2014 年，吉林大学马琰铭研究组利用自主发展的 CALYPSO 结构预测方法，

预测了 H₂S 的 5 种新高压相，发现它们在一定压力范围内比所有早期结构在能量上更稳定，进而从根本上修改了整个 H₂S 高压相图。这些结果与先前关于 H₂S 成分不稳定性的观点形成鲜明对比。此外，他们首次预言 H₂S 在高压下会转变为高温超导体，其超导临界温度在 160 GPa 下达到 80 K[84]。同在吉林大学的崔田研究组预言 H₂S-H₂ 化合物在高压下可能实现 191~204 K 的高温超导[85]。

2. 实验证明硫化氢高压下的超导性

受马琰铭等研究结果的启发，德国马克斯·普朗克化学研究所的科学家 Drozdov 和 Eremets 开展了 H₂S 的高压超导实验，证实了上述工作的理论预言。H₂S 系统在大约 90 GPa 的压力下转变成金属。在冷却过程中，看到了超导电性的特征：电阻率急剧下降到零，随着磁场的作用，转变温度降低，磁化率测量证实 T_c = 203 K[86]。此外，氘化硫中 T_c 的显著同位素位移表明超导机制为电子-声子机制，这与 Bardeen-Cooper-Schrieffer 假设一致。他们认为，在这个系统中，引起高温超导性的相可能是 H₃S(由 H₂S 在高压下分解形成)。

Troyan、Drozdov 和 Eremets 与俄罗斯科学院的 Gavriliuk 等合作，利用高压核磁共振散射技术观察了硫化氢体系在 153 GPa、140 K 以下的超导性。放置在 H₂S 样品内的 [119]Sn 薄膜用作磁场传感器(图 2-10)。通过同步辐射的核磁共振散射监测 [119]Sn 传感器上的磁场。结果表明，由于 H₂S 样品在 4.7 K 至约 140 K 温度范围内的屏蔽，[119]Sn 薄膜放出约 0.7 T 的外部静磁场，显示出 H₂S 的超导状态。他们的论文于 2016 年在 *Science* 上发表[87]。

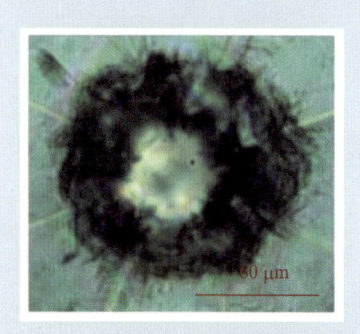

图 2-10 153 GPa 压力下硫化氢的照片，中心反射部分是 H₂S 的超导相

3. H₂S-H₂ 体系的超导相研究

为了确认 H₂S-H₂ 体系的真正超导相，马琰铭、崔田、Bernstein 等国内外研究者展开了理论和实验研究[88-90]。马琰铭发现除 H₂S 外，还存在 H₂S 在高压下可能分解形成的 H₃S、H₂S₃、H₃S₂、HS₂、H₄S₃ 等(图 2-11)，其中 H₃S 在 110 GPa 以上最为稳定[88]。日本大阪大学的科学家 Einaga 和 Shimizu 等在 Drozdov 和 Eremets 的帮助下，于 2015 下半年在自己的实验室重复了实验研究工作，并进行了 X 射线衍射结构分析，确认了最可能的超导相是立方相的 H₃S，与吉林大学崔田研究组的报道结果完全一致[91]。

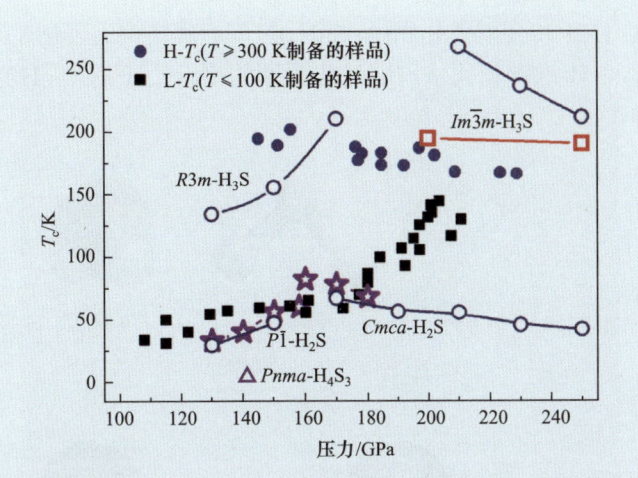

图 2-11　各种 H-S 化合物的超导转变温度(T_c)的计算值和压缩硫化氢的实验值

日本大阪大学的 Ishikawa 和 Shimizu 等还从理论上预测了之前德国科学家观测到的另一个 50～70 K 的超导相有可能是 H_5S_2,不过压力稳定区间可能很小[92]。

2016 年,吉林大学崔田研究组宣布成功测量了 150 GPa 下硫化氢体系的迈斯纳效应[93],在多个压力点得到了清晰的抗磁性信号,完全重复验证了前面的研究结果,进一步证实了硫化氢在超高压下超导的新物理突破。

4. H_2S-CH_4 体系的超导

H_2S 和 CH_4 在较低压力下容易与氢混合形成主客体结构,并且在 4 GPa 时具有可比尺寸。在低压下将甲烷引入 H_3S 的前体混合物 H_2S + H_2 中,在富含 H_2 包裹体的范德华固体中可以进行分子交换。这些客-主结构在极端条件下成为超导化合物的基石。2020 年,美国科学家 Dias 团队报道了光化学转化的含碳硫氢化物系统的超导性,实现了在 267 GPa±10 GPa 时达到 287.7 K±1.2 K(约 15℃)的最高超导转变温度[94]。

2.1.4　硒、碲、钋和𫟷的氢化物

1. 硒、碲、钋和𫟷的氢化物的结构

与 H_2O 和 H_2S 的结构类似,H_2Se、H_2Te、H_2Po 的中心原子采用 sp^3 杂化,分子构型为 V 形(图 2-12～图 2-14)。H_2Se 分子中 H—Se—H 键键角为 91°、Se—H 键键长为 146 pm;H_2Te 分子中 H—Te—H 键键角为 90°、Te—H 键键长为 169 pm。由硫到碲键角逐渐减小,可能是由于元素的电负性减小,键合轨道的极化而使它们相互靠近。H_2Po 分子中 H—Po—H 键键角预计为 90.9°。H_2Lv 是共价化合物,

介于卤化氢(如 HCl)和金属氢化物(如 SnH$_4$)之间,其结构尚不清楚。自旋轨道相互作用预计 Lv—H 键键长比从周期趋势预期的更长,H—Lv—H 键键角比预期更大。

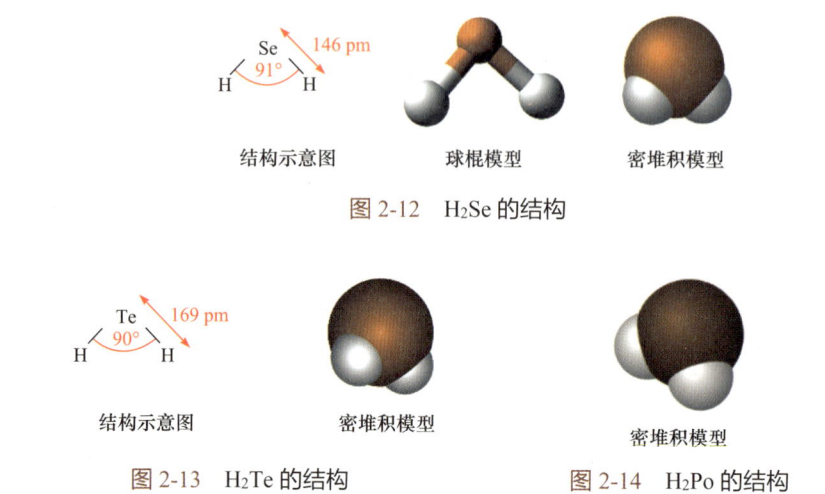

图 2-12 H$_2$Se 的结构

图 2-13 H$_2$Te 的结构

图 2-14 H$_2$Po 的结构

2. 硒、碲和钋的氢化物的制备

1) 硒化氢的制备

523~923 K 时硒与氢气直接化合可制取 H$_2$Se,反应是可逆的,在约 773 K 可获得最佳的产率(约 60%)。

$$H_2 + Se \Longrightarrow H_2Se \tag{2-142}$$

实验室制备 H$_2$Se 通常采用的方法是金属硒化物(Al$_2$Se$_3$、Fe$_2$Se$_3$、ZnSe)在水中或非氧化性的稀酸中水解[95],产率 80%~85%。例如:

$$Al_2Se_3 + 6H_2O \Longrightarrow 2Al(OH)_3 + 3H_2Se \tag{2-143}$$

H$_2$Se 还可以通过硒粉与氢氧化镁在 493~523 K 下反应制备。

$$2Mg(OH)_2 + 4Se \Longrightarrow MgSeO_4 + MgSe + 2H_2Se \tag{2-144}$$

2) 碲化氢的制备

H$_2$Te 不能通过碲单质与氢气在高温下的化合反应制备,这是因为碲化氢太不稳定,在反应温度下已剧烈分解。H$_2$Te 的制备通常也采用金属碲化物(Al$_2$Te$_3$、Fe$_2$Te$_3$、ZnTe)的水解[96]。例如:

$$Al_2Te_3 + 6H_2O \Longrightarrow 2Al(OH)_3 + 3H_2Te \tag{2-145}$$

还可采用电解法:以碲作阴极,在浓磷酸或浓硫酸的冷溶液或 15%~50%硫酸溶液中进行电解。

3) 钋化氢的制备

H$_2$Po 的制备相对比较困难[97]。可通过盐酸与镀钋镁箔反应制备微量的钋化氢。此外，微量钋在氢饱和钯或铂中的扩散可能形成钋的氢化物。

3. 硒、碲和钋的氢化物的物理性质

1) 硒化氢的物理性质

H$_2$Se 在标准状况下为无色易燃气体。它是毒性最大的硒化合物，在 8 h 内的接触限值为 0.05 ppm。即使在极低浓度下，这种化合物也有刺激性非常强的气味，在较高浓度下有臭鸡蛋的气味。H$_2$Se 和 H$_2$S 的性质相似。

2) 碲化氢的物理性质

H$_2$Te 是一种无色、有刺激性气味(腐烂大蒜、腐烂韭菜的气味)的气体。在环境空气中不稳定，但其可以在极低浓度下存在足够长的时间。

3) 钋化氢的物理性质

H$_2$Po 是除 H$_2$O 以外第二个室温下呈液体的硫属氢化合物[97]。它是一种挥发性强且极不稳定的化合物。像所有钋化合物一样，它具有高放射性。

4. 硒、碲和钋的氢化物的化学性质

1) 酸性

与 H$_2$S 相似，H$_2$Se、H$_2$Te 溶于水中形成氢硒酸、氢碲酸，溶液都显酸性，酸强度随原子序数的增加而增大。H$_2$Se 在 25℃时的 pK_{a1} = 3.89，pK_{a2} = 15.05 [98]；H$_2$Te 的 pK_{a1} = 2.6。与 H$_2$S 一样，其也能从溶液中以硒化物和碲化物的形式将重金属沉淀出来。目前还不清楚钋氢化物是否在水中形成一种类似的酸性溶液。

2) 不稳定性

H$_2$Se 是热不稳定的，大约在 433 K 开始发生可逆分解，793 K 左右生成率达到最大，随后生成率随温度升高而降低。H$_2$Te 更不稳定，甚至在 273 K 即可分解沉积出碲。液态或固态的碲化氢还能被光分解，而在气态，如果没有水存在，它在光的作用下是稳定的。H$_2$Po 的性质也了解不多，不稳定性是已知的性质之一。它非常不稳定，容易分解成元素钋和氢，室温时在 4 min 内分解约 50%，干燥的 P$_2$O$_5$ 或 CaCl$_2$ 均使它部分分解，在 0.1 mol·L^{-1} AgNO$_3$ 或 NaOH 溶液中几乎完全分解。

$$H_2Se \rightleftharpoons H_2 + Se \quad 温度 > 433\ K \qquad (2\text{-}146)$$

$$H_2Te \rightleftharpoons H_2 + Te \quad 室温 \qquad (2\text{-}147)$$

$$H_2Po \rightleftharpoons H_2 + Po \qquad (2\text{-}148)$$

3) 还原性

硒、碲和钋的氢化物的还原性依次增强。H_2Se 和 H_2Te 在空气中点燃发出蓝色火焰并生成二氧化物和水。由于水能催化其氧化，因此气态硒化物或其水溶液均不太稳定，易被空气氧化而析出红硒。而 H_2Te 即使在干燥的空气中当压力低于 1.3 kPa 时也能被氧化成碲和水。H_2Po 另一个已知的性质就是强还原性，其在潮湿空气中就可被氧化成 Po 单质和水。

卤素、S、SeO_2、$TeCl_4$、$FeCl_3$、$HgCl_2$ 都可将它们氧化成单质。将 H_2Se 通入 SO_2 水溶液中时，发生如下反应：

$$H_2Se + 6SO_2 + 2H_2O = 2S + Se + H_2S_2O_6 + 2H_2SO_4 \qquad (2\text{-}149)$$

$$H_2Se + 5SO_2 + 2H_2O = 2S + Se + 3H_2SO_4 \qquad (2\text{-}150)$$

若将 SO_2 通入硒化氢水溶液中，则主要沉淀出硒。

$$H_2Se + 6SO_2 + 2H_2O = Se + H_2S_4O_6 + 2H_2SO_4 \qquad (2\text{-}151)$$

> **思考题**
>
> 2-4 可溶性金属硫化物中以 Na_2S 和 $NaHS$ 最重要，大量用于硫化染料的制造和用作鞣革工业中的脱毛剂。试写出它们的制备反应。
>
> 2-5 总结氧族元素氢化物的结构和性质规律。

2.2 氧的化合物

2.2.1 氧化物

氧化物(oxide)是指以氧化数为 –2 的氧参与结合而形成的普通氧化物，区别于过氧化物、超氧化物、臭氧化物和二氧基盐等。除氦、氖、氩外，其他元素都能形成氧化物。氧与电负性更大的氟结合形成的化合物一般称为氟化物而不是氧化物。氧化物大致可分为非金属氧化物和金属氧化物两大类；按照结构不同，可分为单个分子的氧化物和聚合结构的氧化物；按照成键特性的不同，可分为共价型氧化物和离子型氧化物；按照所含金属的种类多少，可分为简单氧化物(M_xO_y)和复杂氧化物($M_xN_yO_z$)；按照氧化物中元素氧化数的高低，可分为高氧化态氧化物(如 Fe_2O_3)和低氧化态氧化物(如 FeO)；按照氧化物是否具有符合化学计量比的化学式，可分为化学计量的氧化物和非化学计量的氧化物(如铁含量不足的 $Fe_{1-x}O$)；按照酸碱性，可分为酸性氧化物、碱性氧化物、两性氧化物和中性氧化物。

1. 氧化物的结构

氧化物有各种结构。对于非金属共价型氧化物，关注它们的分子结构，有直线形、弯曲形、平面形、四面体形、环状结构、聚合结构等；对于固态氧化物，主要关注其晶体结构，有无限三维晶格结构、层状晶格结构、链状晶格结构等。下面从成键特性、分子结构、晶体结构几个方面展开讨论。

1) 成键特性

非金属和金属的电负性不同，不同金属的极化能力也不同，则它们与氧的成键不同，可形成离子键和共价键，对应的氧化物即为离子型氧化物和共价型氧化物。严格意义上，离子型氧化物和共价型氧化物之间并无明显的界限。表 2-6 汇总了这两种类型的主要氧化物。

表 2-6　一些离子型氧化物和共价型氧化物

类型		组成和结构特点	氧化物
离子型氧化物	金属氧化物	M_2O	碱金属氧化物(Li_2O、Na_2O、K_2O、Rb_2O)
		MO	碱土金属氧化物(BeO、MgO、CaO、SrO、BaO)、CdO、VO、MnO、CoO、NiO
		M_2O_3	镧系金属氧化物(Ln_2O_3, Ln = La、Ce、Pr、Nd 等)、Al_2O_3、Sc_2O_3、Y_2O_3
		MO_2	SnO_2、PbO_2、TiO_2、ZrO_2、VO_2、NbO_2、TaO_2、MnO_2、RuO_2、CeO_2、ThO_2、UO_2
		MO_3	ReO_3、WO_3
		M_3O_4	Fe_3O_4、Pb_3O_4、Mn_3O_4
共价型氧化物	非金属氧化物	简单分子氧化物	C、N、P、As、S、Se、F、Cl、Br、I 的氧化物
		复杂分子氧化物	B_2O_3、SiO_2
	金属氧化物	18 电子构型离子的氧化物	Ag_2O、Cu_2O
		(18+2)电子构型离子的氧化物	SnO、PbO
		8 电子构型高电荷离子的氧化物	Mn_2O_7

氧的电负性很大，大多数金属元素的电负性较小，它们能形成众多的离子型氧化物。O^{2-}形成氧化物时的晶格能大于由 $O_2(g)$ 变成 $O^{2-}(g)$ 和由金属单质 $M(s)$ 变成 $M^{n+}(g)$ 需要吸收的能量，而且 O^{2-} 的离子半径(140 pm)较小，很多金属都能形成很稳定的离子型氧化物。碱金属的氧化物、碱土金属的氧化物、很多过渡金属的氧化物都是离子型氧化物。在离子型氧化物中，O^{2-} 的有效离子半径是非常重要的

结构参数之一,其大小与配位数密切相关,配位数越大,O^{2-}的有效离子半径越大。

当电负性较大的金属和非金属原子形成氧化物时的晶格能不足以使同氧化合的原子完全电离,就形成带有较多共价成分的氧化物。这类氧化物称为共价型氧化物,包括所有非金属元素的氧化物和某些高价金属离子或极化能力强的低价金属离子的氧化物。在共价型氧化物中,M—O 键键长是重要的结构参数。不同的氧化物中 M—O 键键长各不相同,这些差异可能与 M—O 键键级有关。

2) 分子结构

双原子氧化物(如 CO、NO、SO)的结构为直线形,如图 2-15 所示。三原子氧化物 M_2O 和 MO_2 的结构有直线形,也有弯曲形(V 形)。例如,呈直线形的有 CO_2 和 N_2O 等,呈 V 形的有 H_2O、S_2O、Cl_2O、NO_2、SO_2 和 ClO_2 等。这两种形状之间最简单的区分是基于化合物中的价电子总数。直线形氧化物总共有 16 个价电子(CO_2:4+6+6;N_2O:5+5+6)。呈 V 形结构的氧化物价电子总数为 17~20,价电子总数增加时,中心原子的角度就减小。当氧化物原子数目增多时,其结构也变得复杂,结构类型也增多。四原子的 SO_3,在气相中具有平面三角形结构;在固相中,$\gamma\text{-}SO_3$ 是一种椅式环状三聚物结构[99](图 2-16)。五原子分子 N_2O_3 在气态和液态具有如图 2-16 所示的结构;固态时可能还有另一种结构:O=N—O—N=O[100]。一些五原子氧化物,如挥发性的金属氧化物 RuO_4[101]和 OsO_4,具有四面体结构。六原子和七原子氧化物,以 N_2O_4(NO_2 的二聚体)[102]和 N_2O_5(气相)[103]为例,结构见图 2-16。具有更多原子的氧化物的结构更为复杂,如气态的磷、砷、锑的低价氧化物$(M_2O_3)_2(M_4O_6)$,具有一种以 M 原子的四面体为基础的结构[104]。P_4O_{10} 也具有类似的结构。

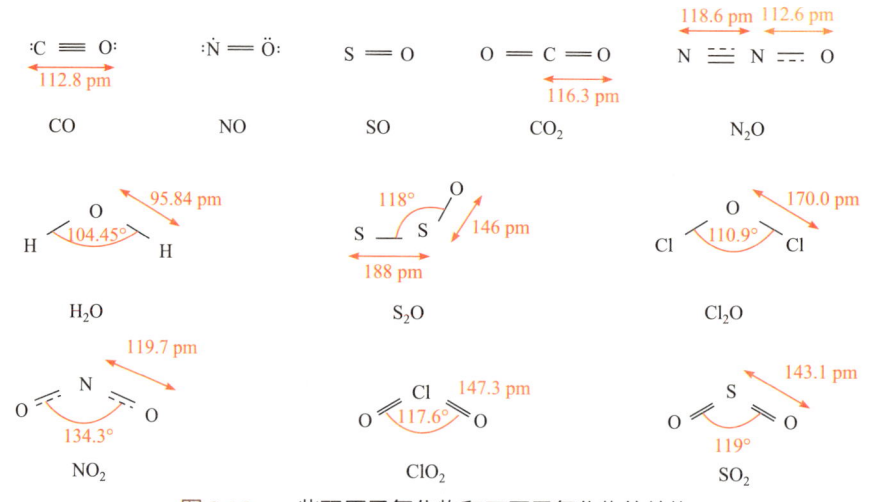

图 2-15　一些双原子氧化物和三原子氧化物的结构

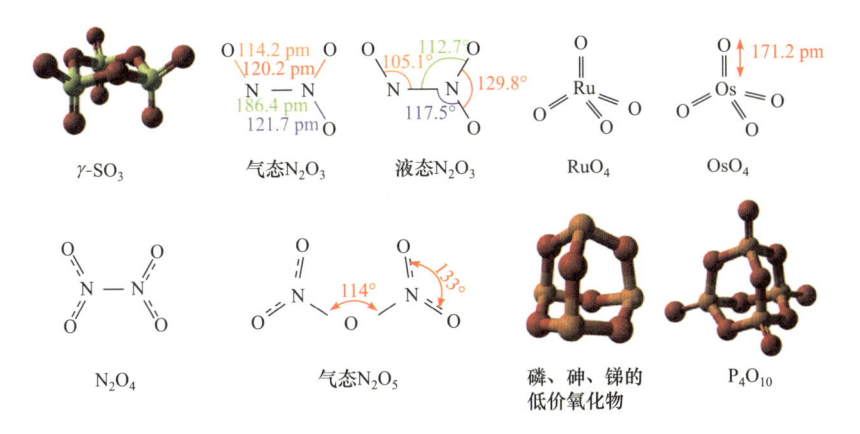

图 2-16 一些多原子氧化物的结构

3) 晶体结构

按照氧化物晶体中结构粒子和作用力的不同，将氧化物晶体分为分子晶体、离子晶体和原子晶体；按照氧化物晶体结构的空间立体特征，分为具有无限三维晶格、层状结构、链状结构或岛状结构的晶体。

(1) 大多数非金属氧化物为分子晶体，如 B_2O_3、CO_2、SO_2、P_4O_6、P_4O_{10} 等(图 2-17)，很多形成岛状结构的晶体(岛状结构是指在物质的晶体结构中存在有限的分子，如单个分子、双聚体分子或其他多聚体分子)。

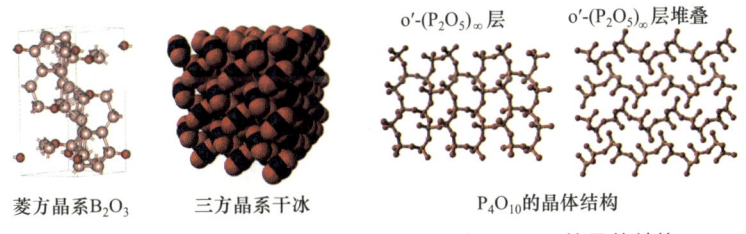

图 2-17 菱方晶系 B_2O_3、三方晶系干冰和 P_4O_{10} 的晶体结构

(2) 极个别非金属氧化物为原子晶体，如 SiO_2 有多种晶体形式，包括 α-石英(α-quartz)、β-石英(β-quartz)、α-鳞石英(α-tridymite)、β-鳞石英(β-tridymite)、α-方石英(α-cristobalite)、β-方石英(β-cristobalite)、热液石英(keatite)、斜硅石(moganite)、柯石英(coesite)、斯石英(stishovite)、赛石英(seifertite)、硫方英石(melanophlogite)、纤维钨硅(fibrous W-silica)、二维二氧化硅(2D silica)。图 2-18 为 α-石英的晶体结构。

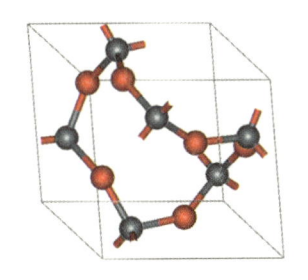

图 2-18 α-石英的晶体结构

(3) 离子型氧化物为离子晶体。在晶体中,可以看作是离子半径较大的氧离子(O^{2-})紧密堆积,离子半径较小的阳离子插入八面体或四面体间隙中,阴、阳离子在空间无限排列,形成无限三维晶格[105]。显然,离子型氧化物都具有这种晶格,甚至某些具有一定共价性的氧化物也是这种晶格。

大多数简单氧化物 M_xO_y 是无限三维晶格。晶格内 M^{n+} 和 O^{2-} 的离子半径的相对大小决定了阳离子的配位数及配位多面体的形状,进而决定了氧化物的结构(表 2-7)。一般来说,二元离子晶体的典型结构有六种。其中,阴、阳离子组成比为 1∶1 的 MO 型有四种:NaCl 型、CsCl 型、立方 ZnS 型和六方 ZnS 型;阴、阳离子组成比为 1∶2 的 MO_2 型有两种:CaF_2 型和金红石(TiO_2)型。即使金属离子的配位数恒定,氧化物的结构也会随着金属氧化态的变化而改变,如钒的氧化物 VO、V_2O_5 和 VO_2,三种氧化物中金属 V 的配位数都是 6,但是因为 V 的价态不同,其氧化物的结构也不同,它们分别为 NaCl 型、刚玉和变形金红石型。

表 2-7 离子半径与配位数和结构的关系

$r(M^{n+})/r(O^{2-})$	M^{n+}的配位数	配位多面体	MO 型氧化物结构	MO_2 型氧化物结构
0.225~0.414	4	正四面体	ZnS 型	—
0.414~0.732	6	正八面体	NaCl 型	CaF_2 型
0.732~1.000	8	立方体	CsCl 型	金红石型

复杂氧化物($M_xN_yO_z$,具有多种阳离子的氧化物)可看作是由多种简单氧化物组成的,其主要结构类型可分为两类:第一,晶体结构与简单氧化物的结构相同,但是其中存在金属离子不规则的取代。例如,$M^IM^{III}O_2$ 型复杂氧化物(其中,M^I 中的 M 为碱金属、Cu 等,M^{III} 中的 M 为 Fe、Cr、In 等),多为变形的 NaCl 型结构,如 $NaInO_2$ 为菱形结构,$LiInO_2$ 为四方结构,其中 M^I 和 M^{III} 在密堆积的氧化物晶格中占据八面体空穴。X_2YO_3 型的 Li_2TiO_3 也为不规则的 NaCl 型结构,其中金属离子位置的 2/3 被 Li 占据,1/3 被 Ti 占据。XYO_4 型的 $FeSbO_4$ 是变形的金红石结构。第二,晶体结构与简单氧化物的结构不同。最重要的构型有尖晶石构型、钛铁矿构型和钙钛矿构型。

在过渡金属氧化物晶体中,由于 M—M 键的形成,或者金属离子配位场的影响,或者共价成分出现在 M—O 的相互作用中,某些氧化物的结构发生畸变。例如,WO_3 与 ReO_3 结构相似,但略有畸变;VO_2、MoO_2、WO_2 和 ReO_2 的金红石型结构略有畸变;NiO 的立方 NaCl 型晶格畸变为菱形结构。对于复杂氧化物,其晶格发生了一定程度的变形。

(4) 共价型氧化物形成层状结构、链状结构或岛状结构。随着金属离子的极化能力增强，必将产生从离子键向共价键的键型变化，也必将产生从高度对称的结构向层状结构、链状结构、岛状结构过渡的结构转变。

具有层状结构的简单氧化物较少，已知的有 MoO_3[106]、Re_2O_7、AsO_3、SnO 和 PbO(图 2-19)。

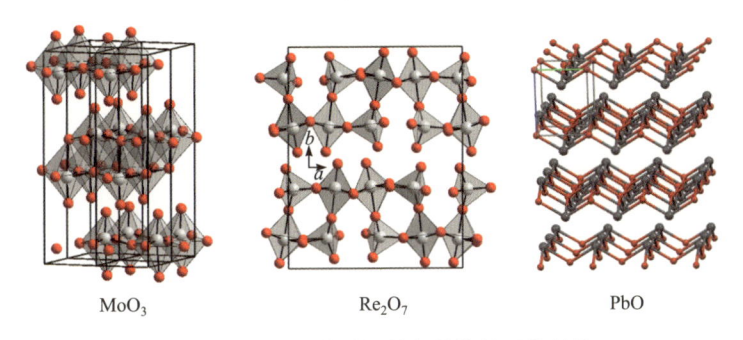

图 2-19 具有层状结构的氧化物的晶体结构

具有链状结构的氧化物有 CrO_3、Sb_2O_3、SO_3、SeO_2 和 HgO(图 2-20)。

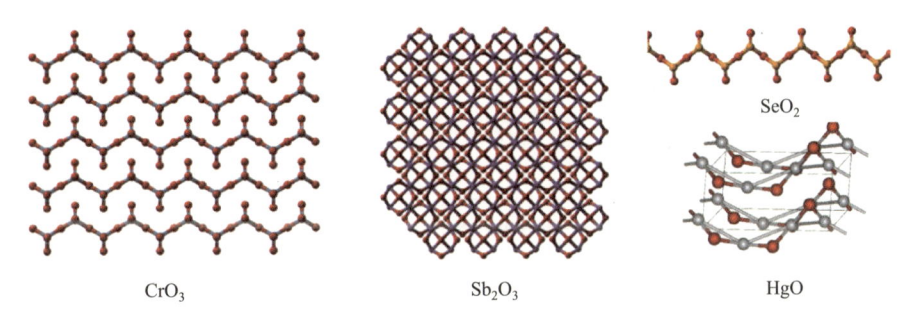

图 2-20 具有链状结构的氧化物的晶体结构

2. 氧化物的制备

1) 热分解

一些氧化物可利用氢氧化物、碳酸盐、硝酸盐、草酸盐的热分解得到。例如：

$$Cu(OH)_2 \xrightarrow{\triangle} CuO + H_2O \quad (2\text{-}152)$$

$$CaCO_3 \xrightarrow{\triangle} CaO + CO_2\uparrow \quad (2\text{-}153)$$

$$2Pb(NO_3)_2 \xrightarrow{\triangle} 2PbO + 4NO_2\uparrow + O_2\uparrow \quad (2\text{-}154)$$

$$ZnC_2O_4 \xrightarrow{\triangle} ZnO + CO\uparrow + CO_2\uparrow \quad (2\text{-}155)$$

2) 单质与 O_2 反应

非金属元素 B、C、N、P 和 S 等的单质，挥发性金属 Zn、Cd、In 和 Ta 的单质，过渡金属 Fe、Co 单质粉末，甚至 Os、Ru、Rh 等贵金属单质与 O_2 反应可得到其常见氧化物态的氧化物。当供氧量不足时，生成低价氧化物。例如：

$$4P + 5O_2 =\!=\!= 2P_2O_5 \tag{2-156}$$

$$4P + 3O_2 =\!=\!= 2P_2O_3 \tag{2-157}$$

3) 氢化物与 O_2 反应

CH_4 和 H_2S 等化合物在空气或氧气中燃烧，生成相应的氧化物。

$$CH_4 + 2O_2 =\!=\!= CO_2 + 2H_2O \tag{2-158}$$

$$2H_2S + 3O_2 =\!=\!= 2SO_2 + 2H_2O \tag{2-159}$$

4) 单质与 H_2O(水蒸气)反应

少数单质(如 C、Mg、Fe 等)在赤热状态下被水蒸气氧化得到相应的氧化物。

$$C + H_2O =\!=\!= CO + H_2 \tag{2-160}$$

$$Mg + H_2O =\!=\!= MgO + H_2 \tag{2-161}$$

$$3Fe + 4H_2O =\!=\!= Fe_3O_4 + 4H_2 \tag{2-162}$$

5) 单质与酸反应

某些单质被硝酸、浓硫酸氧化可得到氧化物。例如：

$$Sn + 4HNO_3 =\!=\!= 4NO_2\uparrow + SnO_2 + 2H_2O \tag{2-163}$$

$$C + 2H_2SO_4 \xrightarrow{\triangle} CO_2\uparrow + 2SO_2\uparrow + 2H_2O \tag{2-164}$$

6) 含氧化合物还原

还原高氧化态含氧化合物，可以得到低氧化态氧化物。例如：

$$MnO_2 + H_2 =\!=\!= MnO + H_2O \tag{2-165}$$

$$V_2O_5 + 2H_2 =\!=\!= V_2O_3 + 2H_2O \tag{2-166}$$

$$2H_2SO_4 + Cu =\!=\!= SO_2\uparrow + CuSO_4 + 2H_2O \tag{2-167}$$

7) 高价氧化物分解

个别高价氧化物分解可制备低价氧化物。例如：

$$4CuO =\!=\!= 2Cu_2O + O_2\uparrow \tag{2-168}$$

8) 盐与碱反应

$$2AgNO_3 + 2NaOH =\!=\!= Ag_2O\downarrow + 2NaNO_3 + H_2O \tag{2-169}$$

$$Hg(NO_3)_2 + 2NaOH =\!=\!= HgO\downarrow + 2NaNO_3 + H_2O \tag{2-170}$$

3. 氧化物的物理性质

1) 颜色

不同的氧化物具有不同的颜色,而且有一些规律性的变化[107]。表 2-8 列出了一些元素的特征氧化物的颜色。

所有短周期元素的特征氧化物是无色或白色的。

对于第四周期元素的特征氧化物,阳离子虽具有相同的 8 电子构型,但随着正电荷的增加和半径的减小,它们对 O^{2-} 的极化作用逐渐增强,使得激发态和基态之间的能量差越来越小,因此能够吸收部分可见光而使集中于氧端的电子向金属一端迁移(这种电子跃迁称为电荷跃迁),它们的吸收谱带向长波方向移动,致使氧化物的颜色逐渐加深。K 到 Mn 元素的特征氧化物的颜色变化为 K_2O(白色)、CaO(白色)、Sc_2O_3(白色)、TiO_2(白色)、V_2O_5(橙色)、CrO_3(红色)、Mn_2O_7(紫色)。

第五周期的 Ag、Cd、In、Sb、Te 和第六周期的 W、Re、Os、Hg、Tl、Pb、Bi 的特征氧化物都有颜色,有些是由电荷跃迁引起的,有些是由 d-d 跃迁引起的。

镧系和锕系元素的特征氧化物的颜色是由 f-f 跃迁引起的。

元素的非特征氧化物中有颜色的现象更为普遍。例如,氧化数为 + 2 的 Fe、Co、Ni 的氧化物的颜色分别为黑色、灰绿色、绿色,而氧化数为 + 3 的 Fe、Co、Ni 的氧化物的颜色分别为红色、褐色、黑色。

2) 溶解性

有些非金属氧化物(B_2O_3、CO_2、NO_2、SO_2、P_2O_5、SeO_2)在水中有一定的溶解性,与水反应生成酸;有个别非金属氧化物(如 ClO_2)极易溶于水而不与水反应。有些非金属氧化物(As_2O_3)微溶于水。SiO_2 不溶于水。

碱金属氧化物可溶于水,碱土金属氧化物在水中微溶,它们都与水发生反应。例如:

$$Na_2O + H_2O \Longrightarrow 2NaOH \quad (2\text{-}171)$$

$$CaO + H_2O \Longrightarrow Ca(OH)_2 \quad (2\text{-}172)$$

其他的金属氧化物一般不溶于水。

3) 熔、沸点

对于离子型氧化物和具有网络结构的共价型氧化物(如 SiO_2),它们的熔点非常高,有些是良好的高温陶瓷材料(如 BeO、MgO、CaO、Al_2O_3、ZrO、ThO_2、Cr_2O_3、SiO_2)[108-109]。对于共价型分子晶体氧化物,共价分子之间通过较弱的范德华力相互作用,它们的熔、沸点都比较低,其中有一些氧化物在常温下为气态(CO、CO_2、N_2O、NO、N_2O_3、NO_2、N_2O_5、SO_2、ClO_2 等)和液态(Cl_2O_7 和 Mn_2O_7)。一些元素的特征氧化物的熔点和沸点见表 2-8。

表 2-8　一些元素的特征氧化物的颜色、熔点和沸点

氧化物的熔点与沸点(K)
(表中第一行数字为熔点,第二行数字为沸点)
表中填充的颜色是氧化物的颜色,没有填充颜色代表氧化物是无色或白色

族\周期	ⅠA	ⅡA	ⅢB	ⅣB	ⅤB	ⅥB	ⅦB	Ⅷ			ⅠB	ⅡB	ⅢA	ⅣA	ⅤA	ⅥA	ⅦA	0
1	H_2O 273.15 373.15																	
2	Li_2O 1843 2836	BeO 2681 4060											B_2O_3 723 2338	CO_2 217.0 194.7	N_2O_3 303 320	—	OF_2 49.4 128.4	
3	Na_2O 1405 2223[2]	MgO 3098 3533											Al_2O_3 2327 3253	SiO_2 1996 2503	P_4O_6 297 448	SO_2 197.68 263.14	Cl_2O 152.6 294	
4	K_2O 1154 —	CaO 3200 3773	Sc_2O_3 >2673 —	TiO_2 2130 —	V_2O_5 943 1963	CrO_3 471 523	Mn_2O_7 253 298	FeO 1650 3687[1]	CoO 2078 —	NiO 2257 —	Cu_2O 1509 2073	ZnO 2243 —	Ga_2O_3 2173 1473	GeO_2 1388 1473	As_4O_6 551 733	SeO_2 613 588[1]	Br_2O 255.7[2] —	
5	Rb_2O 750[2] —	SrO 2938 —	Y_2O_3 2693 4573	ZrO_2 2950 4548	Nb_2O_5 1785 —	MoO_3 1074 1428	Tc_2O_7 392.7 583.8	RuO_4 298.6 313	Rh_2O_3 1373[2] —	PdO 1143[2] —	Ag_2O 473[2] —	CdO 1770[1] —	In_2O_3 — 1123	SnO_2 1903 2173[1]	Sb_4O_6 846 929	TeO_2 1005.8 1063[2]	I_2O_5 548[2] —	
6	Cs_2O 763 —	BaO 2286 3361	La_2O_3 2593 4473	HfO_2 3183 —	Ta_2O_5 2058 —	WO_3 1745 2110	Re_2O_7 573.5[1] 633.5	OsO_4 313.8 403.2	IrO_2 1373[2] —	PtO_2 723 —	Au_2O_3 433[2] —	HgO 749[2] —	Tl_2O 990 1148	PbO 1159 1789	Bi_2O_3 1090 2163	PoO_2 1158[1] —	XeO_3 313[2] —	

1) 升华温度；2) 分解温度。

4. 氧化物的化学性质

1) 热稳定性

由于许多氧化物的晶格能很高,远大于氧分子转变成氧离子的过程和元素的氧化过程吸收的热量之和,致使许多氧化物的生成过程都是强烈放热的(其生成焓很负),因此许多氧化物具有很好的热稳定性。尤其是ⅠA、ⅡA族元素的氧化物以及 B_2O_3、Al_2O_3、SiO_2 等热稳定性很高。元素的特征氧化物的热稳定性也呈周期性变化。

对于短周期元素的氧化物,稳定性的总体趋势是从左至右降低,但是碱金属氧化物的稳定性较碱土金属差,主要原因是 M^+ 之间的斥力使 M_2O 的晶格能较低。

同一族,尤其是对副族元素,其氧化物的稳定性从上到下逐渐增加。虽然从上到下,随着阳离子和阴离子半径之和增加,晶格能减小,但是随着原子半径的增大(特别是当阳离子的半径比氧离子的半径小时),电离能的减小程度更大。

2) 酸碱性

(1) 酸碱性分类。按照氧化物的酸碱性,可将其分为以下四类[110](表 2-9)。

酸性氧化物:溶于水后溶液呈酸性或能与碱发生中和反应的氧化物。大多数非金属共价型氧化物(CO_2、NO_2、SO_3、P_4O_{10}、B_2O_3、SiO_2 和 SeO_2)和一些电正性较弱的高氧化态金属的氧化物(Sb_2O_5、CrO_3 和 Mn_2O_7)是酸性的。

碱性氧化物:溶于水后溶液呈碱性或能与酸发生中和反应的氧化物。大多数电正性元素的氧化物是碱性的,如 Li_2O、Na_2O、K_2O、BaO、MgO、CaO、SrO、Fe_2O_3 等。

两性氧化物:既能与强酸反应,溶液呈碱性,又能与强碱反应,溶液呈酸性的氧化物,如 BeO、Al_2O_3、SnO_2、TiO_2、Ce_2O_3、ZnO、MnO_2。

中性氧化物:既不与酸反应,也不与碱反应的氧化物,如 CO、NO 和 N_2O。

(2) 酸碱性规律。元素氧化物的酸碱性规律如下[107, 111]。

同一周期,特别是短周期元素的特征氧化物的酸碱性从左至右由强碱性向强酸性变化。例如,第三周期元素 Na、Mg、Al、Si、P、S、Cl 的氧化物的酸碱性为:Na_2O 强碱性、MgO 中强碱性、Al_2O_3 两性、SiO_2 弱酸性、P_4O_{10} 中强酸性、SO_3 强酸性、Cl_2O_7 超强酸性。

同一族,氧化物的酸性随原子序数增加而减弱,如氮族元素氧化物的酸碱性为:N_2O_3 中强酸性、P_4O_6 弱酸性、As_4O_6 弱酸性、Sb_4O_6 两性、Bi_2O_3 弱碱性。

表 2-9　一些元素的特征氧化物的酸碱性

族次	ⅠA	ⅡA	ⅢA	ⅣA	ⅤA	ⅥA	ⅦA	ⅠB	ⅡB	ⅢB	ⅣB	ⅤB	ⅥB	ⅦB	Ⅷ
碱性	Li_2O Na_2O K_2O Rb_2O Cs_2O	MgO CaO SrO BaO	Tl_2O Tl_2O_3		Bi_2O_3			Cu_2O Ag_2O Au_2O	CdO Hg_2O HgO	RE_2O_3[3] CeO_2 TbO_2 UO_2	ZrO_2 HfO_2	VO V_2O_3	CrO MoO M_2O_3 WO_2	MnO Mn_2O_3	FeO, Fe_2O_3[5] CoO, Co_2O_3 NiO, RuO RhO, PdO OsO, IrO PtO
酸性			B_2O_3	CO_2 SiO_2 GeO_2 SnO_2[1] PbO_2[1]	N_2O_3 N_2O_5 P_4O_6 P_4O_{10} PO_2 Sb_2O_3	SO_2 SO_3 SeO_2 SeO_3 TeO_2[2] TeO_3	Cl_2O Cl_2O_7 I_2O_5					Nb_2O_5[2] Ta_2O_5	CrO_3 MoO_3 WO_3	MnO_2[4] MnO_3 Mn_2O_7 Re_2O_7	CoO_2, NiO_2 RuO_2, RuO_4 OsO_3, OsO_4
两性		RaO	Al_2O_3 Ga_2O_3 In_2O_3	GeO SnO PbO	As_2O_3 As_2O_5 Sb_2O_3			CuO Au_2O_3	ZnO	UO_3	TiO_2	V_2O_5	Cr_2O_3 MoO_2		RuO_2, RhO_2 Rh_2O_3, PdO_2 OsO_2, Os_2O_3 IrO_2, IrO PrO_2
中性	H_2O			CO	N_2O NO	TeO						Nb_2O_3 Nb_2O_5 Ta_2O_5			

1) SnO_2、PbO_2 有弱碱性；2) TeO_2、Nb_2O_5 有很弱的碱性；3) RE_2O_3 为稀土元素氧化物，包括 Sc、Y、La 及镧系元素氧化物；4) MnO_2 的酸性很弱；5) 在浓碱中 Fe_2O_3 有生成 FeO_2^- 的倾向。

同一元素，其氧化物的酸性随元素氧化态的降低而减弱，即高价氧化物酸性较强，低价氧化物碱性较强。例如，氯的氧化物的酸性：

$$Cl_2O_7 > ClO_3 > ClO_2 > ClO > Cl_2O$$

锰的氧化物的酸性：

$$Mn_2O_7 > MnO_2 > Mn_2O_3 > MnO$$

氧化物 M_xO_y 的酸碱性取决于 M^{n+} 与 O^{2-} 的结合力(M—O)和 H^+ 与 O^{2-} 的结合力(H—O)的相对大小。若 M—O 的结合力大于 H—O，则形成 MO_x^{n-} 而显酸性；反之，若 M—O 的结合力小于 H—O，则形成 OH^- 而显碱性；若 M—O 的结合力和 M—O 的结合力相差不大，则上述两种倾向都有。

3) 还原反应

金属氧化物易被还原成金属单质。许多试剂都能诱导还原反应。一些金属氧化物只需加热即可转化为金属。

(1) 碳热还原。一种常见且廉价的还原剂是焦炭。典型的例子是铁矿石冶炼铁，简化方程式为

$$2Fe_2O_3 + 3C =\!=\!= 4Fe + 3CO_2 \tag{2-173}$$

(2) 加热还原。例如，氧化银在 200℃下分解。

$$2Ag_2O =\!=\!= 4Ag + O_2 \tag{2-174}$$

(3) 金属还原。反应性更强的金属会取代反应性较弱的金属氧化物。例如，锌取代氧化铜(Ⅱ)形成氧化锌。

$$Zn + CuO =\!=\!= ZnO + Cu \tag{2-175}$$

(4) 氢还原。除金属外，氢气也可以还原金属氧化物。例如：

$$H_2 + CuO =\!=\!= Cu + H_2O \tag{2-176}$$

(5) 电解还原。对于一些稳定的氧化物(包括氧化钠、氧化钾、氧化钙、氧化镁和氧化铝)，必须电解才能还原。将石墨电极浸入氧化物之前，氧化物必须熔融。例如：

$$2Al_2O_3 =\!=\!= 4Al + 3O_2 \tag{2-177}$$

思考题

2-6 非金属氧化物和金属氧化物各有什么特点？

2.2.2 其他氧的化合物

1. 超氧化物

1) 结构

超氧化物是指含有超氧离子 O_2^- 的化合物[112]。O_2^- 是双原子氧(O_2)的单电子还原产物,是由 O_2 分子的两个简并分子轨道中的其中之一加成一个电子形成的,分子中有一个单电子,因此和 O_2 分子一样具有顺磁性[113]。碱金属元素都能形成通式为 MO_2 的离子型超氧化物。在这些超氧化物的晶格中,O_2^- 的 O—O 间距为 132~135 pm。NaO_2 的结构是 O_2^- 并非严格有序排布的立方体;KO_2、RbO_2 和 CsO_2 的晶体结构是畸变的 NaCl 结构(图 2-21)。一些碱土金属(如 Ca)也可形成超氧化物[114]。

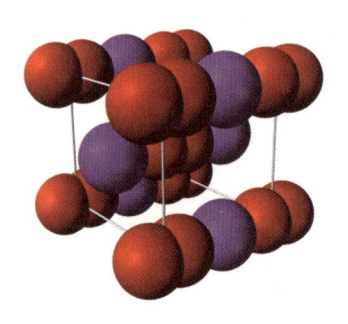

图 2-21　KO_2 的晶体结构

2) 制备

除 Li 外,其他碱金属单质直接与 O_2 反应可得超氧化物。其中,在氧气中加热金属钠主要得到 Na_2O_2,高压下用 O_2 进一步氧化可得 NaO_2。K、Rb、Cs 在常压下与氧气反应可以得到超氧化物。

$$Na_2O_2 + O_2 =\!=\!= 2NaO_2 \tag{2-178}$$

$$K + O_2 =\!=\!= KO_2 \tag{2-179}$$

$$Rb + O_2 =\!=\!= RbO_2 \tag{2-180}$$

低温氧化碱金属单质的液氨溶液,可得到所有碱金属元素的超氧化物(LiO_2 和 NaO_2)。例如:

$$Li + O_2 =\!=\!= LiO_2 \tag{2-181}$$

碱金属的过氧化氢合物分解,如分解 $2NaOOH \cdot H_2O_2$ 和 $2KOOH \cdot 3H_2O_2$ 可分别得到 NaO_2 和 KO_2。

3) 性质

碱金属超氧化物都是有色的,NaO_2、KO_2、RbO_2、CsO_2 的颜色分别为黄色、黄色、亮黄色、橙色。与相应的过氧化物不同,它们都是顺磁性的。

碱金属超氧化物易分解。例如:

$$2NaO_2 =\!=\!= Na_2O_2 + O_2 \tag{2-182}$$

$$2RbO_2 =\!=\!= Rb_2O_2 + O_2 \tag{2-183}$$

超氧化物是非常强的氧化剂。它们与水反应很剧烈。

$$2O_2^- + H_2O \Longrightarrow OH^- + HO_2^- + O_2 \tag{2-184}$$

$$2HO_2^- \Longrightarrow 2OH^- + O_2 \tag{2-185}$$

超氧化物与CO_2反应,经过过氧碳酸盐中间体,最终得到氧气和碳酸盐。例如:

$$4NaO_2 + 2CO_2 \Longrightarrow 2Na_2CO_3 + 3O_2 \tag{2-186}$$

2. 二氧基盐

1) 结构

二氧基阳离子(O_2^+)是O_2失去一个电子得到的($O_2 \longrightarrow O_2^+ + e^-$),O的氧化态为 +1/2。$O_2^+$中O—O间距为 117 pm±17 pm,比$O_2$分子中的O—O键键长短,键级为2.5,键能为625.1 kJ·mol^{-1},伸缩频率为1858 cm^{-1}。O_2^+中含有一个未成对反键π^*电子,具有顺磁性,磁化率为1.57 B.M.。表2-10 比较了O_2^+与O_2、O_2^-、O_2^{2-}的一些结构参数。第一个含O_2^+的化合物是六氟合铂(V)酸二氧基($[O_2]^+[PtF_6]^-$)[115],是英国化学家Bartlett于1962年发现的。随后发现了阴离子为MF_6^-(M = P、As、Sb、Au、Nb、Re、Rh、V 等)、SnF_6^{2-}和BF_4^-的二氧基盐[116-118]。

表2-10　O_2^+、O_2、O_2^-、O_2^{2-}的结构参数

	名称	O—O 键键长/Å	π^*电子数	O—O 键键级
O_2^+	二氧基阳离子	1.12	1	2.5
O_2	氧气	1.21	2	2
O_2^-	超氧离子	1.28	3	1.5
O_2^{2-}	过氧离子	1.49	4	1

2) 制备

室温下氧气与六氟化铂(PtF_6)直接反应得到$[O_2]^+[PtF_6]^-$。

$$O_2 + PtF_6 \Longrightarrow [O_2]^+[PtF_6]^- \tag{2-187}$$

该化合物也可在450℃下由氟和氧气的混合物在铂海绵存在下制备,或在400℃以上由二氟化氧(OF_2)制备[115]。

$$3F_2 + O_2 + Pt \Longrightarrow [O_2]^+[PtF_6]^- \tag{2-188}$$

$$6OF_2 + 2Pt \Longrightarrow 2[O_2]^+[PtF_6]^- + O_2 \tag{2-189}$$

在高温或光照下 AsF$_5$ 用 F$_2$ 和 O$_2$ 的混合物处理得到 [O$_2$]$^+$[AsF$_6$]$^-$。

$$F_2 + 2O_2 + 2AsF_5 \Longrightarrow 2[O_2]^+[AsF_6]^- \qquad (2\text{-}190)$$

该化合物还可在 200℃以上由 OF$_2$ 制备。

$$4OF_2 + 2AsF_5 \Longrightarrow 2[O_2]^+[AsF_6]^- + 3F_2 \qquad (2\text{-}191)$$

在低温(约 −190℃)下用 O$_2$F$_2$ 制备 [O$_2$]$^+$[BF$_4$]$^-$。

$$2O_2F_2 + 2BF_3 \Longrightarrow 2[O_2]^+[BF_4]^- + F_2 \qquad (2\text{-}192)$$

3) 性质

在二氧基盐中，氟砷酸盐([O$_2$]$^+$[AsF$_6$]$^-$)和氟锑酸盐([O$_2$]$^+$[SbF$_6$]$^-$)在惰性气氛中稳定，加热至 100℃时也不分解。氟硼酸盐([O$_2$]$^+$[BF$_4$]$^-$)和氟磷酸盐([O$_2$]$^+$[PF$_6$]$^-$)在 0℃时缓慢分解。

$$2[O_2]^+[BF_4]^- \Longrightarrow 2O_2 + F_2 + 2BF_3 \qquad (2\text{-}193)$$

$$2[O_2]^+[PF_6]^- \Longrightarrow 2O_2 + F_2 + 2PF_5 \qquad (2\text{-}194)$$

所有的二氧基盐都能与水发生剧烈反应，生成 O$_2$ 和 O$_3$。它们都是强氧化剂和强氟化剂。

在 −100℃下 [O$_2$]$^+$[BF$_4$]$^-$ 与 Xe 发生反应，生成一种含有 Xe—B 键的白色固体 F—Xe—BF$_2$[119]。

$$2[O_2]^+[BF_4]^- + 2Xe \Longrightarrow 2O_2 + F_2 + 2FXeBF_2 \qquad (2\text{-}195)$$

[O$_2$]$^+$[BF$_4$]$^-$ 和 [O$_2$]$^+$[AsF$_6$]$^-$ 与 CO 反应高产率合成草酰氟(C$_2$O$_2$F$_2$)。

3. 过氧化物

过氧化物是指含有过氧基团(—O—O—)或过氧离子(O$_2^{2-}$)的化合物，可看成过氧化氢的衍生物，包括无机过氧化物和有机过氧化物。无机过氧化物包括过氧化氢、过氧酸盐和金属过氧化物，可分为离子型过氧化物和共价型过氧化物。周期表中ⅠA、ⅡA、ⅢB、ⅣB族元素以及某些过渡元素(如铜、银、汞)能形成金属过氧化物。下面主要讨论金属过氧化物。

1) 离子型过氧化物

(1) 结构。离子型过氧化物是指含有 O$_2^{2-}$ 的化合物。O$_2^{2-}$ 由两个氧原子组成，通过单键连接，键长为 149 pm，大于氧分子基态(三重态氧)的键长(121 pm)。碱金属(Li、Na、K、Rb)和大部分碱土金属(Ca、Sr、Ba)形成离子型过氧化物[120]。Mg、镧系元素或铀酰离子等电正性的金属也可以形成过氧化物，但是其性质介于离子型过氧化物和共价型过氧化物之间。Na$_2$O$_2$ 和 BaO$_2$ 的结构如图 2-22 所示。

第 2 章 氧族元素的简单化合物

Na₂O₂   BaO₂

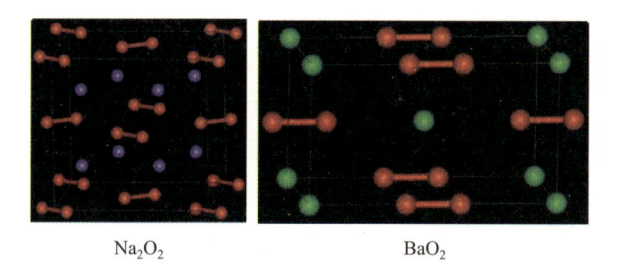

图 2-22 碱金属过氧化物 Na₂O₂ 和碱土金属过氧化物 BaO₂ 的结构

(2) 制备。Na、K、Ba 等金属在 O_2 中燃烧可制备 Na_2O_2、K_2O_2、BaO_2 等过氧化物。例如：

$$4Na + O_2 =\!=\!= 2Na_2O \tag{2-196}$$

$$2Na_2O + O_2 =\!=\!= 2Na_2O_2 \tag{2-197}$$

$$2BaO + O_2 =\!=\!= 2BaO_2 \tag{2-198}$$

LiOH 与过氧化氢反应制备 Li_2O_2。

$$LiOH + H_2O_2 =\!=\!= LiOOH + H_2O \tag{2-199}$$

$$2LiOOH =\!=\!= Li_2O_2 + H_2O_2 \tag{2-200}$$

超氧化物分解得到过氧化物。例如：

$$2NaO_2 =\!=\!= Na_2O_2 + O_2 \tag{2-201}$$

$$2RbO_2 =\!=\!= Rb_2O_2 + O_2 \tag{2-202}$$

在碱存在下，H_2O_2 和金属 M(M = Mg、Ca、Sr、Ba)的盐反应制备过氧化物[121]。

$$2OH^- + H_2O_2 + M^{2+} =\!=\!= MO_2 + 2H_2O \tag{2-203}$$

(3) 性质。离子型过氧化物易形成晶状水合物和过氧化氢合物，如 $Li_2O_2 \cdot H_2O_2 \cdot H_2O$、$Na_2O_2 \cdot 8H_2O$、$SrO_2 \cdot 8H_2O$、$CaO_2 \cdot 8H_2O$、$BaO_2 \cdot 8H_2O$ 等，其可脱水成为无水的过氧化物。在八水合过氧化物的分子中，通过氢键形成过氧离子的链状结构。

离子型过氧化物都能与水或稀酸反应。Li_2O_2 与水反应生成 LiOH 和氧气，其他过氧化物与水或稀酸反应得到 H_2O_2。

$$2Li_2O_2 + 2H_2O =\!=\!= 4LiOH + O_2 \tag{2-204}$$

$$Na_2O_2 + 2H_2O =\!=\!= 2NaOH + H_2O_2 \tag{2-205}$$

$$Na_2O_2 + 2HCl =\!=\!= 2NaCl + H_2O_2 \tag{2-206}$$

$$BaO_2 + H_2SO_4 =\!=\!= BaSO_4 + H_2O_2 \tag{2-207}$$

Li_2O_2 和 Na_2O_2 等与空气中的二氧化碳作用放出氧气。

$$2Li_2O_2 + 2CO_2 =\!=\!= 2Li_2CO_3 + O_2 \tag{2-208}$$

$$2Na_2O_2 + 2CO_2 =\!=\!= 2Na_2CO_3 + O_2 \tag{2-209}$$

离子型过氧化物具有很强的氧化性。Na_2O_2 是常用的强氧化剂。例如:

$$3Na_2O_2 + 2CrO_2^- + 2H_2O =\!=\!= 2CrO_4^{2-} + 4OH^- + 6Na^+ \tag{2-210}$$

遇强氧化剂(如高锰酸钾),过氧化物表现出还原性。例如:

$$5Na_2O_2 + 2MnO_4^- + 16H^+ =\!=\!= 2Mn^{2+} + 10Na^+ + 8H_2O + 5O_2\uparrow \tag{2-211}$$

例题 2-4

Na_2O_2 与过量的冷水反应和热水滴在 Na_2O_2 固体上反应有什么区别?写出反应方程式。

解
$$Na_2O_2 + 2H_2O =\!=\!= 2NaOH + H_2O_2$$
$$2Na_2O_2 + 2H_2O \,(热) =\!=\!= 4NaOH + O_2\uparrow$$

2) 氢过氧化物

碱金属和大多数碱土金属元素也能形成含有 O_2H^- 的离子型氢过氧化物。其中,氢过氧化钠(NaOOH)较为重要,但不太稳定。NaOOH 可看成是 Na_2O_2 的"酸式盐",可通过 Na_2O_2 与乙醇反应得到。

$$Na_2O_2 + CH_3CH_2OH =\!=\!= CH_3CH_2ONa + NaOOH \tag{2-212}$$

3) 共价型过氧化合物

(1) 共价型金属过氧化物。一些过渡金属元素(Cr、Zn、Cd、Hg 等)可以形成共价型过氧化物[122],其稳定性远低于离子型过氧化物。例如,过氧化铬是一种共价型过氧化物,是六价铬的过氧化物,也称为五氧化铬,常温下为蓝色结晶,化学式为 $CrO(O_2)_2$,也可写为 CrO_5,分子中有两个过氧键—O—O—(图 2-23)。过氧化锌(ZnO_2)的结构如图 2-23 所示,Zn^{2+} 与 O_2^{2-} 排列成立方的黄铁矿结构,Zn—O 键键长 211 pm±1 pm,O—O 键键长 148 pm±3 pm,晶体中的化学键具有明显的共价键性质。CdO_2 和 MgO_2 也具有相似的结构。

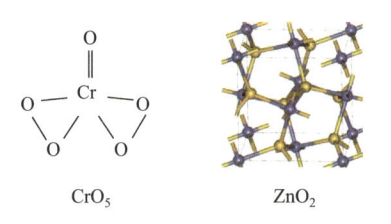

图 2-23 CrO_5 和 ZnO_2 的晶体结构

将过氧化氢加入重铬酸盐的稀硫酸溶液中可以得到蓝色的过氧化铬。

$$Cr_2O_7^{2-} + 4H_2O_2 + 2H^+ =\!=\!= 2CrO_5 + 5H_2O \qquad (2\text{-}213)$$

还可以通过三氧化铬与臭氧的反应制备过氧化铬。

$$3CrO_3 + 2O_3 =\!=\!= 3CrO_5 \qquad (2\text{-}214)$$

采用类似于 MgO_2 的制备方法可得到无水 ZnO_2;将过氧化氢与氧化锌的稀浆混合,也可制得 ZnO_2;若用过氧化氢与乙基锌或酰胺锌在乙醚溶液中反应,可得到更纯的 ZnO_2。纯的 ZnO_2 是白色粉末,在 200℃ 以上分解,在水中仅稍微水解。

CdO_2 可以通过 30% H_2O_2 和 $CdSO_4$ 的氨溶液作用得到。CdO_2 是黄色粉末,在 453 K 以上完全分解。

在乙醇溶液中,碱存在的情况下,30% H_2O_2 与 $HgCl_2$ 反应,或 H_2O_2 与 HgO 反应,可得到 HgO_2。HgO_2 为砖红色固体,极不稳定,是无机过氧化物中最易分解的,当迅速加热或受到撞击时发生爆炸;在 0℃ 下也能迅速分解成 HgO 和 O_2。在水中也会发生剧烈的分解,产生 HgO 并放出 O_2,同时产生 H_2O_2。

(2) 过氧酸。还有一类共价型过氧化物是含有过氧链—O—O—的酸,称为过氧酸。过氧酸形成的盐称为过氧酸盐。许多元素(B、C、N、S、P、As、Ge、Sn、Se、Te、Ti、Zr、V、Nb、Ta、Cr、Mo、W、Hf、Ce、Th 等)都能形成过氧酸或过氧酸盐。典型的例子是硫的过氧酸,即过一硫酸(H_2SO_5)和过二硫酸($H_2S_2O_8$),将在第 3 章详细介绍。

4. 臭氧化物

1) 结构

臭氧化物是指含有臭氧离子 O_3^- 的化合物[123]。O_3^- 由 O_3 得到一个电子而形成,其母体酸为 HO_3(尚未制得)。O_3^- 具有 V 形结构,是 ClO_2 分子的等电子体。在 ClO_2 分子中,∠OClO 是 117°;在 O_3^- 中,∠OOO 是 100°;X 射线衍射测量的臭氧中 O—O 核间距为 119 pm。碱金属、碱土金属和四甲基铵都可形成离子型臭氧化物。碱金属的臭氧化物通式为 MO_3。晶体结构研究表明,NaO_3 和 KO_3 具有体心四方晶格(I4/mcm)[124]。锂臭氧化物以四氨配合物($LiO_3 \cdot 4NH_3$)形式存在。具有共价单键结构的共价型臭氧化物非常少,如亚磷酸盐臭氧化合物 $(RO)_3PO$。有机臭氧化物是烯烃臭氧化反应的中间体,不太稳定,结构如图 2-24 所示。

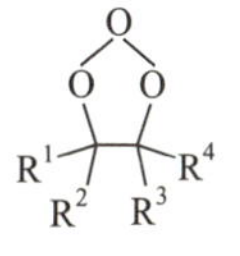

图 2-24 有机臭氧化物的结构

2) 制备

(1) 碱金属臭氧化物。臭氧和碱金属氢氧化物在溶液中反应可制备碱金属臭氧化物。例如：

$$5O_3 + 2KOH \rlap{=\!=\!=} 5O_2 + 2KO_3 + H_2O \tag{2-215}$$

在臭氧中燃烧钾、铷或铯也可制备碱金属臭氧化物。例如：

$$O_3 + K \rlap{=\!=\!=} KO_3 \tag{2-216}$$

(2) 臭氧化铵。当臭氧于 −70℃通过氨时，即可得到 NH_4O_3。

四甲基臭氧化铵可通过与臭氧化铯在液氨中的复分解反应制成[125]，其稳定性较好，在 75℃才分解。

$$CsO_3 + [(CH_3)_4N][O_2] \rlap{=\!=\!=} CsO_2 + [(CH_3)_4N][O_3] \tag{2-217}$$

(3) 有机臭氧化物。有机臭氧化物由烯烃与臭氧进行偶极加成得到，会发生重排。

(4) 亚磷酸盐臭氧化合物。它们是通过在低温下在二氯甲烷中对亚磷酸酯进行臭氧化产生的，可用于生产单线态氧($^1O_2$)。

$$(RO)_3P + O_3 \rlap{=\!=\!=} (RO)_3PO_3 \tag{2-218}$$

$$(RO)_3PO_3 \rlap{=\!=\!=} (RO)_3PO + {}^1O_2 \tag{2-219}$$

3) 性质

固态时，碱金属和碱土金属的臭氧化物都是有色的，如 KO_3 呈红棕色。与臭氧分子不同，臭氧离子 O_3^- 中有一个未成对电子，具有顺磁性。

臭氧化物不稳定，易分解。碱金属臭氧化物在常温下缓慢分解，生成超氧化物与氧气，超氧化物还可继续分解成过氧化物，但它们在液氨中稳定。臭氧化物的热稳定性在很大程度上取决于存在的阳离子。对于碱金属和碱土金属臭氧化物，其热稳定性按下列顺序递降：

$$Cs > Rb > K > Na > Li$$
$$Ba > Sr > Ca$$

臭氧化物与二氧化碳反应生成碳酸盐和氧气。例如：

$$12KO_3 + 6CO_2 \rlap{=\!=\!=} 6K_2CO_3 + 15O_2 \tag{2-220}$$

与水反应经由羟基自由基中间体，生成氧气和氢氧化物。

$$4KO_3 + 2H_2O \rlap{=\!=\!=} 4KOH + 5O_2 \tag{2-221}$$

由于臭氧化物在多种情况下都能生成氧气，所以作为氧的可能来源，人们已对它们进行了深入细致的研究，以期在航空和宇航工业上获得应用。

2.3 硫化物和多硫化物

2.3.1 硫化物

由电正性较高的金属元素或非金属元素和硫组成的化合物统称为硫化物。硫化物，尤其是金属硫化物常见于自然界中，铜、银、金、锌、镉、汞等元素的硫化物以硫化物矿形式存在，但碱金属硫化物不能成矿。硫化物矿有 200 余种，包括辉铜矿(Cu_2S)、闪锌矿(ZnS)、黄铁矿(FeS_2)、灰银矿(Ag_2S)、方铅矿(PbS)、辉锑矿(Sb_2S_3)、辉钼矿(MoS_2)、辉铋矿(Bi_2S_3)、硫镉矿(CdS)、辰砂(HgS)、雄黄(As_4S_4)、雌黄(As_2S_3)等。

1. 硫化物的分类

硫化物从大的类别上分为非金属硫化物(如三硫化二硼、二硫化碳、三硫化四磷、三硫化四砷等)和金属硫化物，其中金属硫化物又可分为轻金属硫化物(碱金属、碱土金属和铝的硫化物)和重金属硫化物。金属硫化物都可以看作是氢硫酸的盐。氢硫酸是一种二元酸，它可以生成两种形式的盐，即氢硫化物(酸式硫化物)和正硫化物。金属的酸式硫化物都能溶于水，而在正硫化物中，只有碱金属硫化物和硫化铵能溶于水。由于氢硫酸是弱酸，因此所有的硫化物，无论是易溶的还是难溶的，在水溶液中都有程度不同的水解作用。硫化物也可按照不同族或区元素形成的硫化物分为碱金属硫化物、碱土金属硫化物、硼族元素硫化物、碳族元素硫化物、氮族元素硫化物、氧族元素硫化物、d 区金属元素硫化物、ds 区金属元素硫化物以及镧系和锕系元素硫化物。本节重点介绍金属硫化物。

2. 非金属硫化物

1) 结构

非金属硫化物是指非金属 B、C、Si、P、As 的硫化物。非金属硫化物多为分子晶体，以共价键结合，如 CS_2，但也有如 SiS_2 这样的混合晶体。非金属硫化物可能是简单分子的化合物，也可能是含有硫桥、具有聚合物结构的化合物。例如，三硫化二硼，分子式为 B_2S_3，是一种聚合物结构的材料；硅的二硫化物是由无限个具有共用边的 SiS_4 四面体的链构成的纤维状结晶大分子化合物。磷的多种硫化物(三硫化四磷、四硫化四磷、五硫化四磷、六硫化四磷、七硫化四磷、八硫化四磷、九硫化四磷和十硫化四磷)，成键时硫原子沿着 P_4 分子四面体的棱与磷原子形成桥键，或者与四面体顶点单个的磷原子键合。砷的硫化物(三硫化四砷、四化四砷、六硫化四砷和十硫化四砷)也具有磷的硫化物类似的结构。另外，磷的硫化物(P_4S_4、P_4S_5、P_4S_6、P_4S_7、P_4S_8 和 P_4S_9)和砷的硫化物(As_4S_3)有不同的异构体，如图 2-25 所示。

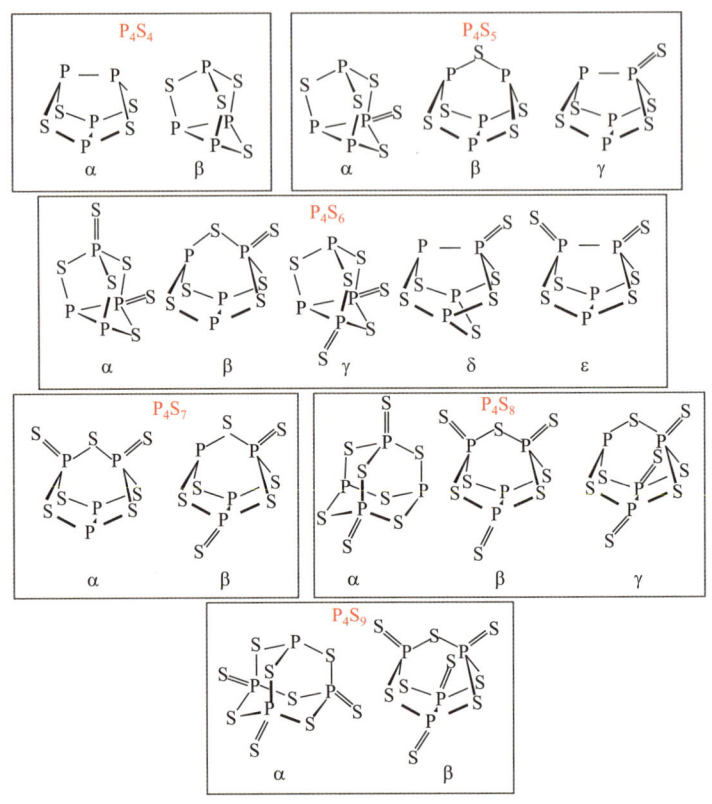

图 2-25 磷的硫化物(P_4S_4、P_4S_5、P_4S_6、P_4S_7、P_4S_8 和 P_4S_9)的异构体

2) 性质

非金属硫化物的一些物理性质列于表 2-11 中。对于以共价键结合的分子晶体，如 CS_2，熔、沸点较低，常温下为气体或液体；SiS_2 这样的混合晶体，熔点较高。磷和砷的硫化物为晶体、粉末等固体状态，大多不溶于水。

表 2-11 非金属硫化物的结构及一些物理性质

硫化物	结构	状态	颜色	密度(25℃) /(g·cm^{-3})	熔点/℃	沸点/℃	溶解性
B_2S_3	聚合物结构	晶体	白色	1.55	563	高温分解	水中分解，溶于氨水
CS	C≡S 1.5349 Å	晶体粉末	红色	1.66	加热升华	—	不溶于水、乙醇；溶于乙醚、CS_2、氨水与乙醇的混合液

续表

硫化物	结构	状态	颜色	密度(25℃)/(g·cm⁻³)	熔点/℃	沸点/℃	溶解性
CS_2	S=C=S 155.26 pm	液体	无色	1.266	−111.61	46.24	溶于水、乙醇、苯、$CHCl_3$、CCl_4
C_3S_2	S=C=C=C=S	液体	红色	1.27	−1	90	不溶于水
SiS_2	(针状结构)	针状晶体	白色	1.853	1090	—	水中分解
P_4S_3	(环状结构)	固体	黄色	2.08	172.5	408	不溶于水，但溶于硝酸、CS_2、苯
P_4S_5	(环状结构)	固体	绿灰色至黄色	2.51	276	514	微溶于 CS_2，溶于 NaOH 溶液
P_4S_7	(环状结构)	结晶、粉末或熔融固体	浅黄色或浅灰色	2.20	310	523	微溶于 CS_2
As_2S_3	单斜晶系	固体	黄色	3.43	300	707	不溶于水、无机酸，可溶于硫化钠、碱金属氢氧化物和碳酸盐
As_4S_3	正交晶系	固体	橘黄色	—	—	—	—
As_4S_4	单斜晶系	固体	橘黄色	3.5	307	601	不溶于水

3) 用途

非金属硫化物有众多应用。B_2S_3 可作为聚合物材料，其是"高科技"玻璃的一种成分[126]；非金属硫化物可作为制备有机硫化合物的原料；近期发现其可用作光催化分解水材料[127]。CS_2 是一种非常重要的溶剂，主要工业用途是制造黏胶人造丝和玻璃纸薄膜，消耗了其年产量的 75%。在四氯化碳的化学合成中，它也是一种有价值的中间体。它广泛用于合成有机硫化合物，如黄原酸酯和二硫代氨基甲酸酯，用于萃取冶金和橡胶化学。P_4S_5 是一种两用材料，用于生产杀虫剂和神经毒剂。P_4S_3 主要用于制火柴和烟火。P_4S_7 在工业上主要用于制杀虫剂、润滑油添加剂和辉钼矿矿物浓缩的浮选剂。As_4S_4 是制备其他砷化合物以及玻璃、颜料、焰火等的原料，对神经有镇痉、止痛作用，对真菌有抑制作用，还有抗肿瘤的作用。

3. 轻金属硫化物

1) 结构

碱金属能形成氢硫化物(MHS)和硫化物(M_2S)。碱土金属也能形成硫氢化物[M'(HS)$_2$]和硫化物[M'S]。它们形成的硫化物主要是离子型化合物。碱金属硫化物 Li_2S、Na_2S、K_2S、Rb_2S 的晶体全部为反 CaF_2 型，如表 2-12 所示。对于碱土金属硫化物，除 BeS 为立方 ZnS 型外，其余硫化物(MgS、CaS、SrS、BaS)都是 NaCl 型。Al_2S_3 是共价化合物，已知其有六种以上晶型(常见的有 α-Al_2S_3、β-Al_2S_3、γ-Al_2S_3、δ-Al_2S_3)，它们中的大多数都具有类似纤锌矿(六方 ZnS 型)的结构，不同之处在于晶格空位的排列，形成有序或无序的子晶格。

表 2-12 碱金属和碱土金属的晶体结构

反 CaF_2 型	NaCl 型	立方 ZnS 型	六方 ZnS 型
Li_2S Na_2S K_2S Rb_2S	MgS CaS SrS BaS	BeS	Al_2S_3

2) 制备

碱金属硫化物 Li_2S、Na_2S 等可采用金属单质与 S 在无水氨中反应制备；碱土金属硫化物 BeS、MgS 等通过在氢气气氛中高温反应制备；Al_2S_3 也可通过此方法在高温下制备。

$$2Li + S \Longrightarrow Li_2S \tag{2-222}$$

$$2Na + S \Longrightarrow Na_2S \tag{2-223}$$

$$Be + S \Longrightarrow BeS \tag{2-224}$$

$$Mg + S \Longrightarrow MgS \tag{2-225}$$

$$2Al + 3S \Longrightarrow Al_2S_3 \tag{2-226}$$

实验室中，Na_2S、Rb_2S 等硫化物可在相应的氢氧化物水溶液或水-乙醇溶液中通入硫化氢直至饱和而得到。

$$MOH + H_2S \Longrightarrow MHS + H_2O \tag{2-227}$$

$$MHS + MOH \Longrightarrow M_2S + H_2O \tag{2-228}$$

工业上，碱金属和碱土金属的硫化物一般采用高温碳还原法制备。例如：

$$Na_2SO_4 + 2C \Longrightarrow Na_2S + 2CO_2 \qquad (2-229)$$

$$K_2SO_4 + 2C \Longrightarrow K_2S + 2CO_2 \qquad (2-230)$$

$$CaSO_4 + 2C \Longrightarrow CaS + 2CO_2 \qquad (2-231)$$

$$BaSO_4 + 2C \Longrightarrow BaS + 2CO_2 \qquad (2-232)$$

$$SrSO_4 + 2C \Longrightarrow SrS + 2CO_2 \qquad (2-233)$$

3）物理性质

所有碱金属硫化物在纯的状态下都是白色的，都溶于水。碱土金属硫化物也都是白色的。硫化铍不溶于水，其他碱土金属硫化物微溶于水。纯 Al_2S_3 为白色针状晶体，通常见到的不纯物为黄灰色的致密物质，易水解。表 2-13 列出了轻金属硫化物的一些物理性质。

表 2-13 轻金属硫化物的结构及一些物理性质

硫化物	状态	颜色	密度(25℃)/(g·cm^{-3})	熔点/℃	沸点/℃	溶解性
Li_2S	固体	白色	1.67	938	1372	溶于水，易水解；可溶于乙醇、酸
Na_2S	固体	纯：白色 不纯：黄色至棕红色	1.865	1176	—	溶于水，易水解；微溶于醇
K_2S	固体	纯：白色 不纯：黄色至棕色	1.74	840	912	溶于水，易水解；溶于乙醇、甘油，不溶于乙醚
Rb_2S	固体	白色	2.912	530	—	溶于水，易水解；溶于乙醇和甘油
BeS	固体	白色	2.36	1800	—	不溶于水
MgS	固体	纯：白色 不纯：红棕色	2.84	2000	—	微溶于水，水解；溶于酸及三氯化磷
CaS	固体	白色	2.59	2525	—	微溶于水，水解；微溶于乙醇
SrS	固体	白色	3.70	2002	—	微溶于水，水解
BaS	固体	纯：白色 不纯：黄色	4.25	2235	—	微溶于水，水解
Al_2S_3	固体	纯：白色 不纯：黄色	2.02	1100	1500	溶于水，易水解；不溶于丙酮

4) 化学性质

轻金属硫化物在水中均发生不同程度的水解。碱金属硫化物水解使溶液呈强碱性。0.1 mol·L^{-1} Na$_2$S 溶液的水解度约为 58%。碱土金属硫化物除 BeS 外，其余均易溶于水且发生水解作用[128]。将所得的氢硫化物溶液煮沸，水解更完全。例如：

$$Na_2S + 2H_2O \Longrightarrow 2NaOH + H_2S \quad (2\text{-}234)$$

$$NaHS + H_2O \Longrightarrow NaOH + H_2S \quad (2\text{-}235)$$

$$2CaS + 2H_2O \Longrightarrow Ca(HS)_2 + Ca(OH)_2 \quad (2\text{-}236)$$

$$Ca(HS)_2 + 2H_2O \Longrightarrow Ca(OH)_2 + 2H_2S \quad (2\text{-}237)$$

Al$_2$S$_3$ 完全水解生成 Al(OH)$_3$ 和 H$_2$S。

$$Al_2S_3 + 6H_2O \Longrightarrow 2Al(OH)_3 + 3H_2S \quad (2\text{-}238)$$

将硫化钠露置于空气中时，它会吸湿，同时慢慢氧化为硫代硫酸钠。

$$2Na_2S + 2O_2 + H_2O \Longrightarrow Na_2S_2O_3 + 2NaOH \quad (2\text{-}239)$$

例题 2-5

试述金属硫化物的酸碱性规律。

解 同周期、同族以及同种元素硫化物，它们的酸碱性变化规律都与氧化物相同：同周期元素最高氧化态硫化物从左到右酸性增强；同族元素相同氧化态硫化物从上到下酸性减弱，碱性增强；在同种元素的硫化物中，高氧化态硫化物的酸性强于低氧化态硫化物的酸性。硫化物的组成、性质均与相应氧化物相似。例如：

H$_2$S	NaSH	Na$_2$S	As$_2$S$_3$	As$_2$S$_5$	Na$_2$S$_2$
H$_2$O	NaOH	Na$_2$O	As$_2$O$_3$	As$_2$O$_5$	Na$_2$O$_2$
碱性	碱性	两性、还原性		酸性	碱性、氧化性

酸性硫化物可溶于碱性硫化物，如 As$_2$S$_3$、As$_2$S$_5$、Sb$_2$S$_3$、Sb$_2$S$_5$、SnS$_2$、HgS 等酸性或两性硫化物可与 Na$_2$S 反应。

5) 用途

在碱金属的硫化物中，硫化钠在工业上有较多用途，如大量用于硫化染料的制造、有机药物和纸浆的生产，也用于制革工业、人造丝工业、漂染工业、橡胶工业、涂料工业、食品工业和荧光材料工业。碱土金属硫化物 CaS、BaS、SrS 在工业上常用于制造发光漆。

4. 重金属硫化物

因为对应元素分册中重点介绍了硫化物的制备和性质，所以本节主要综合介绍重金属硫化物的结构种类、颜色和溶解性等特性以及一些重要的用途。

1) 结构

金属硫化物，尤其是过渡金属硫化物为共价型或过渡型化合物，既可能是简单分子的化合物，又可能是含有硫桥、具有聚合物结构的化合物。有些金属硫化物通常具有特殊的化学计量，而且往往是多晶型的，其中有不少具有类似于合金或半金属的性质。表 2-14 汇总了一些金属硫化物的晶体结构。

表 2-14　一些金属硫化物的晶体结构

NaCl 型	立方 ZnS 型	六方 ZnS 型	NiAs 型	PtS 型	CdI_2 型	MoS_2 型	FeS_2 型
LaS、CeS PrS、NdS SmS、EuS TbS、HoS α-MnS、PbS US、PuS	β-MnS ZnS CdS HgS	Ga_2S_3 γ-MnS ZnS CdS	TiS、VS NbS、TaS CrS、FeS CoS、NiS	PtS PdS	Tl_2S Hf_2S Pt_2S Sn_2S Zr_2S	MoS_2 WS_2 TaS_2	MnS_2、FeS_2 RuS_2、OsS_2 CoS_2、RhS_2 NiS_2

2) 性质

(1) 颜色。重金属硫化物一般都具有特征颜色，表 2-15 列出了一些重金属硫化物的颜色。

表 2-15　一些重金属硫化物的颜色

硫化物	颜色	硫化物	颜色	硫化物	颜色	硫化物	颜色
Ga_2S_3	黄色	Sc_2S_3	黄色	MoS_2	黑色	PdS	黑色
GaS	黄色	ScS	金色	WS_2	灰色	OsS_2	黑色
In_2S_3	红色	Y_2S_3	黄色	MnS	浅粉色	Ir_2S_3	黑色
Tl_2S	黑色	TiS	棕色	MnS	黑色	PtS_2	黑色
GeS_2	白色	TiS_2	黄色	Re_2S_7	黑色	PtS	黑色
GeS	灰黑色	ZrS_2	红棕色	FeS	灰黑色	ZnS	白色
SnS_2	黄色	HfS_2	棕色	FeS_2	黑色	CdS	黄色
SnS	棕黑	V_2S_3	黑色	CoS_2	黑色	α-HgS	红色
PbS	黑色	NbS_2	黑色	CoS	黑色	β-HgS	黑色

续表

硫化物	颜色	硫化物	颜色	硫化物	颜色	硫化物	颜色
Sb$_2$S$_3$	黑色	TaS$_2$	黑色	NiS	黑色	Cu$_2$S	黑色
Sb$_2$S$_5$	橙色	CrS	黑色	RuS$_2$	灰色	CuS	黑褐色
Bi$_2$S$_3$	棕色	Cr$_2$S$_3$	棕黑	Rh$_2$S$_3$	黑色	Ag$_2$S	黑色

(2) 溶解性。重金属硫化物难溶于水，K_{sp} 不同，在酸中的溶解性也不同[129-132]，有的能溶于稀酸，有的需用硝酸等氧化性酸才能溶解，有的甚至要王水才能溶解；大致可分为以下几类。

在 0.3 mol·L^{-1} HCl 溶液中可以溶解的硫化物，如 Cr$_2$S$_3$、FeS、Fe$_2$S$_3$、CoS、NiS、MnS、和 ZnS 等。也就是说，这些硫化物在 0.3 mol·L^{-1} HCl 溶液中不能生成。

不溶于 0.3 mol·L^{-1} HCl 溶液，但可溶于浓盐酸的硫化物，如 PbS、CdS、SnS、SnS$_2$ 等。

浓盐酸中不溶解，但可以溶于浓硝酸的硫化物，如 CuS 和 Ag$_2$S。

硝酸中不溶解，但可以溶于王水的硫化物，如 HgS。

还有一些酸性或两性的硫化物可溶于 Na$_2$S 等碱性硫化物中，如 Sb$_2$S$_3$、Sb$_2$S$_5$、As$_2$S$_3$、As$_2$S$_5$、SnS$_2$ 等。溶解过程可以看成酸性氧化物和碱性氧化物的成盐反应。例如：

$$As_2S_3 + 3Na_2S = 2Na_3AsS_3 \qquad (2-240)$$

HgS 也溶于 Na$_2$S 溶液，生成配合物。

$$HgS + Na_2S = Na_2[HgS_2] \qquad (2-241)$$

SnS 为碱性化合物，不溶于硫化钠等溶液，但是可溶于多硫化物溶液中。首先发生氧化还原反应生成 SnS$_2$，然后生成硫代酸盐。

$$SnS + Na_2S_2 = SnS_2 + Na_2S \qquad (2-242)$$

$$SnS_2 + Na_2S = Na_2SnS_3 \qquad (2-243)$$

思考题

2-7 试解释下列现象并写出有关反应方程式。

(1) 为什么不能用 HNO$_3$ 与 FeS 作用制备 H$_2$S？

(2) 为什么不能用湿法制备 Al$_2$S$_3$ 和 Cr$_2$S$_3$？

(3) H$_2$S 气通入 MnSO$_4$ 溶液中不产生 MnS 沉淀，若 MnSO$_4$ 溶液中含有一定量的氨水，通入 H$_2$S 气时，即有 MnS 沉淀产生。

(4) CuS 不溶于 HCl 而溶于 HNO$_3$。

3) 用途

金属硫化物最早用于古代炼丹术中。随着科学的发展,近年来它在环保、光学和催化等方面的应用引起了广泛的关注,尤其是光学方面的应用发展迅速[133]。纯净的晶体硫化锌和硫化镉在含有微量的 Ag(Ⅰ)、Cu(Ⅱ)或 Mn(Ⅱ)作为激活剂时,可在紫外光或可见光的照射下发出不同颜色的荧光。在工业上,常用硫化锌和硫化镉制造荧光粉。高纯度的硫化镉是良好的半导体。水和气体中的重金属都以硫化物沉淀的形式除去。通常应用于石油工业中加氢精制过程的硫化物催化剂主要是 Mo 或 W、Ni 或 Co 元素的氧化物担载在 γ-Al_2O_3 上,并且在操作过程中硫化。很多硫化物纳米半导体材料还广泛应用于光、电、光电催化。

5. 金属硫化物溶解度大小的一般规律

金属硫化物的溶解性表现出明显的差异性,如碱金属硫化物溶于水,碱土金属硫化物微溶于水,重金属硫化物不溶于水。在自然界中,碱金属硫化物不能成矿,而铜、银、金、锌、镉、汞等元素的硫化物却是常见的矿物。如此大的差别与金属离子结构信息相关,离子极化学说为解决这一问题提供了初步的基础。

从结构上分析,金属硫化物的溶解性取决于阳离子的极化力,阳离子极化力的大小由离子电荷(有效电荷)Z、离子半径 r 和阳离子的价层电子数决定[134]。离子所带电荷数的平方 Z^2 与离子半径 r 之比 Z^2/r 称为离子势。离子势越大,离子的极化力越大。在硫化物中,阳离子极化的增强将导致其与硫离子所形成的化学键共价成分增加、极性减小,从而在水中的溶解度也随之降低。

(1) $Z^2/r < 2$ 的阳离子。这类离子有 Li(Ⅰ)(Z^2/r = 1.282)、钠(Ⅰ)(1.020)、钾(Ⅰ)(0.752)、铷(Ⅰ)(0.671)、铯(Ⅰ)(0.606)和铵离子等。它们的硫化物均溶于水。

(2) $7 > Z^2/r > 2$ 的阳离子。Mg(Ⅱ)(5.128)、钙(Ⅱ)(3.774)、锶(Ⅱ)(3.150)、钡(Ⅱ)(2.797)等均属此类离子。它们的硫化物微溶于水。

(3) $Z^2/r > 7$ 的阳离子。这类离子有铍(Ⅱ)(11.76)、铝(Ⅲ)(20.00)、钪(Ⅲ)(13.24)、钛(Ⅳ)(26.67)、锆(Ⅳ)(20.78)以及镧系和锕系氧化数为+3 的金属离子等,它们的硫化物难溶于水。

外层电子数为 8~18、18、18 + 2 的阳离子所形成的硫化物一般都难溶于水。外层电子数为 18 或 18 + 2 的阳离子极化力强,随着离子半径的增大,变形性增加,附加极化效应增大,因而相应硫化物在水中的溶解度一般也随之降低,如 Cu(Ⅰ)、Ag(Ⅰ)、Zn(Ⅱ)、Cd(Ⅱ)、Hg(Ⅱ)、As(Ⅲ)、Sb(Ⅲ)和 Bi(Ⅲ)。外层电子数为 8~18 的过渡金属离子也有较强的极化力,含 d 电子越多的阳离子,其硫化物在水中的溶解度一般越小,如 Mn(Ⅱ)、Fe(Ⅱ)、Co(Ⅱ)、Ni(Ⅱ)、Cu(Ⅱ)等。

决定化合物在水中溶解度大小的因素是十分复杂的,有关溶解度的理论也不成熟，因此以上仅为一般性的概括，其中有例外，如硫化镍。

> **思考题**
>
> 2-8 为什么碱金属硫化物是可溶的，而其他多数金属硫化物是难溶的？

2.3.2 多硫化物

1. 多硫化物的结构

含有复杂的多硫离子 S_n^{2-} 的化合物称为多硫化物。轻金属硫化物能形成多硫化物，铵离子也可以形成多硫化物。碱金属和铵的多硫化物的通式为 M_2S_n，其中硫的数值 n 一般为 2~6，个别情况可达到 9，如 $(NH_4)_2S_9·0.5H_2O$。$n = 2$ 的多硫化物称为过硫化物，其结构中含有过硫链(—S—S—)，如 Na_2S_2。图 2-26 为 Na_2S_5 和多硫离子 S_4^{2-}、S_5^{2-} 的结构。

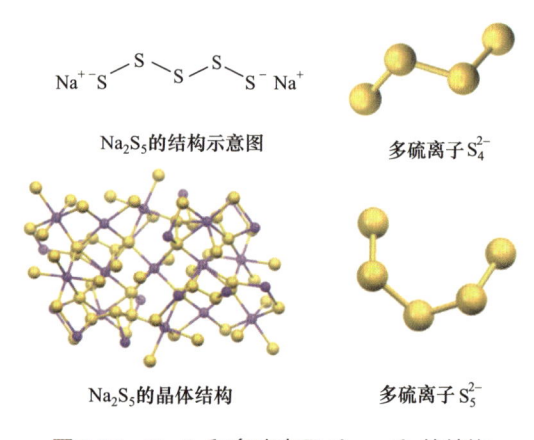

图 2-26 Na_2S_5 和多硫离子 S_4^{2-}、S_5^{2-} 的结构

2. 多硫化物的制备

将氢硫化物或正硫化物的溶液和硫一起煮沸，都可得到含多硫离子的水溶液。从这些水溶液中可以制得晶状的多硫化物的水合物。硫和溶于液态氨中的碱金属作用，可制得无水的碱金属多硫化物。

$$S^{2-} + nS \Longrightarrow S_{n+1}^{2-} \tag{2-244}$$

3. 多硫化物的物理性质

碱金属多硫化物和多硫化铵仅有 M_2S_4 和 M_2S_5 可以形成稳定的水溶液。多硫化物溶液一般都呈黄色,但溶液的颜色随多硫离子 n 值的增加而加深,由无色到黄色、橙黄色。当 n 达到某一值时,溶液呈红色。

4. 多硫化物的化学性质

1) 氧化性

多硫离子是一种氧化剂,能氧化 As_2S_3、Sb_2S_3 和 SnS 等低价金属的硫化物。例如,过硫化钠氧化 As_2S_3 生成 As_2S_5;多硫离子氧化 SnS,生成可溶性的硫代酸盐。

$$As_2S_3 + 2Na_2S_2 \Longrightarrow As_2S_5 + 2Na_2S \tag{2-245}$$

$$(n-1)SnS + (NH_4)_2S_n \Longrightarrow (n-1)SnS_2 + (NH_4)_2S \tag{2-246}$$

$$SnS_2 + (NH_4)_2S \Longrightarrow (NH_4)_2SnS_3 \tag{2-247}$$

例题 2-6

氧和硫是同族元素,性质相似。试用化学方程式表示下列实验事实:
(1) CS_2 和 Na_2S(aq)一起振荡,水溶液由无色变为有色。
(2) SnS_2 溶于 Na_2S(aq)。
(3) SnS 溶于 Na_2S_2(aq)。

解 (1) $CS_2 + Na_2S \Longrightarrow Na_2CS_3$
(2) $SnS_2 + Na_2S \Longrightarrow Na_2SnS_3$
(3) $SnS + Na_2S_2 \Longrightarrow Na_2SnS_3$

2) 与酸反应

多硫化物在酸性溶液中很不稳定,易歧化分解生成单质 S 并释放出 H_2S。

$$M_2S_n + 2H^+ \Longrightarrow 2M^+ + (n-1)S\downarrow + H_2S\uparrow \tag{2-248}$$

3) 与金属反应

多硫化物分别通过 S—S 键的断裂和重新生成吸收和释放能量,在钠-硫电池中有重要应用。四硫化钠和钠的反应如下:

$$Na_2S_4 + 2Na \rightleftharpoons 2Na_2S_2 \tag{2-249}$$

4) 作为配体

多硫离子可作为配位体[135-136]。例如,Na_2S_n 作用于 $(\eta^5\text{-}C_5H_5)_2TiCl_2$ 时,可以得到含有 TiS_5 环的配位化合物,其结构如图 2-27 所示。

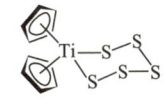

图 2-27 含有 TiS_5 环的配位化合物的结构

5) 烷基化反应

烷基化反应产生有机多硫化物，如 Na$_2$S$_4$ 与 RX(卤代烃)反应。

$$\text{Na}_2\text{S}_4 + 2\text{RX} \Longrightarrow 2\text{NaX} + \text{R}_2\text{S}_4 \tag{2-250}$$

多硫化物与有机二卤化物发生烷基化反应生成的聚合物称为硫橡胶。

5. 多硫化物的用途

多硫化物除可用作分析试剂外，在工业和农业上也有重要的用途，如多硫化钠可用于制备硫橡胶和硫化染料，多硫化钡和多硫化铵可用作杀菌剂和杀虫剂。

2.3.3 金属离子的分离

1. 金属离子的分离方法

阳离子种类非常多，包括各种金属离子和 NH$_4^+$ 等非金属离子。常见的金属离子有 K$^+$、Na$^+$、Mg^{2+}、Ca^{2+}、Sr^{2+}、Ba^{2+}、Al^{3+}、Sn^{4+}、Pb^{2+}、As^{3+}、As^{5+}、Sb^{3+}、Sb^{5+}、Bi^{3+}、Cr^{3+}、Mn^{2+}、Fe^{2+}、Fe^{3+}、Co^{2+}、Ni^{2+}、Cu^{2+}、Ag$^+$、Zn^{2+}、Cd^{2+}、Hg^{2+}、Hg$_2^{2+}$ 等。由于其种类繁多，没有足够的特效鉴定反应一一进行鉴定，当众多离子共存时，阳离子的定性分析通常采用系统分析法，即选择合适的组试剂将其分成若干组，然后在组内根据它们的差异性进一步分离和鉴定。阳离子的系统分析方案有很多，分为"硫化氢系统"和"非硫化氢系统"，它们的根本区别就在于分析系统中是否使用硫化氢作为组试剂。非硫化氢系统比较成熟的是两酸两碱系统分析方法[137]。下面对硫化氢系统分析方法的基本原理、分析方案等进行介绍。

2. 硫化氢系统的理论分析

硫化氢系统是 1829 年德国化学家提出的定性分析系统。由于该法中 H$_2$S 有毒、有刺激性气味，会损害人体健康、污染环境，后来人们用硫代乙酰胺(TAA)代替 H$_2$S 使用。此分析方法主要依据的是金属硫化物在水中有不同的溶解度和特征颜色。依据溶度积规则，在分离鉴定过程中，主要是比较活度商 Q 和溶度积 $K_{sp}^{\ominus}$ 的大小，控制溶液中 S^{2-} 的浓度。对于 H$_2$S 的解离，S^{2-} 的浓度近似等于 H$_2$S 的 $K_{a_2}^{\ominus}$，与初始浓度无关；而不同硫化物的 $K_{sp}^{\ominus}$ 有大有小，有些金属离子可以沉淀，有些金属离子不能沉淀。还可通过调节酸性的大小和氧化还原的途径控制 S^{2-} 的浓度，从而达到溶解和分离鉴定的目的。

3. 硫化氢系统的分析方案和步骤

硫化氢系统以 HCl、TAA、(NH$_4$)$_2$S 和(NH$_4$)$_2$CO$_3$ 为组试剂，将阳离子分为五

个组[138-139]，分组情况如表2-16所示，分析步骤见图2-28。

表2-16 阳离子的硫化氢系统分组

分组根据的特性	硫化物不溶于水				硫化物溶于水	
	氯化物溶于热水	氯化物不溶于热水		在稀酸中不生成硫化物沉淀	碳酸盐不溶于水	碳酸盐溶于水
		硫化物不溶于硫化钠	硫化物溶于硫化钠			
离子	Ag^+、Hg_2^{2+}、Pb^{2+}	Pb^{2+}、Bi^{3+}、Cu^{2+}、Cd^{2+}	Hg^{2+}、As^{3+}、As^{5+}、Sb^{3+}、Sb^{5+}、Sn^{4+}	Fe^{2+}、Fe^{3+}、Ag^+、Mg^{2+}、Cr^{3+}、Zn^{2+}、Co^{2+}、Ni^{2+}	Ca^{2+}、Sr^{2+}、Ba^{2+}	K^+、Na^+、Mg^{2+}、NH_4^+
组的名称	I组、银组、盐酸组	IIA组	IIB组	III组、铁组、硫化铵组	IV组、钙组、碳酸铵组	V组、钠组、可溶组
		II组、铜锡组、硫化氢组				
组试剂	HCl	HCl、TAA		$NH_3 + NH_4Cl$、TAA	$NH_3 + NH_4Cl$、$(NH_4)_2CO_3$	—

I~V组试液 ——分别鉴定 NH_4^+、Fe^{2+}、Fe^{3+}

HCl，△**

*
AgCl
Hg_2Cl_2
$PbCl_2$
I组

II~V组
调整中性（$6 mol·L^{-1}$ $NH_3·H_2O$）
$0.3 mol·L^{-1}$ HCl，TAA，△

PbS、Bi_2S_3 HgS、As_2S_3
CuS、CdS Sb_2S_3、SnS_2
IIA组   IIB组

NaOH-TAA，△

III~V组
$NH_3 + NH_4Cl$、TAA，△

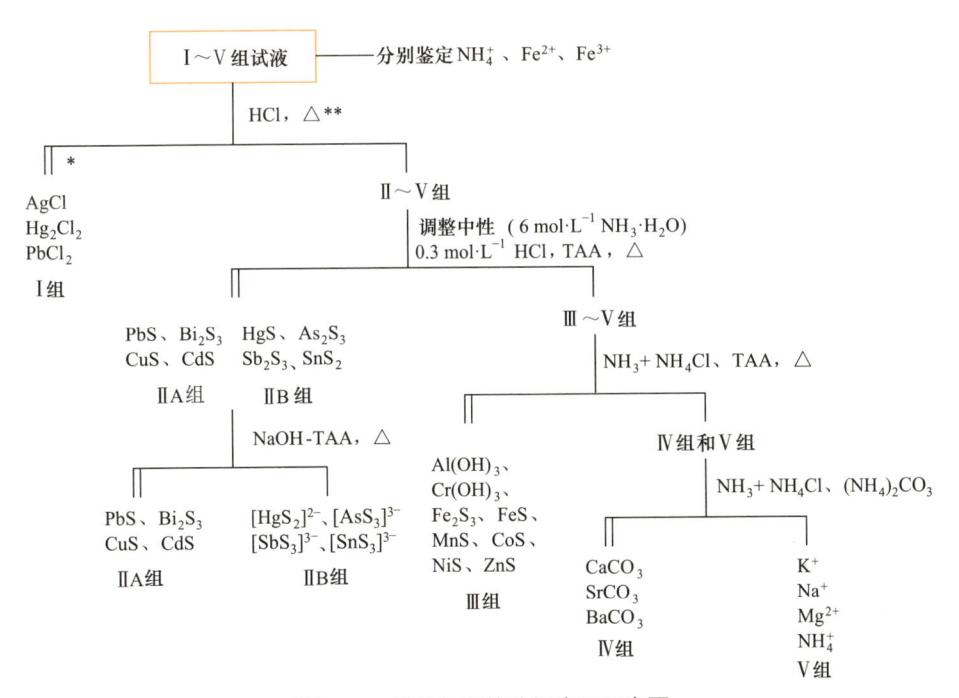

PbS、Bi_2S_3 $[HgS_2]^{2-}$、$[AsS_3]^{3-}$
CuS、CdS $[SbS_3]^{3-}$、$[SnS_3]^{3-}$
IIA组   IIB组

$Al(OH)_3$、$Cr(OH)_3$、Fe_2S_3、FeS、MnS、CoS、NiS、ZnS
III组

IV组和V组
$NH_3 + NH_4Cl$、$(NH_4)_2CO_3$

$CaCO_3$ K^+
$SrCO_3$ Na^+
$BaCO_3$ Mg^{2+}
IV组 NH_4^+
                 V组

图2-28 硫化氢系统分组步骤示意图

*Pb^{2+}浓度大时部分沉淀。**系统分析中需要加入铵盐，故NH_4^+需另行检出。△表示加热；‖表示沉淀；|表示溶液

4. 硫化氢系统的优缺点

在硫化氢系统中，元素周期表说明了硫化物的沉淀溶解规律，而这些规律基于无机化学理论的应用。硫化氢系统分析法系统性强、分离严密、定性检出灵敏度高、可操作性强，至今仍被广泛使用。它的缺点在于使用了既毒又臭的硫化氢，即使用硫代乙酰胺代替硫化氢作沉淀剂，降低了危害性，但是反应时仍然会分解出硫化氢，污染环境。

例题 2-7

某酸性溶液中含有 Cu^{2+}、Zn^{2+} 和 Ag^+，设计分离方案。

解 首先利用 Ag^+ 生成 AgCl 沉淀，将 Ag^+ 与 Cu^{2+}、Zn^{2+} 分离；再利用 CuS 和 ZnS 在稀盐酸中溶解性的差异，将 Cu^{2+} 与 Zn^{2+} 分离。

2.4 氧族元素的卤化物

2.4.1 硫的卤化物

1. 硫的氟化物

硫的氟化物主要有 SF_2、S_2F_2、SF_4、S_2F_4、SF_6、S_2F_{10} 等[140]，都是共价型化合物。表 2-17 列出了硫的氟化物的结构和一些物理性质。

表 2-17 硫的氟化物的结构及物理性质

项目	二氟化硫	二氟化二硫	四氟化硫	四氟化二硫	六氟化硫	十氟化二硫
英文名	sulfur difluoride	disulfur difluoride	sulfur tetrafluoride	1,1,1,2-tetrafluoro disulfane	sulfur hexafluoride	disulfur decafluoride
化学式	SF_2	S_2F_2	SF_4	$FSSF_3$	SF_6	S_2F_{10}
摩尔质量 /(g·mol^{-1})	70.062	102.127	108.07	140.124	146.06	254.1
分子构型						
分子模型						

续表

项目	二氟化硫	二氟化二硫	四氟化硫	四氟化二硫	六氟化硫	十氟化二硫
外观	—	无色气体	无色气体	液体	无色无味气体	无色液体
密度	—	$1.5\ \text{g}\cdot\text{cm}^{-3}$	$1.95\ \text{g}\cdot\text{cm}^{-3}$ $(-78℃)$	$1.81\ \text{g}\cdot\text{cm}^{-3}$	$6.1\ \text{g}\cdot\text{L}^{-1}$	$2.08\ \text{g}\cdot\text{cm}^{-3}$
熔点/℃	—	−133	−121	−98	−64	−53
沸点/℃	—	15	−38	39	−50.8	30.2
蒸气压	—	—	10.5 atm* (22℃)	—	2.9 MPa (21.1℃)	561 mmHg** (20℃)
水溶性	—	与水反应	与水反应	—	0.003% (25℃)	不溶

*1 atm = 1.01325×10^5 Pa。

**1 mmHg = 1.33322×10^2 Pa。

1) 二氟化硫

二氟化硫(SF_2)分子呈 V 形，S—F 键键长为 159 pm，F—S—F 键键角为 98°[141]。在低压和 150℃下，二氯化硫蒸气与氟化钾或氟化汞作用，可制得 SF_2。

$$SCl_2 + 2KF \Longrightarrow SF_2 + 2KCl \quad (2\text{-}251)$$

$$SCl_2 + HgF_2 \Longrightarrow SF_2 + HgCl_2 \quad (2\text{-}252)$$

它也可以由二氟化氧和硫化氢反应生成。

$$OF_2 + H_2S \Longrightarrow SF_2 + H_2O \quad (2\text{-}253)$$

该化合物极度不稳定，可转化为四氟化二硫($FSSF_3$)。

2) 二氟化二硫

二氟化二硫(S_2F_2)有两种同分异构体：FS—SF 和 S=SF$_2$[142]。在 FS—SF 分子中，S—S 键和 S—F 键的键长分别为 189 pm 和 163.5 pm，S—S—F 键键角为 108.3°；在 S=SF$_2$ 分子中，S—S 键和 S—F 键的键长分别为 186 pm 和 160 pm，S—S—F 键和 F—S—F 键的键角分别为 107.5°和 92.5°。

S_2F_2 常温下为无色气体；当温度低于 250℃时，FS—SF 和 S=SF$_2$ 都可稳定存在；两者的熔、沸点等性质不同。FS—SF 的熔、沸点分别为 −133℃、15℃；S=SF$_2$ 的熔、沸点分别为 −164.6℃、−10.6℃。

在严格干燥过的玻璃装置中，398 K 下硫与二氟化银反应可以得到结构式为 FS—SF 的二氟化二硫[143]。

$$S_8 + 8AgF_2 \Longrightarrow 4S_2F_2 + 8AgF \quad (2\text{-}254)$$

在碱金属氟化物(如 KF)存在下，FS—SF 发生分子内重排得到 S=SF$_2$。S=SF$_2$

还可由以下反应制备：

$$2KSO_2F + S_2Cl_2 === S=SF_2 + 2KCl + 2SO_2 \quad (2-255)$$

S_2F_2 加热时会分解，生成 SF_4 和 S；与水、硫酸、NaOH 发生反应；高压下使用 NO_2 作催化剂可与 O_2 反应；在低温下与二氟化硫冷凝，得到 1,3-二氟-三硫烷-1,1-二氟化物。

$$2S_2F_2 === SF_4 + 3S \quad (2-256)$$

$$2S_2F_2 + 2H_2O === SO_2 + 3S + 4HF \quad (2-257)$$

$$S_2F_2 + 3H_2SO_4 === 5SO_2 + 2H_2O + 2HF \quad (2-258)$$

$$2S_2F_2 + 6NaOH === Na_2SO_3 + 3H_2O + 3S + 4NaF \quad (2-259)$$

$$2S_2F_2 + 5O_2 === SOF_4 + 3SO_3 \quad (NO_2 作催化剂) \quad (2-260)$$

$$S_2F_2 + SF_2 === FSSSF_3 \quad (2-261)$$

3) 四氟化硫

四氟化硫(SF_4)分子的结构见表 2-17。中心 S 原子氧化数为 +4，采用 sp^3d^2 杂化，形成畸变四面体形结构[144-145]，分子中有一对孤对电子。分子中有两种 F 配体[146]，分别为 2 个轴向配体 F^A 和 2 个赤道配体 F^E，S—F^A 键键长为 164.6 pm，S—F^E 键键长为 154.5 pm。轴向和赤道 F 原子可以快速相互转换位置，如图 2-29 所示。

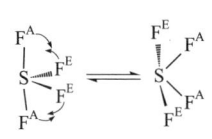

图 2-29 SF_4 的分子内动态平衡

SF_4 由 SCl_2 和氟化钠在乙腈中反应生成[147]。

$$3SCl_2 + 4NaF === SF_4 + S_2Cl_2 + 4NaCl \quad (2-262)$$

SF_4 也可在没有反应介质的情况下[148]，使用硫、氟化钠和氯(Cl_2)在高温(225～450℃)下以高产率得到。用溴(Br_2)代替氯(Cl_2)可在低温(20～86℃)下高产率制备 SF_4。

$$S + (2+x)Br_2 + 4KF === SF_4\uparrow + xBr_2 + 4KBr \quad (2-263)$$

四氟化硫的熔点为 −121℃，沸点为 −38℃，在标准状况下是无色、有强烈刺激性臭味的有毒气体。在 −78℃时，其密度为 1.95 g·cm^{-3}。四氟化硫性质活泼，遇水或潮湿的空气水解为二氧化硫和氟化氢。

$$SF_4 + 2H_2O === SO_2 + 4HF \quad (2-264)$$

四氟化硫与氧作用缓慢，但在二氧化氮的催化下，反应可加速进行。

$$2SF_4 + O_2 === 2SOF_4 \quad (NO_2 作催化剂) \quad (2-265)$$

当遇到比它强的氟化剂时，四氟化硫被氧化为六氟化硫或生成六氟化硫的衍生物。

$$SF_4 + F_2 === SF_6 \quad (2-266)$$

$$2SF_4 + ClF_3 \rightleftharpoons SF_6 + SClF_5 \tag{2-267}$$

四氟化硫可以顺利地使有机化合物中的某些基团发生氟化。

4) 四氟化二硫

四氟化二硫(FSSF$_3$)分子中一个 S 原子只连一个 F 原子,另一个 S 原子连三个 F 原子,所有的键长都不同[149],结构和结构参数分别见图 2-30 和表 2-18。

图 2-30　S$_2$F$_4$ 的结构

表 2-18　S$_2$F$_4$ 的结构参数

原子	S 原子	键长/Å	键解离能/(kcal·mol^{-1})	与 S—S 的键角/(°)
F$_1$	S$_1$	1.62	86.4	105
F$_2$	S$_2$	1.67	102.1	76
F$_3$	S$_2$	1.77	97.8	92
F$_4$	S$_2$	1.60	86.7	106
S$_1$	S$_2$	2.08	—	—

实验室制备 FSSF$_3$ 的方法是将低压 SCl$_2$ 蒸气通过加热至 150℃的氟化钾或氟化汞,副产物包括 FSSF、SSF$_2$、SF$_4$、SF$_3$SCl 和 FSSCl。也可以通过硫与氟化银反应或 SF$_2$ 和 SSF$_2$ 的光聚合制备少量 FSSF$_3$。

$$2SF_2 \rightleftharpoons FSSF_3 \tag{2-268}$$

FSSF$_3$ 的熔点为 -98℃,沸点为 39℃,在标准状况下是液体,密度为 1.81 g·cm^{-3}。FSSF$_3$ 液体不稳定,但在低温(低于 -74℃)、固体状态或溶于其他氟化硫液体中时稳定。

SF$_2$ 与 FSSF$_3$ 发生歧化反应。

$$SF_2 + FSSF_3 \rightleftharpoons FSSF + SF_4 \tag{2-269}$$

副反应还生成中间体 F$_3$SSSF$_3$。

FSSF$_3$ 很容易水解;与氧气反应生成亚硫酰氟,这是唯一一种能自发进行这一反应的氟化硫;FSSF$_3$ 在高温下与铜反应生成氟化铜和硫化铜。

5) 六氟化硫

六氟化硫(SF$_6$)是目前唯一已知的硫的六卤化物,其分子为八面体形结构[150],具有 6 个 sp^{3}d^2 杂化轨道,S—F 键键长为 156 pm±2 pm。

六氟化硫可由硫和氟直接化合制得。

$$S + 3F_2 \rlap{=\!=\!=} SF_6 \tag{2-270}$$

在溴存在下，六氟化硫可在较低温度(100℃)下由 SF_4 和 CoF_3 合成。

$$2CoF_3 + SF_4 + [Br_2] \rlap{=\!=\!=} SF_6 + 2CoF_2 + [Br_2] \tag{2-271}$$

SO_2 在过量的 F_2 中燃烧可生成 SF_6。反应温度约 650℃，产物在冷阱中凝聚，除 SF_6 外，主要杂质是 SO_2F_2。

六氟化硫在通常状况下为无色、无味、无毒性的气体，是最强效的温室气体[151]。熔点为 –64℃，沸点为 –50.8℃，于常压下 –63.7℃时升华。在 20℃ 和 0.1 MPa 下密度为 $6.1 \text{ g} \cdot \text{L}^{-1}$，约为空气密度的 5 倍。它不溶于水，微溶于醇及醚，可溶于氢氧化钾。介电常数很小，在 300.7 K 和 94.4 kPa 下为 1.00191。六氟化硫分子中 S—F 键的键能较大($242.7 \text{ kJ} \cdot \text{mol}^{-1}$)，而且分子中硫的配位数已经饱和，空间位阻也较大，所以它化学惰性大，有很高的热稳定性。它与熔融的氢氧化钾或 773 K 的水蒸气都不发生反应，在干燥的条件和 383 K 下与铜、铝等金属也不发生反应。它与 O_2 的反应只在用电引爆铂丝时才能进行。由于六氟化硫的惰性和高的介电强度，可在高压发电系统或其他电器设备中充作优良的气体绝缘体。

六氟化硫能与沸腾的金属钠反应。

$$SF_6 + 8Na \rlap{=\!=\!=} Na_2S + 6NaF \tag{2-272}$$

六氟化硫在 673 K 下与硫化氢反应，生成硫和氟化氢。

$$SF_6 + 3H_2S \rlap{=\!=\!=} 4S + 6HF \tag{2-273}$$

六氟化硫与三氧化硫于 523 K 下缓慢作用，生成二氟二氧化硫。

$$SF_6 + 2SO_3 \rlap{=\!=\!=} 3SO_2F_2 \tag{2-274}$$

> **思考题**
>
> 2-9　O 与 S 在同一族，为什么 SF_6 等化合物能存在，而 OF_6 等化合物不能存在？

6) 十氟化二硫

十氟化二硫(S_2F_{10})由 Denbigh 和 Whytlaw-Gray 于 1934 年发现[152]。S_2F_{10} 分子中，每个硫原子周围都以八面体的方式排列着 5 个氟原子，它的结构式可写作 $F_5S—SF_5$，其中 S—S 键键长为 221 pm±3 pm，S—F 键键长为 156 pm±2 pm，结构见表 2-17。

S_2F_{10} 可由光化学反应制得[153]。例如：

$$2SBrF_5 \rlap{=\!=\!=} S_2F_{10} + Br_2 \tag{2-275}$$

$$2SClF_5 + H_2 \rightleftharpoons S_2F_{10} + 2HCl \qquad (2\text{-}276)$$

S_2F_{10} 在标准状况下是无色、易挥发的液体，熔点为 −53℃，沸点为 30.2℃，不溶于水，也不被水、酸、碱水解，有剧毒，有类似二氧化硫的刺激性气味。它的生理作用与光气类似，毒性大约是光气的 4 倍。273 K 时其密度为 2.08 g·cm^{-3}。

S_2F_{10} 在高温(>150℃)下分解。

$$S_2F_{10} \xrightarrow{\text{高温}} SF_6 + SF_4 \qquad (2\text{-}277)$$

在高温下，S_2F_{10} 表现出较强的氧化性。例如，在 570 K 下，S_2F_{10} 与氯气发生反应。

$$S_2F_{10} + Cl_2 \xrightarrow{\text{高温}} 2SF_5Cl \qquad (2\text{-}278)$$

S_2F_{10} 与 N_2F_4 反应，生成 SF_5NF_2。

$$S_2F_{10} + N_2F_4 \rightleftharpoons 2SF_5NF_2 \qquad (2\text{-}279)$$

2. 硫的氯化物

硫的氯化物主要有 S_2Cl_2、SCl_2 和 SCl_4 等。其与类似氟化物、溴化物的比较见表 2-19。

1) 二氯化硫

二氯化硫(SCl_2)在常温下为红色液体，具有与氯气一样的刺激性臭味。熔点为 −121℃，沸点为 59℃，在 15℃时密度为 1.621 g·cm^{-3}。与 SF_2 类似，其分子构型为 V 形，S—Cl 键键长为 201 pm，Cl—S—Cl 键键角为 103°。SCl_2 是硫的很好的溶剂。

在室温下，以痕量的 $FeCl_3$、$SnCl_4$ 或 I_2 作催化剂，硫与过量的氯反应，可以得到约含 85%的 SCl_2 平衡混合物。但在数小时内，SCl_2 即解离为 S_2Cl_2 和 Cl_2。

$$S_8 + 8Cl_2 \xrightarrow{\text{催化剂}} 8SCl_2 \qquad (2\text{-}280)$$

如果在少量 PCl_5 存在下对所得混合物进行分馏，不仅可以获得 SCl_2 纯品，而且少量 PCl_5 的存在还可使 SCl_2 稳定数周。

在 193 K 下，过量的 SCl_2 与 H_2S、H_2S_2、H_2S_3 或 H_2S_4 反应生成 $S_nCl_2(n=3\sim8)$。

$$2SCl_2 + H_2S_4 \rightleftharpoons S_6Cl_2 + 2HCl \qquad (2\text{-}281)$$

SCl_2 易发生水解。

$$SCl_2 + 2H_2O \rightleftharpoons S(OH)_2 + 2HCl \qquad (2\text{-}282)$$

$$2S(OH)_2 \rightleftharpoons H_2S_2O_3 + H_2O \qquad (2\text{-}283)$$

表 2-19 具有相似结构硫的卤化物的比较

项目	二卤化硫			二卤化二硫			四卤化硫	
	二氟化硫	二氯化硫	二溴化硫	二氟化二硫	二氯化二硫	二溴化二硫	四氟化硫	四氯化硫
英文名	sulfur difluoride	sulfur dichloride	sulfur dibromide	disulfur difluoride	disulfur dichloride	disulfur dibromide	sulfur tetrafluoride	sulfur tetrachloride
化学式	SF_2	SCl_2	SBr_2	S_2F_2	S_2Cl_2	S_2Br_2	SF_4	SCl_4
摩尔质量 /(g·mol^{-1})	70.062	102.97	191.873	102.127	135.04	223.940	108.07	173.87
分子构型								
外观	—	红色液体	气体	气体	浅黄至橘红色油状液体	黄色橙色液体	无色气体	黄色固体或液体
密度/(g·cm^{-3})	—	1.621	—	1.5	1.688	2.703	1.95(−78℃)	—
熔点/℃	—	−121	—	−133	−80	−46	−121	−31
沸点/℃	—	59	—	15	137.1	>25	−38	−20
蒸气压	—	—	—	—	0.907 kPa (20℃)	—	10.5 atm (22℃)	—
水溶性	与水反应	与水反应	—	与水反应	与水反应	与水反应	与水反应	与水反应

$$S(OH)_2 + 2H_2S_2O_3 = H_2S_5O_6 + 2H_2O \qquad (2-284)$$

SCl_2 与 $CH_2 = CH_2$ 反应,也可制得芥子气$[S(CH_2CH_2Cl)_2]$。

$$2CH_2 = CH_2 + SCl_2 = S(CH_2CH_2Cl)_2 \qquad (2-285)$$

2) 二氯化二硫

二氯化二硫(S_2Cl_2)也称一氯化硫(SCl),分子结构为 Cl—S—S—Cl 型[154],类似于 H_2O_2 的结构,二面角为 85.2°,Cl—S—S 键键角为 107.7°,S—S 键键长为 195 pm,S—Cl 键键长为 206 pm。它的熔、沸点分别为 −80℃、137.1℃,常温下为橘红色油状液体,有窒息性恶臭,298 K 时密度为 $1.688\ g\cdot cm^{-3}$。与 SCl_2 一样,S_2Cl_2 也是很好的溶剂。当紫外线辐射时,二氯化二硫形成另一种很少见的异构体 $S=SCl_2$。

将熔融的硫用干燥的氯气(适量)进行氯化,可得到二氯化二硫(S_2Cl_2)。

$$S_8 + 4Cl_2 = 4S_2Cl_2 \qquad (2-286)$$

S_2Cl_2 在潮湿的空气中会发生缓慢的水解。

$$16S_2Cl_2 + 16H_2O = 8SO_2 + 32HCl + 3S_8 \qquad (2-287)$$

S_2Cl_2 液体能溶解 S 单质。

$$S_2Cl_2 + nS = S_{2+n}Cl_2 \qquad (2-288)$$

S_2Cl_2 与硫化氢反应生成 H_2S_4 和 HCl。

$$2H_2S + S_2Cl_2 = H_2S_4 + 2HCl \qquad (2-289)$$

3) 四氯化硫

四氯化硫(SCl_4)的结构可能是 $SCl_3^+Cl^-$ [155],其熔点为 −31℃。SCl_4 只在低温下稳定,超过 −20℃就分解为 SCl_2 和 Cl_2。−80℃下用 Cl_2 处理硫的氯化物(如 S_2Cl_2),可得到 SCl_4。

$$S_2Cl_2 + 3Cl_2 = 2SCl_4 \qquad (2-290)$$

SCl_4 易水解。

$$SCl_4 + 2H_2O = SO_2 + 4HCl \qquad (2-291)$$

SCl_4 可以被硝酸氧化。

$$SCl_4 + 2HNO_3 + 2H_2O = H_2SO_4 + 2NO_2\uparrow + 4HCl \qquad (2-292)$$

3. 硫的溴化物

1) 二溴化硫

在通常条件下，只有少数硫的溴化物是稳定的。二溴化硫(SBr_2)是一种有毒气体。其分子结构类似于 SF_2 和 SCl_2，呈 V 形(表 2-19)。SBr_2 容易分解为 S_2Br_2 和 Br_2。与二氯化硫类似，二溴化硫水解生成溴化氢、二氧化硫和硫。SBr_2 可通过 SCl_2 与 HBr 反应制备，但由于其快速分解，无法在标准条件下分离，而是获得了更稳定的 S_2Br_2。

2) 二溴化二硫

二溴化二硫(S_2Br_2)在室温下为黄棕色液体，熔点为 −46℃。20℃时密度为 2.703 $g·cm^{-3}$。分子结构类似于二氯化二硫(S_2Cl_2)[156]，二面角为 84°，Br—S—S 键键角为 105°，S—S 键键长为 198 pm，S—Br 键键长为 224 pm。当温度低于 90℃ 时，二溴化二硫能稳定存在。

将溴与过量的硫封闭于管内加热，然后减压蒸馏，可得到二溴化二硫(S_2Br_2)。为获得纯度较高的二溴化二硫，可通过溴化氢与纯硫的氯化物反应制取。

$$S_2Cl_2 + 2HBr \Longrightarrow S_2Br_2 + 2HCl \tag{2-293}$$

在通常情况下能稳定存在的硫的碘化物迄今仍未得到。已知的二碘化二硫(S_2I_2)在 −30℃分解。

2.4.2 硒的卤化物

硒、碲和钋的卤化物除已知的 +1、+2、+4 和 +6 氧化态外，还制备得到了表观氧化态小于 1 的碲的低卤化物。所有的卤化物都是共价性占优势，具有明显的挥发性且易水解，路易斯酸碱性也是一个特征。这些卤化物中，+4 氧化态是热力学最稳定的，较低氧化态的氟化物似乎难以形成，而最高氧化态的氯化物、溴化物和碘化物均未发现。

硒与硫类似，能形成很多不同的卤化物，其中氟化物有二氟化二硒、二氟化硒、四氟化硒和六氟化硒，氯化物有二氯化二硒和四氯化硒，溴化物有二溴化二硒和四溴化硒。它们的比较汇总在表 2-20 中。

1. 硒的氟化物

1) 二氟化二硒

二氟化二硒(Se_2F_2)也称为一氟化硒，结构为 F—Se—Se—F，也类似于 H_2O_2。

第 2 章 氧族元素的简单化合物

表 2-20 硒的卤化物的比较

项目	二卤化二硒		二卤化硒			四卤化硒			六卤化硒
	二氟化二硒	二氯化二硒	二溴化二硒	二氟化硒	二氯化硒	二溴化硒	四氟化硒	四氯化硒	四溴化硒	六氟化硒
英文名	selenium monofluoride	selenium monochloride	selenium monobromide	selenium difluoride	selenium dichloride	selenium dibromide	selenium tetrafluoride	selenium tetrachloride	selenium tetrabromide	selenium hexafluoride
化学式	Se$_2$F$_2$	Se$_2$Cl$_2$	Se$_2$Br$_2$	SeF$_2$	SeCl$_2$	SeBr$_2$	SeF$_4$	SeCl$_4$	SeBr$_4$	SeF$_6$
摩尔质量 /(g·mol^{-1})	195.92	228.83	317.73	116.96	149.87	238.779	154.954	220.771	398.576	192.9534
分子构型										
外观	—	红棕色油状液体	红色油状液体	—	—	—	无色液体	白色至黄色晶体	橘红色固体	无色气体
密度 /(g·cm^{-3})	—	2.7441	3.604	—	—	—	2.77	2.6	1.029	0.007887
熔点/℃	—	−85	225~230	—	—	—	−13.2	191.4(升华)	75	−39
沸点/℃	—	127	—	—	—	—	101	—	115	−34.5
水溶性	—	不溶	—	—	—	—	—	分解	—	不溶

二面角为 90°，F—Se—Se 键键角 100°，Se—Se 键和 Se—F 键键长分别为 225 pm 和 117 pm。由 Se—F 键的力常数 325 N·m^{-1} 判断，它应该是稳定的物种，但其过于活泼，以致还不能分离成纯态并制得可供性质研究的量。硒与经氩气充分稀释的氟在 483 K 反应，低温捕集产物，获得极少量的 Se$_2$F$_2$ 和 SeF$_2$ 的混合物。与 S$_2$F$_2$ 的性质类似，在紫外光作用下部分转变为具有 C_{2v} 对称性的 Se=SeF$_2$。

2) 二氟化硒

硒的二卤化物类似物可与一卤化硒和四卤化硒在蒸气相或 CCl$_4$、硝基苯等溶液中平衡地存在，它们还可以作为晶态的四甲基硫脲配合物而被稳定，但未能分离出纯的二卤化物。二氟化硒(SeF$_2$)的结构在其与 Se$_2$F$_2$ 的混合物中被表征，分子对称性为 C_{2v}，Se—F 键键长为 169 pm，键角为 94°。二碘化硒也未被分离出来，但其可存在于碘和硒的 CS$_2$ 溶液中。

3) 四氟化硒

四氟化硒(SeF$_4$)中 Se 的氧化数为 +4。气相分子构型类似于 SF$_4$，为变形四面体或包括赤道孤对电子的变形三方双锥(图 2-31)，对称性属 C_{2v} 点群。轴向 Se—F 键键长为 177 pm，F—Se—F 键键角为 169.2°。另外两个氟原子通过较短的键(168 pm)与 Se 连接，F—Se—F 键键角为 100.6°。在液态有双聚分子存在，双聚分子的对称性为 C_{2v} 或 $C_{2\delta}$。在低浓度的溶液中，这种单体结构占主导地位。在固体中，硒中心也具有扭曲的八面体环境。

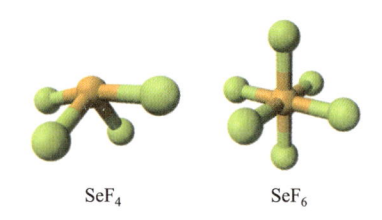

图 2-31 SeF$_4$ 和 SeF$_6$ 的立体结构

SeF$_4$ 是无色发烟的液体，凝固时为吸潮的白色固体。熔点和沸点分别为 −13.2℃ 和 101℃。与乙醚、乙醇、IF$_5$ 及 H$_2$SO$_4$ 完全互溶，适量溶于 CCl$_4$、CHCl$_3$ 和 CH$_3$F。液态 SeF$_4$ 有一定的解离，得到 SeF$_3^+$ 和 F$^-$(或 SeF$_5^-$)，在氢氟酸中存在平衡。

四氟化硒的制备通常可将被氮气稀释的氟与硒直接化合或用金属及非金属氟化物对硒或其氧化物进行氟化[157-158]，然后用真空蒸馏或升华法将产物提纯。例如：

$$Se + 2F_2 \rightleftharpoons SeF_4 \tag{2-294}$$

$$SF_4 + SeO_2 \rightleftharpoons SeF_4 + SO_2 \tag{2-295}$$

$$3Se + 4ClF_3 \rightleftharpoons 3SeF_4 + 2Cl_2 \tag{2-296}$$

SeF$_4$ 的化学性质相当活泼，遇水迅速水解为 H$_2$SeO$_3$ 和 HF；与 AsH$_3$、H$_2$S、

H₂Se 或 KI 等作用可被还原成单质；它是有用的氟化剂，如能腐蚀玻璃和 SiO₂，生成 SiF₄；SeF₄ 在 353 K 与 TeO₂ 平稳地反应，定量地生成 TeF₄ 和 SeOF₂。

SeF₄ 具有路易斯两性，可与某些路易斯酸如 BF₃、SbF₅、AsF₅、NbF₅ 和 TaF₅ 等形成配合物[159]。例如，SeF₄·BF₃ 在液态 HF 中有如下平衡：

$$(SeF_4 \cdot BF_3)_2 \rightleftharpoons (SeF_3)_2 \cdot BF_4^+ + BF_4^- \quad (2-297)$$

与路易斯碱也可形成配合物。与碱金属、铵和烷基铵的氟化物形成的配合物是离子型配盐，通式为 MSeF₅[M = Li、Na、K、Rb、Cs、NH₄、(CH₃)₄N、(C₂H₅)₄N 和(C₄H₉)₄N 等]，均含有阴离子 SeF_5^-。

4) 六氟化硒

六氟化硒(SeF₆)在室温下为无色气体，有类似于氢化物的臭味。其分子构型为正八面体(图 2-31)，Se—F 键键长为 168.8 pm。它们在低温和常压下直接冷凝为白色挥发性固体，并可形成立方晶系晶体。由于不可极化的氟原子包围着硒原子，减弱了分子间的作用力，因此它们具有较低的沸点和较高的挥发性。

硒与氟单质直接化合可制备 SeF₆[160]。用 BrF₃ 对二氧化硒进行氟化，也可制得相应的六氟化物。

$$2BrF_3 + SeO_2 = SeF_6 + O_2 + Br_2 \quad (2-298)$$

SeF₆ 微溶于水，但几乎不发生水解，不腐蚀玻璃且不与空气和 SO₂ 作用，但是它有毒。SeF₆ 是各种卤化硒中化学活性最小的，但比惰性的 SF₆ 略活泼，S、Se 和 Te 的六氟化物的化学活性顺序为 TeF₆ > SeF₆ > SF₆。

在某些化学反应中，SeF₆ 既起氧化剂又起氟化剂的作用。例如，SeF₆ 与固体 KCl(773 K)、KBr(573 K)或 KI(室温)可发生卤素取代反应，生成氟化钾，且本身被还原成较低价的卤化硒或硒。

$$SeF_6 + 6KCl = 6KF + SeCl_4 + Cl_2 \quad (2-299)$$

$$2SeF_6 + 12KBr = 12KF + Se_2Br_2 + 5Br_2 \quad (2-300)$$

$$SeF_6 + 6KI = 6KF + Se + 3I_2 \quad (2-301)$$

反应(2-301)也可在溶液中缓慢发生，可用于 SeF₆ 的分析。

SeF₆ 与钾(333 K)、钠或锂(约 773 K)反应生成碱金属(M)的硒化物和氟化物。

$$8M + SeF_6 = M_2Se + 6MF \quad (2-302)$$

SeF₆ 在室温下能被汞还原，在中温下被砷、锑、硅及 NH₃ 等还原成硒，并将这些单质或化合物转变成氟化物。SeF₆ 与 AsH₃ 或硒作用，生成 SeF₄。

$$SeF_6 + 6Hg = 3Hg_2F_2 + Se \quad (2-303)$$

$$SeF_6 + 2NH_3 =\!=\!= 6HF + Se + N_2 \qquad (2\text{-}304)$$

$$2SeF_6 + Se =\!=\!= 3SeF_4 \qquad (2\text{-}305)$$

2. 硒的氯化物

1) 二氯化二硒

二氯化二硒(Se_2Cl_2)也称为一氯化硒,为红棕色油状液体,具有类似 H_2O_2 和 S_2Cl_2 等的结构,构型为 Cl—Se—Se—Cl[161],分子对称性属 C_2 点群,分子的二面角为 87°,Se—Se 键键长为 220 pm。

一氯化硒最初是由硒氯化产生的。改进的方法是硒与二氧化硒和盐酸的混合物反应[162]。

$$3Se + SeO_2 + 4HCl =\!=\!= 2Se_2Cl_2 + 2H_2O \qquad (2\text{-}306)$$

第二种合成方法是硒与发烟硫酸和盐酸反应。

$$2Se + 2SO_3 + 3HCl =\!=\!= Se_2Cl_2 + H_2SO_3 + SO_2(OH)Cl \qquad (2\text{-}307)$$

在乙腈溶液中,Se_2Cl_2 与 $SeCl_2$ 和 $SeCl_4$ 平衡存在。$SeCl_2$ 在室温下几分钟后分解为 Se_2Cl_2 和 $SeCl_4$。

$$3SeCl_2 =\!=\!= Se_2Cl_2 + SeCl_4 \qquad (2\text{-}308)$$

Se_2Cl_2 不太稳定,有被氧化和还原的倾向。在沸点时歧化为硒和四卤化硒,在水中按类似的方式水解。

$$2Se_2Cl_2 \rightleftharpoons 3Se + SeCl_4 \qquad (2\text{-}309)$$

$$2Se_2Cl_2 + 2H_2O =\!=\!= SeO_2 + 3Se + 4HCl \qquad (2\text{-}310)$$

Se_2Cl_2 与相应的卤素作用,可氧化为四卤化硒。

Se_2Cl_2 与臭氧的反应如下:

$$2Se_2Cl_2 + 6O_3 =\!=\!= SeCl_4 + 3SeO_2 + 6O_2 \qquad (2\text{-}311)$$

Se_2Cl_2 与许多金属或非金属作用,还原成硒并生成相应的卤化物,是一种很好的卤化剂。

一卤化硒与氮和硫能形成一系列有趣的环状化合物。例如,无水液氨可将 Se_2Cl_2 还原成硒,但在 CCl_4 溶液的氨溶液中生成环状的 Se_4N_4,在乙醚的氨溶液中于 193 K 反应,可得到最简式为 Se_2NCl 的化合物。

Se_2Cl_2 是较弱的路易斯碱,可与强路易斯酸形成离子型配合物。例如,Se_2Cl_2 与 BCl_3 或 $SbCl_5$ 及 $SnCl_4$ 或 $TiCl_4$ 分别形成 1∶1 和 2∶1 的配合物。Se_2Cl_2 也是路易斯酸,它与有机叔碱的晶状配合物 $Se_2Cl_2 \cdot 2B$(B 为有机叔碱)比与 BCl_3 或 $SbCl_3$ 形成的配合物对热更稳定。它们在质子惰性溶剂中可以以[Se₂Cl·2B]⁺和Cl⁻的形式存在。

2) 四氯化硒

气态四氯化硒(SeCl₄)分子具有变形三角双锥构型，赤道的一个位置被孤对电子占有，对称性为 C_{2v}（与氟化物类似）。在液态和固态时，两者都是离子型的，含有 $SeCl_3^+$ 和 Cl⁻，$SeCl_3^+$ 为三角锥形，有 C_{3v} 对称性。形成单斜晶系晶体，晶胞参数：$a = 1646$ pm，$b = 973$ pm，$c = 1493$ pm，$\beta = 117°$，$z = 16$[163]；固体 SeCl₄ 的结构实际上是一个四聚立方烷型簇，其中 SeCl₆ 八面体的 Se 原子位于立方体的四个角上，架桥 Cl 原子位于其他四个角上。桥接 Se—Cl 距离比终端 Se—Cl 距离长，但所有 Cl—Se—Cl 角度约为 90°(图 2-32)。

图 2-32　SeCl₄ 的结构

在无水条件下通氯气与硒直接反应得到四氯化硒，若将硒分散于甲醇、乙醇、丙醇、丙酮、乙酸或四氯化碳等有机溶剂中进行氯化，可提高反应速率。

单质 Se 与 Cl₂[164]、单质 Se 或二氧化硒与 SCl₂、ICl、CCl₄、C₂Cl₄、CHCl₃、PCl₅、SOCl₂、NH₄Cl、FeCl₃ 或 Hg₂Cl₂ 等氯化剂在 373～873 K 反应。例如：

$$Se + 4SCl_2 = SeCl_4 + 2S_2Cl_2 \qquad (2\text{-}312)$$

$$SeO_2 + CCl_4 = SeCl_4 + CO_2 \qquad (2\text{-}313)$$

将氯气通入 Se₂Cl₂，在 CS₂ 或 C₂H₅Br 溶液中反应，用 CS₂ 洗涤滤出的产物，可除去残余的 Se₂Cl₂。

$$Se_2Cl_2 + 3Cl_2 = 2SeCl_4 \qquad (2\text{-}314)$$

SeCl₄ 是白色到黄色、有挥发性、吸湿和易水解的固体。SeCl₄ 适量溶于非极性有机溶剂。在高温下不稳定，气态 SeCl₄ 几乎完全分解为 SeCl₂ 和 Cl₂。

SeCl₄ 水解为二氧化物或含氧酸。

$$SeCl_4 + 2H_2O = SeO_2 + 4HCl \qquad (2\text{-}315)$$

SeCl₄ 与无水液氨作用，转变成爆炸性很强的氮化物 Se₄N₄。

$$12SeCl_4 + 64NH_3 = 3Se_4N_4 + 48NH_4Cl + 2N_2 \qquad (2\text{-}316)$$

SeCl₄ 与气态氨作用，均还原成单质。

SeCl₄ 是强的氯化剂，可将许多元素的单质和氧化物转变成相应的氯化物或氯氧化物。例如，SeCl₄ 可将 SeO₂ 转化成 SeOCl₂，将 TeO₂ 转化成 TeCl₄；硫化氢也能将 SeCl₄ 还原成单质。对单质的氯化伴随着氧化还原过程：SeCl₄ 与硒作用，生成 Se₂Cl₂。

SeCl₄ 也具有路易斯两性，可与路易斯酸或路易斯碱形成配合物，另外形成三角锥形阳离子 $SeCl_5^+$ 的倾向也很大。

3. 溴化硒

1) 二溴化二硒

二溴化二硒(Se_2Br_2)也称为一溴化硒，标准状况下为红色油状液体。其分子结构与 Se_2Cl_2 相似[161]。晶体有 $\alpha\text{-}Se_2Br_2$ 和 $\beta\text{-}Se_2Br_2$ 两种异构体。

Se_2Br_2 可通过化学计量的 Se 和 Br_2 反应制得。

$$2Se + Br_2 = Se_2Br_2 \qquad (2\text{-}317)$$

与 Se_2Cl_2 非常相似，Se_2Br_2 也不稳定，在沸点时发生歧化。

$$2Se_2Br_2 \rightleftharpoons 3Se + SeBr_4 \qquad (2\text{-}318)$$

Se_2Br_2 可水解。

$$2Se_2Br_2 + 2H_2O = SeO_2 + 3Se + 4HBr \qquad (2\text{-}319)$$

Se_2Br_2 与 Br_2 发生氧化加成，生成四溴化硒。

$$Se_2Br_2 + 3Br_2 = 2SeBr_4 \qquad (2\text{-}320)$$

Se_2Br_2 与臭氧反应。

$$2Se_2Br_2 + 6O_3 = SeBr_4 + 3SeO_2 + 6O_2 \qquad (2\text{-}321)$$

Se_2Br_2 与许多金属或非金属作用，还原成硒并生成相应的卤化物，是一种很好的溴化剂。

2) 四溴化硒

四溴化硒存在两种晶体，黑色三方晶系的 $\alpha\text{-}SeBr_4$ 和橘红色单斜晶系的 $\beta\text{-}SeBr_4$[165]，都具有类似四聚立方烷的 Se_4Br_{16} 单元，但它们的排列方式不同。

硒与单质溴直接化合制备 $SeBr_4$。

用氢溴酸溶解二氧化硒，然后用乙醚、酯、烷烃或 CCl_4 萃取含硒的溶液，蒸发萃取液可得 $SeBr_4$；将溴加入 Se_2Br_2 的 CS_2、$CHCl_3$ 或 C_2H_5Br 溶液中，蒸发溶液析出 $SeBr_4$。

$SeBr_4$ 的热稳定性比相应的 $SeCl_4$ 低，室温时即明显分解，在 343~353 K 几乎完全分解成 Se_2Br_2 和 Br_2。$SeBr_4$ 易溶于 CS_2、CCl_4、$CHCl_3$ 和 C_2H_5Br。

$SeBr_4$ 和 $SeCl_4$ 的化学性质非常相似。它们都吸湿并可完全水解。$SeBr_4$ 在 CS_2 溶液中与气态氨反应生成 Se_4N_4。在 $CHCl_3$ 溶液中，$SeBr_4$ 可被 H_2S 还原成单质。

$SeBr_4$ 也具有路易斯两性，在氢溴酸中与碱金属、铵及烷基铵溴化物形成离子型配合物 M_2SeBr_6。在某些极性非水溶剂中能形成 $(SeBr_3 \cdot 2L)^+Br^-$ 和 $(SeBr_3 \cdot L'')^+Br^-$ 型的溶剂合物（L = 乙腈、丙酮、硝基甲烷、二甲亚砜、吡啶、二甲基甲酰胺；L'' = 联吡啶）。$SeBr_4$ 能与 $AlBr_3$ 形成 $(SeBr_3)^+(AlBr)^-$。

2.4.3 碲的卤化物

Te 能形成各种卤化物，有低卤化碲，包括 Te$_2$X(X = Cl、Br、I)和 Te$_3$Cl$_2$；有一溴化碲、一氯化碲和一碘化碲等一卤化碲；有二卤化碲(二氯化碲和二溴化碲)；有四卤化碲(四氟化碲、四氯化碲和四溴化碲)；还有六卤化碲(六氟化碲)。它们的比较汇总在表 2-21 中。

1. 低卤化碲

1) Te$_2$X(X = Cl、Br、I)

碲可以形成表观氧化数小于 1 的低卤化碲[166]，已合成并确定结构的有 Te$_2$X(X = Cl、Br 和 I)和 Te$_3$Cl$_2$，但对其化学性质仍了解得很少。Te$_2$X(X = Cl、Br 和 I)形成深灰色针状正交晶系晶体，分子由一个 Te 原子链组成，X 占据一个双桥位。图 2-33 为 Te$_2$Br 的结构。

Te$_2$Cl 和 Te$_2$Br 可由单质直接合成。将碲与液态的卤素分别以 Te∶Cl = 1∶1(物质的量比，下同)和 Te∶Br = 1∶1 在接近 215℃下加热反应得到。

图 2-33 Te$_2$Br 的结构

Te$_2$I 可采用水热法在浓氢碘酸存在下由单质直接合成。Te∶I = 2.5∶1 和 HI(浓度 10 mol·L^{-1})在 553～538 K 下反应 10 天。

2) Te$_3$Cl$_2$

Te$_3$Cl$_2$ 为灰色单斜晶体。它的结构为三角双锥并沿晶体 b 轴连成 Te—Te 螺链，其中每三个 Te 中心携带两个氯配体作为重复单元(—Te—Te—TeCl$_2$—)，熔点为 238℃。它是一种半导体，带宽为 1.52 eV，比 Te 单质半导体的能带(0.34 eV)宽。单质 Te 和液氯以 Te∶Cl = 1∶1 的比例在高温下反应可制得 Te$_3$Cl$_2$。

2. 一卤化碲

一溴化碲和一氯化碲的分子式分别为 Te$_2$Br$_2$ 和 Te$_2$Cl$_2$[167]，它们都是黄色液体。Te$_2$Cl$_2$ 由聚氯化锂与 TeCl$_4$ 反应制备得到。

一碘化碲的分子式为 TeI。它是灰色固体，由碲金属和碘在氢碘酸中的水热反应制得。当该反应在 270℃左右进行时，生成 α-TeI，其为三斜晶系。当同一混合物加热至 150℃时，可获得亚稳态单斜相 β-TeI。α-TeI 是环状四聚体，并结晶成三斜晶系晶体，空间群为 $P1$ 或 $P\bar{1}$，晶胞参数为 a = 995.8 pm，b = 799.2 pm，c = 821.8 pm，$α$ = 104.37°，$β$ = 90.13°，$γ$ = 102.89°，晶胞分子数 z = 8，密度 $ρ$ = 5.49 g·cm^{-3}。β-TeI 是二聚体并形成单斜晶系晶体，空间群为 $C2/m$，a = 1538.3 pm，b = 418.2 pm，c = 1199.9 pm，$β$ = 128.09°，z = 16，$ρ$ = 5.56 g·cm^{-3}。

表 2-21 碲的卤化物的比较

项目	低卤化碲		一卤化碲	二卤化碲			四卤化碲				六卤化碲
	一溴化二碲	二氯化三碲	一碘化碲	二氯化碲	二溴化碲	四氟化碲	四氯化碲	四溴化碲	四碘化碲		六氟化碲
英文名	ditellurium bromide	tritellurium dichloride	tellurium iodide	tellurium dichloride	tellurium dibromide	tellurium tetrafluoride	tellurium tetrachloride	tellurium tetrabromide	tellurium tetraiodide		tellurium hexafluoride
化学式	Te$_2$Br	Te$_3$Cl$_2$	α-TeI	TeCl$_2$	TeBr$_2$	TeF$_4$	TeCl$_4$	TeBr$_4$	TeI$_4$		TeF$_6$
摩尔质量/(g·mol^{-1})	355.104	453.17	—	198.5	278.41	203.594	269.41	447.22	635.218		241.59
分子构型	Te 原子子链	三角双锥并沿晶体 b 轴连成 Te—Te 螺链	环状四聚体	V 形	V 形	变形四面体	变形四面体	类立方体	四聚体		八面体
外观	灰色晶体	灰色固体	灰色固体	黑色固体	褐色固体	白色晶体	淡黄色固体	黄色至橙色晶体	黑色晶体		无色气体
密度/(g·cm^{-3})	5.80	4.98	5.49	—	—	—	3.26	4.30	5.05		0.0106
熔点/℃	224	238	—	208	受热分解	129	224	388	280		−38.9
沸点/℃	—	—	—	337	—	194(分解)	380	420(分解)	118(升华)		−37.6
水溶性	—	—	—	与水反应	与水反应	—	—	—	—		分解

3. 二卤化碲

1) 二氯化碲

二氯化碲(TeCl$_2$)是无定形的黑色固体,熔点和沸点分别为208℃和337℃,其蒸气呈鲜红色。分子构型均为V形[168],属C_{2v}点群,Te—Cl键键长233 pm,键角72°。TeCl$_2$不稳定,未分离出纯的固体,它是TeCl$_4$和热Te形成的蒸气的主要成分。

$$TeCl_4 + Te = 2TeCl_2 \tag{2-322}$$

将用P$_2$O$_3$干燥过的二氯二氟甲烷(CF$_2$Cl$_2$)通入熔融的碲,可制得二氯化碲。碲与硫酰氯在303~313 K下反应也可制备TeCl$_2$。

$$2CF_2Cl_2 + Te = C_2F_4Cl_2 + TeCl_2 \tag{2-323}$$

$$SO_2Cl_2 + Te = TeCl_2 + SO_2 \tag{2-324}$$

TeCl$_2$溶于水中迅速水解并歧化为单质、H$_2$TeO$_3$及卤化氢;溶于乙醚、二丁醚、二氧六环和三氯甲烷(氯仿)等有机溶剂中也发生歧化,产物为碲和四卤化碲;溶于吡啶歧化为碲和(C$_5$H$_5$N)$_2$TeCl$_4$。TeCl$_2$易被氧化剂氧化为碲(Ⅳ)的化合物。TeCl$_2$可以被卤素氧化置换出Cl$_2$,置换能力为F>Cl>Br>I;TeCl$_2$与被N$_2$稀释的氟作用,生成TeF$_4$和Cl$_2$,被氯氧化为TeCl$_4$;与过量液态溴反应得到黄色的混合卤化物TeCl$_2$Br$_2$结晶。液态N$_2$O$_4$及液态SO$_2$或SO$_2$水溶液可将TeCl$_2$氧化成TeO$_2$。在253 K能吸收干燥的气态NH$_3$生成TeCl$_2$·2NH$_3$,与液氨或氨水作用被还原成单质。TeCl$_2$是路易斯酸,能与硫脲及其衍生物形成大量的稳定配合物。TeCl$_2$与碱金属氯化物共熔,形成组成为MTeCl$_3$(M = K、Rb和Cs)的离子型配合物,其中TeCl$_3^-$为配阴离子。

2) 二溴化碲

二溴化碲(TeBr$_2$)为褐色固体,受热即迅速歧化,因此不能测得其熔点和沸点。分子构型为V形,属C_{2v}点群,Te—Br键键长251 pm±2 pm,键角98°±3°。与TeCl$_2$的制备方法相同,可将一溴三氟甲烷(CF$_3$Br)通入熔融的碲,或使四溴化碲与分散在无水乙醚中的碲反应制得TeBr$_2$。

$$2CF_3Br + Te = C_2F_6 + TeBr_2 \tag{2-325}$$

$$TeBr_4 + Te = 2TeBr_2 \tag{2-326}$$

TeBr$_2$的化学性质与TeCl$_2$非常相似。溶于水时也迅速水解并发生歧化反应,在其他溶剂中也会发生歧化反应。也可被卤素氧化,置换出单质Br$_2$。不同的是,碘似乎不能氧化TeCl$_2$,但能将TeBr$_2$氧化为TeBr$_2$I$_2$。它也能与氨发生作用。作为路易斯酸,能与硫脲及其衍生物形成大量的稳定配合物。另外,还有一点与TeCl$_2$

不同的是，TeBr$_2$在SO$_2$水溶液中仅发生歧化反应，不会被氧化成TeO$_2$。

4. 四卤化碲

1) 四氟化碲

结晶的四氟化碲(TeF$_4$)属正交晶系，空间群为$P2_12_12_1$，晶胞参数$a = 536$ pm，$b = 622$ pm，$c = 964$ pm，$z = 4$。虽然气态TeF$_4$的分子构型与SeF$_4$相同，但在晶体中是变形四面体。每个碲原子被分布于四面体顶点的三个端基氟原子和两个桥连氟原子围绕，每个四面体通过顺式Te—F—Te桥连接成桥角为159°的链，其结构见图2-34。

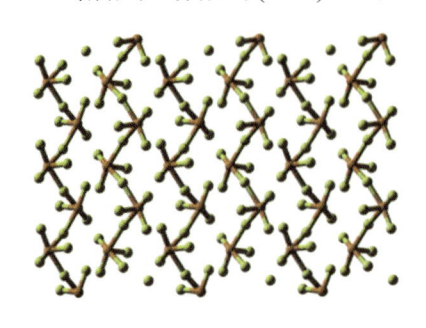

图2-34　TeF$_4$的结构

TeF$_4$的制备通常是用N$_2$气稀释的氟与碲直接化合，或用金属及非金属氟化物对碲或其氧化物进行氟化。例如：

$$2F_2 + Te \Longrightarrow TeF_4 \tag{2-327}$$

$$4ClF + Te \Longrightarrow TeF_4 + 2Cl_2 \tag{2-328}$$

$$TeO_2 + 2SF_4 \Longrightarrow TeF_4 + 2SOF_2 \tag{2-329}$$

$$TeO_2 + 2CuF_2 \Longrightarrow TeF_4 + 2CuO \tag{2-330}$$

TeF$_4$是白色吸湿的固体，熔点为129℃，其蒸气在194℃分解成TeF$_6$和Te。它的溶解性能与SeF$_4$类似。TeF$_4$的化学性质也很活泼，易水解，生成H$_2$TeO$_3$和HF；可被AsH$_3$、H$_2$S、H$_2$Se或KI等还原成单质。TeF$_4$也是一种有用的氟化剂，能将一些金属和非金属(如碱金属、Cu、Ag、Au、Hg、Ni及P等)氟化为相应的氟化物，但不与Pt作用。例如：

$$TeF_4 + 4Cu \Longrightarrow 2CuF_2 + Cu_2Te \tag{2-331}$$

与SeF$_4$一样，TeF$_4$具有路易斯两性，可与某些路易斯酸如BF$_3$、SbF$_5$、AsF$_5$、NbF$_5$和TaF$_5$等形成1∶1和1∶2的配合物；与碱金属、铵和烷基铵的氟化物形成的配合物是离子型配盐，通式为MTeF$_5$ [M = Li、Na、K、Rb、Cs、NH$_4$、(CH$_3$)$_4$N、(C$_2$H$_5$)$_4$N和(C$_4$H$_9$)$_4$N等]；与吡啶、二氧六环、(CH$_3$)$_3$N及联吡啶和四甲基乙撑二胺等单齿和双齿配体形成1∶1和1∶2的离子型配合物LTeF$_4$和L″(TeF$_4$)$_2$，可表示为(L$_2$TeF$_3$)$^+$(TeF$_5$)$^-$和(L″TeF$_3$)$^+$·(TeF$_5$)$^-$。

2) 四氯化碲

四氯化碲(TeCl$_4$)在气相中为单体，其结构类似于SF$_4$，具有变形四面体构型，赤道的一个位置被孤对电子占有，对称性为 C_{2v}。在液态和固态时是离子型的，含有 $TeCl_3^+$ 和 Cl^-，$TeCl_3^+$ 为三角锥形，有 C_{3v} 对称性。$TeCl_4$ 形成单斜晶系晶体，空间群为 $C2/c$，晶胞参数分别为 a = 1707.6 pm，b = 1040.4 pm，c = 1525.2 pm，β = 116.82°，z = 16。$TeCl_4$ 实际上是以四聚体存在于晶体中，每个碲原子与平均键长为 231.1 pm 的三个端基氯原子($TeCl_3^+$)及平均键长为 292.9 pm 的三个成桥氯原子($TeCl_3^+ \cdots 3Cl^-$)相连，具有八面体环境，并通过成桥氯原子组成 Te_4Cl_6 类立方烷结构(图 2-35)。

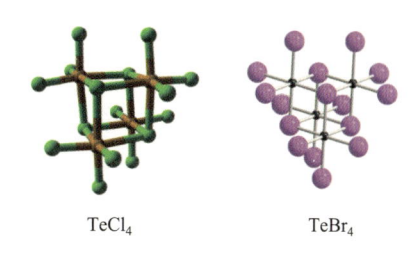

图 2-35 $TeCl_4$ 和 $TeBr_4$ 的结构

在无水条件下，氯气与碲(室温)直接反应可制备 $TeCl_4$。

$$Te + 2Cl_2 \Longrightarrow TeCl_4 \tag{2-332}$$

碲单质或二氧化物与 SCl_2、Hg_2Cl_2 等氯化剂反应也可制备 $TeCl_4$。例如：

$$Te + 4SCl_2 \Longrightarrow TeCl_4 + 2S_2Cl_2 \tag{2-333}$$

用 Cl_2 氧化 $TeCl_2$ 可生成 $TeCl_4$。

$$TeCl_2 + Cl_2 \Longrightarrow TeCl_4 \tag{2-334}$$

$TeCl_4$ 是淡黄色、挥发性、吸湿和易水解的固体。$TeCl_4$ 适量溶于非极性有机溶剂。在 773 K 以下有少量分解。水解反应为

$$TeCl_4 + 2H_2O \Longrightarrow TeO_2 + 4HCl \tag{2-335}$$

$TeCl_4$ 与无水液氨反应生成爆炸性很强的氮化物 Te_3N_4(或 Te_4N_4)；与气态氨反应被还原成单质；硫化氢也能将 $TeCl_4$ 还原成单质。

与 $SeCl_4$ 一样，$TeCl_4$ 是强的氯化剂，可将许多元素的单质和氧化物转变成相应的氯化物或氯氧化物。例如，$TeCl_4$ 与碲作用，生成 Te_3Cl_2；$TeCl_4$ 在 553 K 与 TeO_2 反应，生成复杂的卤氧化物 $Te_6O_{11}Cl_2$。

$$TeCl_4 + 11TeO_2 \Longrightarrow 2Te_6O_{11}Cl_2 \tag{2-336}$$

$TeCl_4$ 也具有路易斯两性，可与路易斯酸或路易斯碱形成配合物。

3) 四溴化碲

四溴化碲($TeBr_4$)的分子和晶体结构与 $TeCl_4$ 相同，单分子和四聚体均以离子形式 $TeBr_3^+Br^-$ 和 $[TeBr_3^+Br^-]_4$ 存在，也具有类立方烷结构(图 2-35)，其单斜晶胞参数为 a = 1775 pm，b = 1089 pm，c = 1588 pm，β = 116.50°，z = 16，ρ = 4.30 g·cm^{-3}。

碲单质与溴直接化合可制备 $TeBr_4$。氢溴酸与 TeO_2 反应，或溴化碘与碲反应，或 BBr_3 与 TeO_2 反应也可制得 $TeBr_4$。

$$TeO_2 + 4HBr = TeBr_4 + 2H_2O \qquad (2\text{-}337)$$

$$Te + 4IBr = TeBr_4 + 2I_2 \qquad (2\text{-}338)$$

$$3TeO_2 + 4BBr_3 = 3TeBr_4 + 2B_2O_3 \qquad (2\text{-}339)$$

TeBr$_4$ 为黄色固体，热稳定性比相应的四氯化物低，在 553 K 以上分解，它在溴蒸气中于 736 K 下熔化，687～700 K 沸腾，其蒸气几乎完全分解为 Br$_2$ 和 TeBr$_2$。TeBr$_4$ 溶于 CHCl$_3$ 和乙醚，但不溶于 CCl$_4$。

TeBr$_4$ 与 TeCl$_4$ 的化学性质非常相似，TeBr$_4$ 吸潮并可完全水解，与无水液氨反应生成 Te$_3$N$_4$。在 CHCl$_3$ 溶液中，TeBr$_4$ 可被 H$_2$S 还原成单质。它也具有路易斯两性，在氢溴酸中与碱金属、铵及烷基铵溴化物形成离子型配合物 M$_2$XBr$_6$。

4) 四碘化碲

与 TeCl$_4$ 和 TeBr$_4$ 类似，TeI$_4$ 在晶体中也以四聚体[TeI$_3^+$I$^-$]$_4$ 形式存在，但不是类立方烷结构。在 Te$_4$I$_{16}$ 结构单元中，每个碲原子与六个碘原子配位，构成畸变的四方双锥。与一个、两个和三个碲原子相连的三种 I—Te 键的平均键长依次为 276.8 pm、310.8 pm 和 322.7 pm，I⋯I 间距为 398.1～454.0 pm。

TeI$_4$ 可由单质在室温直接化合或用浓氢碘酸从浓原碲酸(H$_6$TeO$_6$)溶液中沉淀而得。碲与 CH$_3$I、ICN 或 P$_2$I$_4$ 在 373 K 反应也可以制备 TeI$_4$。例如：

$$Te + P_2I_4 = TeI_4 + P_2 \qquad (2\text{-}340)$$

TeI$_4$ 是黑色易挥发的固体，加热不稳定。TeI$_4$ 在封管中的熔点为 280℃，常压下高于 118℃开始升华并部分分解。

$$TeI_4 = Te + 2I_2 \qquad (2\text{-}341)$$

$$TeI_4 = TeI_2 + I_2 \qquad (2\text{-}342)$$

TeI$_4$ 微溶于乙醇和丙酮，不溶于稀的无机酸、脂肪酸和各种非极性有机溶剂。TeI$_4$ 化学稳定性比 Se、Te、Po 的其他四卤化物高。例如，它在冷水中仅微微水解；在较低温度下，TeI$_4$ 与 H$_2$、H$_2$S 不反应。TeI$_4$ 在 193 K 下与液氨生成 Te$_3$N$_4$(或 Te$_4$N$_4$)，它也具有路易斯两性，在浓氢碘酸中，通常也生成配阴离子 TeI$_6^{2-}$。TeI$_4$ 与碱金属、铵和烷基铵的碘化物也生成离子型配合物 M$_2$TeI$_6$。TeI$_4$ 在丙酮、乙腈、二甲亚砜和二甲基甲酰胺等极性非水溶剂中也形成(TeI$_3$·2L)$^+$I$^-$型的离子型配合物。

5. 六氟化碲

六氟化碲(TeF$_6$)在室温下为无色气体，有类似氢化物的臭味，分子构型与 SF$_6$ 和 SeF$_6$ 类似，为正八面体。它在低温和常压下直接冷凝为白色挥发性固体，并可形成立方晶系晶体(图 2-36)，TeF$_6$ 的立方晶胞参数为 a = 633 pm±2pm，z = 2。由于不可极化的氟原子包围着硒或碲原子，减弱了分子间的作用力，因此它们具有低沸点和高挥发性。

TeF₆ 可由氟和碲在 150℃下直接化合得到[160]，也可通过 BrF₃ 与 TeO₂ 反应制得。

$$2BrF_3 + TeO_2 = TeF_6 + O_2 + Br_2 \quad (2\text{-}343)$$

与 SeF₆ 一样，TeF₆ 也不腐蚀玻璃。它与 Te 在 200℃反应也生成 TeF；与 Hg 在室温反应也生成 Hg₂F₂ 和 Te。在相同情况下，它应当比 SeF₆ 活泼一些。例如，在室温下 TeF₆ 可于 24 h 内完全水解成原碲酸 H₆TeO₆ 或 Te(OH)₆。

图 2-36　TeF₆ 的结构

$$TeF_6 + nH_2O = TeF_{6-n}(OH)_n + nHF \quad (n = 1\sim 6) \quad (2\text{-}344)$$

TeF₆ 是弱的路易斯酸。在氢氟酸中，可与 AgF、BaF₂ 或 CaF₂ 形成组成为 M⁺TeF₇⁻ (M = Ag、BaF 和 CaF)的配合物；在 C₆F₆ 中还与 CsF 和 RbF 分别生成配合物。与叔胺、吡啶或烷基二胺反应，可形成配合物 TeF₆·2R₃N(R = CH₃、C₂H₅)、TeF₆·Py 或 TeF₄[(CH₃)₂NCH₂]₂。

TeF₆ 与甲醇或在 195 K 与 R₂NSi(CH₃)₃(R = CH₃、C₂H₅)反应，分别生成甲氧基或烷基胺取代的氟化物 TeF₅(OCH₃)、TeF₄(OCH₃)₂ 或 TeF₅NR₂ 与 TeF₄(NR₂)₂ 的混合物。

2.4.4　钋的卤化物

钋的卤化物主要有二氯化钋、二溴化钋、四氯化钋、四溴化钋、四碘化钋和六氟化钋，见表 2-22。

表 2-22　钋的卤化物的比较

项目	二卤化钋		四卤化钋			六卤化钋
	二氯化钋	二溴化钋	四氯化钋	四溴化钋	四碘化钋	六氟化钋
英文名	polonium dichloride	polonium dibromide	polonium tetrachloride	polonium tetrabromide	polonium tetraiodide	polonium hexafluoride
化学式	PoCl₂	PoBr₂	PoCl₄	PoBr₄	PoI₄	PoF₆
摩尔质量 /(g·mol⁻¹)	279.91	369.791	350.79	528.62	716.62	322.97
外观	红宝石色固体	紫褐色固体	亮黄色晶体	鲜红色固体	黑色固体	白色固体
挥发性	—	—	易挥发	—	易挥发	易挥发

续表

项目	二卤化钋		四卤化钋			六卤化钋
	二氯化钋	二溴化钋	四氯化钋	四溴化钋	四碘化钋	六氟化钋
熔点/℃	355	270	300	330	—	
沸点/℃	130(升华)	110(升华)	390	360	200(升华并分解)	−40(预测)
水溶性	溶解	溶解	溶解，缓慢水解	水解	轻微水解	—

1. 二卤化钋

1) 二氯化钋

二氯化钋($PoCl_2$)晶体属于正交晶系，空间群可能是 $P222$、$Pmm2$ 或 $Pmmm$。也可能是单斜或三斜晶体，角接近 90°[169]。假设空间群是 $P222$，结构为 Po 形成的扭曲立方配位的[$PoCl_8$]单元和 Cl 形成的扭曲平面正方形配位的[$ClPo_4$](图 2-37)。

图 2-37 $PoCl_2$ 的结构

$PoCl_2$ 可通过金属钋的氯化或 $PoCl_4$ 的脱卤化获得。$PoCl_4$ 脱卤化的方法包括在 300℃下的热分解；用二氧化硫还原冷的、稍湿的 $PoCl_4$；150℃下，在一氧化碳或硫化氢气流中加热 $PoCl_4$[169]。

$PoCl_2$ 是红宝石色、吸潮的固体，在氮气气氛中于 130℃升华并略有分解。它在水或其他溶剂中不歧化，但容易氧化为钋(Ⅳ)。在无水氨气中于 473 K 加热，得到棕色的产物，可能是 $PoCl_2 \cdot NH_3$。在盐酸溶液中，可形成配阴离子 PoO_3^- 和 PoO_4^-。

2) 二溴化钋

$PoBr_2$ 是紫褐色固体，可用 SO_2(298 K)、H_2S(298 K)、CO(423 K)或 H_2(473 K) 还原四溴化钋或在 473 K 真空热分解四溴化钋制备。

$PoBr_2$ 可溶解于水和大多数酮中形成紫色的溶液。在 110℃升华且也有些分解。在氮气气氛中于 270~280℃熔融并歧化为 Po 和 $PoBr_4$。在无水氨中加热可还原成单质。在氢溴酸中也有配阴离子 $PoBr_5^-$（或[$PoBr_3(H_2O)$]$^-$）和 $PoBr_4^-$ 存在。

2. 四卤化钋

1) 四氯化钋

四氯化钋(PoCl$_4$)是亮黄色、挥发性、吸潮和易水解的固体，形成单斜或三斜晶体。

PoCl$_4$ 可通过以下方法制备：二氧化钋与干氯化氢、气态亚硫酰氯或五氯化磷发生卤化反应；金属钋在盐酸中溶解；在四氯化碳蒸气中加热二氧化钋至 200℃；200℃下金属钋与干燥氯气反应。

PoCl$_4$ 高温不稳定，熔融的 PoCl$_4$ 在 390℃时变为鲜红色，可能是由于分解为 PoCl$_2$，在 500℃以上，其蒸气由紫褐色变为蓝绿色，可能是进一步分解的结果。PoCl$_4$ 易溶于乙醇和亚硫酰氯，微溶于液态 SO$_2$。溶于水，发生水解。与无水液氨和气态氨作用，PoCl$_4$ 被还原成单质。与硫化氢将 SeCl$_4$ 和 TeCl$_4$ 还原成单质不同，PoCl$_4$ 在 423 K 时仅被硫化氢还原为 PoCl$_2$。四氯化钋与 2 mol 磷酸三丁酯形成配合物。与四氯化硒和四氯化碲一样，四氯化钋形成配阴离子 PoCl$_6^{2-}$。

2) 四溴化钋

四溴化钋(PoBr$_4$)为鲜红色固体。473～523 K 下，钋单质与溴直接化合可制备 PoBr$_4$。PoBr$_4$ 的结构尚不了解。PoBr$_4$ 仅溶于乙醇和丙酮，微溶于液态溴。它吸湿并可完全水解。热稳定性比相应的四氯化物低，但相对于 SeBr$_4$ 和 TeBr$_4$，PoBr$_4$ 更稳定。与 SeBr$_4$ 和 TeBr$_4$ 在 CHCl$_3$ 溶液中被 H$_2$S 还原成单质不同，固态的 PoBr$_4$ 在室温仅被 H$_2$S 还原成 PoBr$_2$。

3) 四碘化钋

PoI$_4$ 可形成两种晶体。一种是正交晶系晶体，空间群为 $Pnma$ 或 $Pna2_1$，晶胞参数为 $a = 1334$ pm，$b = 1673$ pm，$c = 1448$ pm，$z = 16$，$\rho = 5.145$ g·cm^{-3}；另一种是四方晶系晶体，空间群为 $I4_1/amd$，晶胞参数为 $a = 1612$ pm，$c = 1120$ pm，$z = 16$，$\rho = 5.7$ g·cm^{-3}。但正交晶系晶体更为常见。

PoI$_4$ 可由单质在 313 K 和 133.3 Pa 下直接化合或用适量氢碘酸从 PoCl$_4$ 溶液中沉淀制得。在 473～573 K 下 PoO$_2$ 与干燥 HI 气体反应也可以得到 PoI$_4$。

PoI$_4$ 为易挥发的黑色固体，微溶于乙醇、丙酮和乙酸丙酯，不溶于稀的无机酸、脂肪酸和各种非极性有机溶剂。PoI$_4$ 在高温下不稳定，在氮气中于 473 K 升华并部分分解成单质。与 TeI$_4$ 类似，其化学稳定性比 Se 和 Te 四卤化物高，如 PoI$_4$ 不与 NH$_3$ 反应，它在 0.1 mol·L^{-1} 稀盐酸中的悬浮物甚至在 373 K 也不被 SO$_2$ 或 N$_2$H$_4$ 等还原。

3. 六氟化钋

六氟化钋(PoF$_6$)是一种可能的钋和氟的化合物。1945 年曾尝试通过 F$_2$ 和 ^{210}Po

合成 $^{210}PoF_6$，但没有成功。沸点预计约为 –40℃。1960 年通过 F_2 与更稳定的同位素 ^{208}Po 的相同反应成功合成了挥发性的 $^{208}PoF_6$，但其会辐解并分解为四氟化钋[170]，并未对其进行充分表征。

2.4.5 硒、碲和钋的混合卤化物

混合卤化物是指含有两种卤素的卤化物，Se、Te、Po 可形成混合四卤化物和混合六卤化物。

1. 混合四卤化物

硒、碲和钋的混合四卤化物有两种类型，即 MX_2Y_2 和 MX_3Y（M = Se、Te 和 Po；X 和 Y 为 Cl、Br 和 I），有 $SeCl_2Br_2$、$SeCl_3Br$、$SeBr_3Cl$、$TeCl_2Br_2$、$TeBr_2I_2$、$PoCl_2Br_2$、$PoCl_2I_2$、$PoBr_2I_2$，它们的一些性质汇总于表 2-23。它们的分子构型可描述为在赤道面上有两个卤原子和一对孤对电子的三角双锥，或在轴向有一对孤对电子的变形四方锥，并具有类似于 $TeCl_4$ 的离子型结构，如 $TeCl_2Br_2$ 等。

表 2-23 硒、碲和钋的混合四卤化物

混合卤化物	化学式	外观	熔点/℃	沸点/℃
硒的混合卤化物	$SeCl_2Br_2$	黄褐色固体	—	—
	$SeCl_3Br$	黄褐色固体	208(分解)	—
	$SeBr_3Cl$	橙黄色固体	200(分解)	—
碲的混合卤化物	$TeCl_2Br_2$	黄色固体	428	395
	$TeBr_2I_2$	红色固体	323	420(分解)
钋的混合卤化物	$PoCl_2Br_2$	粉色固体	—	—
	$PoCl_2I_2$	黑色固体	—	—
	$PoBr_2I_2$	黑色固体	—	—

硒、碲和钋的一卤化物和二卤化物与不同的卤素反应，可氧化加成得到混合四卤化物。例如：

$$Se_2Br_2 + 3Cl_2 + SeBr_4 = 3SeCl_2Br_2 \quad (2\text{-}345)$$

$$TeCl_2 + Br_2(l) = TeCl_2Br_2 \quad (2\text{-}346)$$

$$TeBr_2 + I_2 = TeBr_2I_2 \quad (2\text{-}347)$$

$$Se_2Br_2 + 3Cl_2 = 2SeCl_3Br \quad (2\text{-}348)$$

$$Se_2Cl_2 + 3Br_2 = 2SeBr_3Cl \quad (2\text{-}349)$$

$$PoCl_2 + Br_2(l) =\!=\!= PoCl_2Br_2 \qquad (2\text{-}350)$$

$$PoCl_2 + I_2 =\!=\!= PoCl_2I_2 \qquad (2\text{-}351)$$

$$PoBr_2 + I_2 =\!=\!= PoBr_2I_2 \qquad (2\text{-}352)$$

混合四卤化物都易吸潮并水解，硒和碲混合四卤化物水解成亚硒酸或亚碲酸。例如：

$$TeCl_2Br_2 + 3H_2O =\!=\!= H_2TeO_3 + 2HCl + 2HBr \qquad (2\text{-}353)$$

它们也都具有路易斯酸性。$TeCl_2Br_2$ 和 $TeBr_2I_2$ 与吡啶可形成奶油色的 2∶1 固体配合物$(C_5H_5N)_2TeCl_2Br_2$ 和$(C_5H_5N)_2TeBr_2I_2$。这两个配合物也易吸潮和水解。$(C_5H_5N)_2TeCl_2Br_2$ 溶于浓的盐酸、氢溴酸和氢碘酸，可进一步加合为橙色针状晶体$(C_5H_5NH)_2TeCl_4Br_2$、红色针状晶体$(C_5H_5NH)_2TeBr_6$ 和黑色针状晶体$(C_5H_5NH)_2TeI_6$。$(C_5H_5N)_2TeBr_2I_2$ 也有类似的反应，产物分别为$(C_5H_5NH)_2TeCl_2Br_2I_2$、$(C_5H_5NH)_2TeBr_4I_2$ 和$(C_5H_5NH)_2TeI_6$。在进一步加合的同时，发生了卤离子的置换，置换顺序为 $I^->Br^->Cl^-$。

2. 混合六卤化物

已知的混合六卤化物有五氟一氯化硒(SeF_5Cl)、五氟一氯化碲(TeF_5Cl)和五氟一溴化碲(TeF_5Br)。

SeF_5Cl 为无色气体，熔点和沸点分别为 −19℃和 4.6℃，分子构型为假八面体，比 SF_5Cl 活泼，与玻璃接触即分解。合成 SeF_5Cl 最好的方法是利用 $CsSeF_5$ 与 $ClSO_3F$ 反应，SeF_5Cl 的产率可达 92%。

$$CsSeF_5 + ClSO_3F =\!=\!= CsSO_3F + SeF_5Cl \qquad (2\text{-}354)$$

SeF_5Cl 还可以通过 SeF_4 与 ClF_3 反应制得，但产率却很低。

$$2SeF_4 + ClF_3 =\!=\!= SeF_6 + SeF_5Cl \qquad (2\text{-}355)$$

TeF_5Cl 的熔点和沸点分别为 −28℃和 13.6℃，Te—F 键键长为 183.0 pm，Te—Cl 键键长为 225.0 pm，处于轴向和赤道上的两个 F 轴与 Te 原子组成的键角为 88.25°。TeF_5Cl 可通过氟在室温下与 $TeCl_4$ 反应制得，也可以通过 ClF 与 TeF_4、$TeCl_4$ 或 TeO_2 反应制得。TeF_5Cl 不稳定。

TeF_5Br 也是一种不稳定的低沸点液体，可通过氟在室温下与 $TeBr_4$ 反应制得。

思考题

2-10 试总结 S、Se、Te、Po 元素化合物性质的规律。

2.5 氧族元素间化合物

2.5.1 硫的氧化物

硫的氧化物可分为低氧化硫、二氧化硫、三氧化硫、高氧化硫，它们的结构和一些性质汇总于表 2-24。

1. 低氧化硫

低氧化硫是一些表观氧化数较低的硫的氧化物。这些物质通常不稳定，因此在日常生活中很少遇到。它们是元素硫燃烧的重要中间体，如一氧化三硫(S_3O)、一氧化二硫(S_2O)、一氧化硫(SO)及其二聚体二氧化二硫(S_2O_2)、三氧化二硫(S_2O_3)和一系列基于环状 S_n 的环硫氧化物 S_nO_x($x = 1$，2；$n = 5 \sim 10$)[171]。

1) 一氧化三硫

S_3O 是一种不稳定的分子[172]，只通过质谱法在气相中检测到，发现其环状和链状结构。

2) 一氧化二硫

S_2O、SO、S_2O_2 以气态存在，不能得到纯固体或液体。当它们凝聚时，会发生二聚和齐聚反应，通常分解产生二氧化硫和硫。在低压下，相对稳定性顺序为 $S_2O>S_2O_2>SO$[171]。在低温下才可捕获 SO 及其二聚体(S_2O_2)。

S_2O 仅以稀薄的气体形式存在。当浓缩时形成二聚体 S_4O_2。在太空中已被检测到，其他地方很少发现。S_2O 在通常状态下为无色气体，将其冷却到 77 K 时变成橙红色液体。S_2O 分子具有类似于二氧化硫(SO_2)、臭氧(O_3)和三硫(S_3)分子的 V 形结构。其中，S—S 键键长为 188 pm，S—O 键键长为 146 pm，S—S—O 键键角为 118°[173]。

在真空中将某些重金属氧化物(如 CuO 等)和硫一起加热，或使 $SOCl_2$ 通过温热的 Ag_2S，都可制得一氧化二硫。

$$3S + CuO =\!\!= S_2O + CuS \tag{2-356}$$

$$SOCl_2 + Ag_2S =\!\!= 2AgCl + S_2O \tag{2-357}$$

将二氧化硫和硫蒸气在 420~470 K 放电，也能制得一氧化二硫。

一氧化二硫在低压下可以存在数天，在常温下易分解为二氧化硫和硫。

$$2S_2O =\!\!= 3S + SO_2 \tag{2-358}$$

即使是在低温下，一氧化二硫也极易发生聚合。一氧化二硫与水作用，能发生如下反应：

表 2-24 硫的氧化物的结构及一些性质汇总

项目	低氧化硫					二氧化硫	三氧化硫	高氧化硫
	一氧化二硫	一氧化硫	二氧化二硫	三氧化二硫	环硫氧化物	二氧化硫	三氧化硫	四氧化硫
英文名	disulfur monoxide	sulfur monoxide	disulfur dioxide	sulfur sesquioxide	cyclic S_nO_x	sulfur dioxide	sulfur trioxide	sulfur tetraoxide
化学式	S_2O	SO	S_2O_2	S_2O_3	S_nO_x ($x=1, 2$; $n=5\sim10$)	SO_2	SO_3	SO_4
摩尔质量 /(g·mol^{-1})	80.1294	48.064	96.1229	112.117	272.479(S_8O)	64.066	80.066	96.056
分子构型		S=O		—				
外观	无色气体	无色气体	气体	蓝绿色固体	橙色固体	无色气体	无色至白色固体	
密度/(g·cm^{-3})	—	—	—	—	—	2.6288	1.92	
熔点/℃	—	—	—	15(分解)	78(分解)	−72	16.9	
沸点/℃	—	—	—	—	—	−10	45	
水溶性	—	与水反应	—	溶于水	—	溶于水	与水反应	

$$S_2O + 2H_2O \rightleftharpoons H_2S + H_2SO_3 \qquad (2\text{-}359)$$

3) 一氧化硫和二氧化二硫

SO 为无色、有特殊的类似于硫化氢臭味的气体。SO 比 S_2O 更不稳定,易发生聚合,其二聚体为 S_2O_2。两者的寿命都非常短(以毫秒计)。将环乙亚砜(C_2H_4SO)加热,可以得到一氧化硫(SO)。

$$C_2H_4SO \rightleftharpoons C_2H_4 + SO \qquad (2\text{-}360)$$

SO 分子中,S—O 键键长为 148 pm。其分子的偶极矩为 1.55 deb。SO 是双自由基,性质极为活泼。它与水剧烈作用,生成单质硫、硫化氢和亚硫酸,有碱类物质存在时,生成硫代酸盐。一氧化硫能溶于三氯甲烷和四氯化碳中呈黄色溶液,但放置不久就析出 $S_nO_{n-x}(0<x<n)$ 而使溶液变浑浊。

S_2O_2 的结构是具有 C_{2v} 对称性的顺式平面结构[174]。S—O 键键长为 146 pm,比 SO 的键长短;S—S 键键长为 202 pm,O—S—S 键键角为 113°。S_2O_2 的偶极矩为 3.17 deb。S_2O_2 除通过 SO 聚合得到外,还可以通过氧原子与羰基硫或二硫化碳蒸气反应、硫原子与 SO_2 反应、在氩稀释的二氧化硫中进行微波放电,或者硫化氢和氧气发生闪光光解得到。S_2O_2 的电离能为 9.93 eV±0.02 eV。在金星大气中观察到,S_2O_2 吸收 320~400 nm 的光,可能是造成金星温室效应的原因。虽然 S_2O_2 与 SO 平衡存在,但它也与 SO 反应生成 SO_2 和 S_2O。S_2O_2 可以作为过渡金属(Pt、Ir)的配体。

4) 三氧化二硫

粉状的单质硫和液态三氧化硫能发生剧烈反应生成蓝绿色固体。这个化合物已被确认为 S_2O_3[175]。它在 288 K 时即缓慢分解。如果加热则分解速度变快,生成硫、二氧化硫和三氧化硫。三氧化二硫不溶于三氧化硫。溶于水后,可在溶液中检出 SO_3^{2-} 和 SO_4^{2-}。

5) 环硫氧化物

环硫氧化物的通式为 $S_nO_x(x = 1,2; n = 5~10)$,是一系列基于环状 S_n 的氧化物[171]。已知许多单氧的环硫氧化物 S_nO,其中 $n = 5~10$,氧在硫环外。它们可以用三氟丙氧乙酸氧化 S_n 环制备[175]。

$$S_n + CF_3C(O)OOH \rightleftharpoons S_nO + CF_3C(O)OH \qquad (2\text{-}361)$$

这些化合物呈黄色或橙色,在室温附近热不稳定,见表 2-25。

表 2-25 一些环硫氧化物的颜色和熔点

分子式	颜色	熔点/℃
S_6O	黄色	39
S_7O	橙色	55

分子式	颜色	熔点/℃
S_7O_2	红橙色	60～62(分解)
S_8O	橙色	78(分解)
S_9O	深黄色	32～34
$S_{10}O$	橙色	51(分解)

2. 二氧化硫

1) 结构

SO_2 分子中硫原子采取 sp^2 杂化,在不成键的杂化轨道中有一对孤对电子,呈 V 形结构[176]。两个 S—O 键都具有相同的长度和强度,键长为 143 pm, O—S—O 键键角为 119°。硫原子和氧原子间除形成 σ 键外,还有三中心四电子离域 π 键(Π_3^4),所以 S—O 键具有双键的性质。SO_2 分子有三种共振结构,见图 2-38。

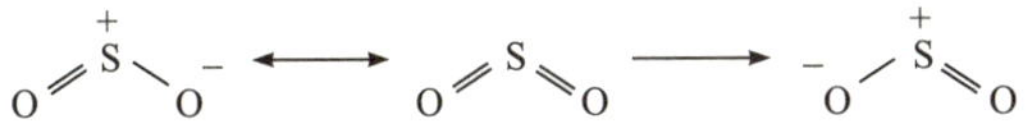

图 2-38　SO_2 分子的三种共振结构

固态二氧化硫为分子晶体,属正交晶系,每个晶胞含有 4 个二氧化硫分子,空间群为 $Pbca$,晶胞参数为 a = 607 pm, b = 594 pm, c = 614 pm。

> **思考题**
>
> 2-11　SO_2 分子中, S 原子已满足八隅体规则,为什么还可以作为路易斯酸接受电子对形成配合物?试给出 SO_2F^- 和 $(CH_3)_3NSO_2$ 可能的结构,并预测它们与 OH^- 的反应。

2) 制备

在工业上,制备二氧化硫常用燃烧法和还原法[177]。例如,通过在空气中燃烧单质硫或焙烧某些金属硫化物矿(如黄铁矿),或者使硫化氢在充足的空气中燃烧获取 SO_2。

$$4FeS_2 + 11O_2 \Longrightarrow 2Fe_2O_3 + 8SO_2 \tag{2-362}$$

$$2ZnS + 3O_2 \Longrightarrow 2ZnO + 2SO_2 \tag{2-363}$$

$$HgS + O_2 \Longrightarrow Hg + SO_2 \tag{2-364}$$

$$2H_2S + 3O_2 \Longrightarrow 2H_2O + 2SO_2 \tag{2-365}$$

也可以通过加热无水硫酸钙、焦炭和硅或铝的氧化物的混合物获取 SO_2。

$$2CaSO_4 + 2SiO_2 + C = 2CaSiO_3 + 2SO_2 + CO_2 \quad (2-366)$$

在实验室中，常用稀盐酸与亚硫酸钠反应或使铜与热的浓硫酸反应制备少量的二氧化硫。

$$H^+ + HSO_3^- = SO_2 + H_2O \quad (2-367)$$

$$Cu + 2H_2SO_4 = CuSO_4 + SO_2 + 2H_2O \quad (2-368)$$

3) 物理性质

在室温下，SO_2 为有刺鼻气味的、有毒的无色气体，密度是空气的 2.26 倍，熔点为 $-72℃$，沸点为 $-10℃$[177]。SO_2 是极性分子。在常压下于 263 K 或在常温下加压到 405 kPa 液化为无色液体。经进一步冷冻，固化为固体。气态的二氧化硫易溶于水。在通常状况下，1 体积水能溶解 40 体积 SO_2，其水溶液显酸性，加热可将溶解的二氧化硫完全除去。液态的二氧化硫只能与水有限地混溶，但它能与苯完全混溶。

4) 化学性质

由于 SO_2 中 S 的氧化数为 +4，介于 0 和 +6 之间，因此 SO_2 既具有还原性又具有氧化性[177]。氧化性反应如下：

在 813 K、氧化铝担载铜催化剂的作用下，SO_2 能迅速被 CO 氧化。

$$SO_2 + 2CO = S + 2CO_2 \quad (2-369)$$

这是从工业废气(如硫化物矿冶炼厂烟道气)中回收硫的基本反应。

SO_2 可将 H_2S 氧化为单质硫。

$$SO_2 + 2H_2S = 3S + 2H_2O \quad (2-370)$$

还原性反应如下：

SO_2 能被空气中的氧缓慢地氧化为三氧化硫。

$$2SO_2 + O_2 = 2SO_3 \quad (2-371)$$

SO_2 与 PCl_5 反应生成亚硫酰氯(二氯氧化硫)；将二氧化硫和氯的混合物曝置在阳光下，或者以樟脑作催化剂，生成硫酰氯(二氯二氧化硫)。

$$SO_2 + PCl_5 = SOCl_2 + POCl_3 \quad (2-372)$$

$$SO_2 + Cl_2 = SO_2Cl_2 \quad (2-373)$$

碘和溴都能将二氧化硫氧化为硫酸。

$$SO_2 + I_2 + 2H_2O = H_2SO_4 + 2HI \quad (2-374)$$

二氧化硫有孤对电子，因此它可作为路易斯碱与过渡金属离子配位。它的气化热较高，蒸发时可吸收大量热，是一种有用的制冷剂。液态二氧化硫还能溶解许多有机物和无机物，因此是一种有用的非水溶剂。

3. 三氧化硫

1) 结构

三氧化硫(SO₃)在气态时以单个分子存在。分子中 S 原子采取 sp² 杂化，具有平面正三角形结构[178]。S—O 键键长为 141 pm，O—S—O 键键角为 120°。与 S—O 单键的键长(约 170 pm)相比，SO₃ 中的 S—O 键显然具有双键的特征。SO₃ 分子中 3 个配位 O 原子的 2p_z 轨道有单电子，与中心 S 原子的 3p_z 轨道互相平行，对称性相同，以"肩并肩"重叠形成离域 π 键；同时 S 原子激发到 3d 轨道的电子进入离域 π 键轨道中，所以 SO₃ 形成四中心六电子的离域 π 键 Π_4^6。SO₃ 分子有三种共振结构，见图 2-39。

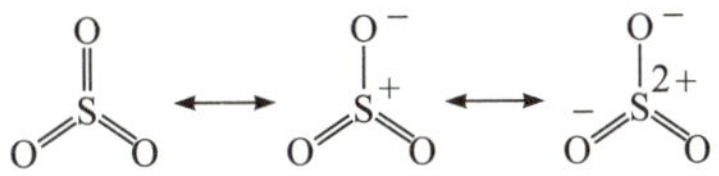

图 2-39 SO₃ 分子的三种共振结构

液态三氧化硫中有单分子 SO₃ 和三聚体(SO₃)₃ 两种形式。固态三氧化硫中主要以三聚体(SO₃)₃ 和长链(SO₃)ₙ 形式存在。三聚体(SO₃)₃ 和长链(SO₃)ₙ 中 S 原子采取 sp³ 杂化，只是其中 SO₃ 排列方式不同；三聚体(SO₃)₃ 中 3 个 S 原子通过 O 原子以单键连接成环状结构；长链(SO₃)ₙ 由硫氧四面体 SO₄ 通过共顶点 O 原子连接形成长链。

已知固态的 SO₃ 有三种异构体，即 α-SO₃、β-SO₃ 和 γ-SO₃。α-SO₃ 呈类石棉状，其结构是由类似于 β-SO₃ 的链并接在一起而形成的层状结构。β-SO₃ 呈石棉状，故又称为石棉状或纤维状三氧化硫，属单斜晶系，晶胞参数为 $a = 620$ pm，$b = 406$ pm，$c = 931$ pm，$\beta = 109.8°$，其结构单元为长链(SO₃)ₙ。γ-SO₃ 具有冰状结构，故又称为冰状三氧化硫[179]，属正交晶系，晶胞参数为 $a = 520$ pm，$b = 1080$ pm，$c = 1240$ pm，其结构单元为环状三聚体(SO₃)₃。

> **思考题**
>
> 2-12 给出 SO₂、SO₃、O₃ 分子中离域 π 键的类型，并指出形成离域 π 键的条件。

2) 制备

工业上用 SO₂ 和空气在常压下制备 SO₃，常用的催化剂是五氧化二钒(V₂O₅)，反应温度为 673 K 左右。

$$2SO_2 + O_2 \Longrightarrow 2SO_3 \tag{2-375}$$

实验室制备 SO_3 采用硫酸氢钠的两段热解：315℃下脱水和460℃下分解。

$$2NaHSO_4 \xrightarrow{315℃} Na_2S_2O_7 + H_2O \qquad (2\text{-}376)$$

$$Na_2S_2O_7 \xrightarrow{460℃} Na_2SO_4 + SO_3 \qquad (2\text{-}377)$$

SO_3 也可以用五氧化二磷使硫酸脱水制备。

3) 物理性质

SO_3 在通常状况下为无色固体，易挥发。SO_3 固体不同异构体的性质不同，如 α-SO_3 的熔点为335.4 K，其熔化热和升华热分别为 25.5 kJ·mol^{-1} 和 66.6 kJ·mol^{-1}。β-SO_3 的熔点为305.7 K，其熔化热和升华热分别为 13.4 kJ·mol^{-1} 和 58.2 kJ·mol^{-1}。γ-SO_3 的熔点为290.0 K，其熔化热和升华热分别为 9.5 kJ·mol^{-1} 和 56.3 kJ·mol^{-1}。

4) 化学性质

SO_3 与水反应放出大量热，它是 H_2SO_4 的酸酐。

$$SO_3 + H_2O = H_2SO_4 \qquad (2\text{-}378)$$

类似地，SO_3 与 HF 反应生成氟硫酸。

$$SO_3 + HF = FSO_3H \qquad (2\text{-}379)$$

SO_3 与 N_2O_5 反应生成焦硫酸盐的硝基盐。

$$2SO_3 + N_2O_5 = (NO_2)_2S_2O_7 \qquad (2\text{-}380)$$

三氧化硫是强氧化剂，它可以使单质磷燃烧，也可以将碘化物氧化为单质碘，还可将二氯化硫氧化为亚硫酰氯。

$$5SO_3 + 2P = 5SO_2 + P_2O_5 \qquad (2\text{-}381)$$

$$SO_3 + 2KI = K_2SO_3 + I_2 \qquad (2\text{-}382)$$

$$SO_3 + SCl_2 = SOCl_2 + SO_2 \qquad (2\text{-}383)$$

SO_3 是强路易斯酸，容易与路易斯碱形成配合物。其还是一种有效的磺化剂。

4. 高氧化硫

高氧化硫的分子式为 SO_{3+x}，其中 x 为 0~1。它们含有过氧链(O—O)。SO_3 与原子氧反应或 $SO_3 + O_3$ 混合物光解后，可在低温(低于 78 K)下分离出单体 SO_4。在无声放电中，气体 SO_3 或 SO_2 与 O_2 反应形成无色聚合物冷凝物。聚合物的结构基于 β-SO_3 的结构，其中氧桥(—O—)被过氧桥(—O—O—)随机取代。这些化合物是非化学计量的。

2.5.2 硒、碲和钋的氧化物

硒、碲、钋的氧化物主要有二氧化物和三氧化物,硒和碲的五氧化物 Se_2O_5 和 Te_2O_5 也已被合成出来,二者实际上是二氧化物和三氧化物的聚合体。硒和碲的一氧化物不以固态存在,但可存在于高温蒸气相中。一氧化钋(PoO)是一种极易氧化的黑色固体,但存在的证据不充分。硒、碲、钋的二氧化物均具有一定的碱性,虽然 SeO_2 基本上是酸性氧化物,但由硒到钋,碱性逐渐增强。与相应周期的卤素氧化物的稳定性规律相似,SeO_2 的热力学稳定性也低于 SO_2 和 TeO_2。硒和碲的三氧化物的酸性和氧化性均强于相应的二氧化物。硒、碲和钋主要的氧化物及其一些性质汇总于表 2-26。

表 2-26 硒、碲和钋主要的氧化物及其一些性质汇总

项目	硒的氧化物			碲的氧化物			钋的氧化物
	二氧化硒	三氧化硒	五氧化二硒	二氧化碲	三氧化碲	五氧化二碲	二氧化钋
英文名	selenium dioxide	selenium trioxide	diselenium pentoxide	tellurium dioxide	tellurium trioxide	ditellurium pentoxide	polonium dioxide
化学式	SeO_2	SeO_3	Se_2O_5	TeO_2	$\alpha\text{-}TeO_3$	Te_2O_5	PoO_2
摩尔质量 /(g·mol^{-1})	110.96	126.96	237.92	159.6	175.6	335.2	40.98
外观	白色固体	白色固体	白色固体	白色固体	橙色固体	淡黄色固体	黄色固体
密度 /(g·cm^{-3})	3.954	3.44	—	5.670	5.07	5.735	8.9
熔点/℃	340	118.35	206	732	430	521(分解)	500
沸点/℃	350	升华	分解	1245	—	—	885(升华)
水溶性	39.5 g·100 mL^{-1} (25℃)	可溶	水解	不溶	不溶	不溶	不溶

1. 硒的氧化物

1) 二氧化硒

固态 SeO_2 形成四方晶系晶体,晶胞参数为 $a = 835.3$ pm,$c = 505.1$ pm。分子间由一个氧原子的氧桥聚合成无限长的链(间规),Se—O 链不共平面[180](图 2-40)。桥连 Se—O 键键长为 179 pm,末端 Se—O 键键长为 162 pm。在气相中,SeO_2 以二聚体$(SeO_2)_2$ 形式存在,在较高温度下,它是单体。单体的分子结构与二氧化硫非常相似,为 V 形的对称分子,Se—O 键键长为 160.7 pm±0.06 pm,O—Se—O 键键角

为 113°±0.08°。二聚体$(SeO_2)_2$ 可能具有中心对称(C_{2h})的椅式构型。

图 2-40　固态 SeO_2 的结构

硒在空气中燃烧、硒与 H_2O_2 反应，或者将硒溶于热的 6 mol·L^{-1} 硝酸并在 423 K 将所得 H_2SeO_3 溶液脱水数小时，均可制得 SeO_2。

$$Se + O_2 \Longrightarrow SeO_2 \quad (2\text{-}384)$$

$$2H_2O_2 + Se \Longrightarrow SeO_2 + 2H_2O \quad (2\text{-}385)$$

$$Se + 2HNO_3 \Longrightarrow H_2SeO_3 + NO + NO_2 \quad (2\text{-}386)$$

$$H_2SeO_3 \rightleftharpoons SeO_2 + H_2O \quad (2\text{-}387)$$

SeO_2 是白色的挥发性固体，有腐败味。在封管中于 613 K 熔化成黄色液体，常压下于 588 K 升华，蒸气是绿色的。单体 SeO_2 是极性分子，其偶极矩为 2.62 deb，从两个氧原子的中点指向硒原子。

SeO_2 是酸性氧化物，易溶于水生成 H_2SeO_3，与氢氧化钠反应生成亚硒酸钠。

$$SeO_2 + 2NaOH \Longrightarrow Na_2SeO_3 + H_2O \quad (2\text{-}388)$$

SeO_2 溶于 HNO_3 或 50% H_2O_2 生成硒酸(H_2SeO_4)，而在浓硫酸中的行为如同弱碱，所得溶液呈亮绿色，含有 Se_8^{2+} 多核阳离子。SeO_2 溶解于焦硫酸($H_2S_2O_7$)中形成无色溶液，其溶解度随温度升高而增大，最终可达 0.5 mol·L^{-1}。浓度低时，SeO_2 在此溶液中可质子化。

$$SeO_2 + 2H_2S_2O_7 \rightleftharpoons SeOOH^+ + HS_3O_{10}^- + H_2SO_4 \quad (2\text{-}389)$$

在浓溶液中，可能存在配合物 $H_2S_2O_7·Se_2O_4$，它也溶于 $SeOCl_2$，还溶于甲醇、乙醇、丙酮、乙酸等有机溶剂，但不溶于苯。

作为酸性氧化物，SeO_2 可与若干金属氧化物或硫化物在高温反应，生成亚硒酸盐或硒酸盐。例如，SeO_2 与 UO_2 在 623 K 反应生成$(UO_2)_2SeO_3$(此化合物可稳定至 823 K，高于此温度分解为 U_3O_8)；与 PbO_2 在 373 K 反应生成 $PbSeO_4$；与 ZnS 的反应十分复杂，所得的产物含 $ZnSeO_3$、$ZnSO_4$、ZnSe、ZnO 和 Se，具体组成与退火温度及时间有关。SeO_2 与 ZnSe 或 ZnO 的反应也有类似情况。

SeO_2 是中等强度的氧化剂。NH_3、NH_2OH 和 N_2H_4 很容易将它还原成硒，H_2S 和 SO_2 水溶液或液态 SO_2 的吡啶(py)溶液也有类似的作用。例如：

$$3SeO_2 + 4NH_3 \longrightarrow 3Se + 2N_2 + 6H_2O \qquad (2\text{-}390)$$

$$SeO_2 + N_2H_4 \longrightarrow Se + N_2 + 2H_2O \qquad (2\text{-}391)$$

$$SeO_2 + 2SO_2 + 2H_2O \longrightarrow Se + 2H_2SO_4 \qquad (2\text{-}392)$$

$$SeO_2 + 2SO_2 + 2py \longrightarrow Se + 2py \cdot SO_3 \qquad (2\text{-}393)$$

SeO_2 的还原性较弱，不过与某些强氧化剂作用时也可被氧化，如用 50% H_2O_2 浸泡 24 h 可将其氧化成 H_2SeO_4。

例题 2-8

由 SeO_2 制备 H_2Se，写出有关反应方程式。

解
$$SeO_2 + H_2O \longrightarrow H_2SeO_3$$
$$H_2SeO_3 + 2H_2SO_3 \longrightarrow 2H_2SO_4 + Se + H_2O$$
$$(或 SeO_2 + 2SO_2 + 2H_2O \longrightarrow 2H_2SO_4 + Se)$$
$$Se + H_2 \xrightarrow{\text{高温}} H_2Se$$

2) 三氧化硒

固态的 SeO_3 有两种构型，稳定构型由具有 S_4 对称性的环状四聚体$(SeO_3)_4$ 构成；介稳构型由具有 D_{2d} 对称性的四聚环状分子构成，通过蒸气冷凝或熔体缓慢固化形成，在室温下可稳定若干天。熔融态的 SeO_3 可能是结构类似于聚偏磷酸根的多聚体。气态的 SeO_3 由四聚体和单体组成，单体结构呈三角形，S—O 键键长为 168.78 pm[181]。

由于 SeO_3 不稳定，其制备较难，可通过无水 K_2SeO_4 与 SO_3 一起回流制备。反应混合物分为两层，下层是通式为 $K_2(S_nO_{3n+1})$ 的混合物，上层为溶于 SO_3 中的 SeO_3。分出上层，蒸发除去 SO_3 即得 SeO_3。

$$K_2SeO_4 + nSO_3 \longrightarrow K_2(S_nO_{3n+1}) + SeO_3 \qquad (2\text{-}394)$$

SeO_3 是吸湿的白色固体，熔点为 118.35℃，无确定的沸点。与 SeO_2 相比，SeO_3 是热力学不稳定的，可在 N_2 中于 453～458 K 或在 O_2 中于 489 K 转化为五氧化二硒(Se_2O_5)。

$$2SeO_3 \longrightarrow 2SeO_2 + O_2 \qquad (2\text{-}395)$$

$$SeO_3 + SeO_2 \longrightarrow Se_2O_5 \qquad (2\text{-}396)$$

SeO_3 是强酸性氧化物，它迅速溶解于水，生成酸性和氧化性都很强的硒酸(H_2SeO_4)，溶于碱性溶液则生成硒酸盐。SeO_3 还可溶于乙醚、二氧六环、乙酸酐、CH_3NO_2 和液态 SO_2。

SeO₃ 也有氧化性,如在乙醚中可被 S 和 H₂S 还原成单质;未经真空升华过的 SeO₃ 与有机物会发生爆炸性的反应。

SeO₃ 是典型的路易斯酸,可与有机叔碱如吡啶、γ-甲基吡啶、二烷基胺、氮杂萘(C₉H₇N)和 1,4-氮氧杂环己烷等形成 1:1 和 1:2 的配合物。

SeO₃ 也是路易斯碱,在液态 SO₂ 中与砷、锑的氯化物作用,可形成配合物 SeO₃·AsCl₃、SeO₃·SbCl₃、SeO₃·SbCl₅、2SeO₃·AsCl₅ 和 2SeO₃·SbCl₃。

在液态 SO₂ 的溶液中,SeO₃ 可作为有机化合物的硒化剂。例如,此溶液与醇作用,生成烷基硒酸。

$$(SeO_3)_4 + 4ROH = 4ROSeO_2OH \quad (R = CH_3, C_2H_5) \quad (2\text{-}397)$$

3) 五氧化二硒

Se₂O₅ 实际上是由 SeO₂ 和 SeO₃ 形成的一种氧化物,也可视为硒(Ⅳ)的碱式硒酸盐(SeO₂·SeO₃ 或 SeOSeO₄)。固态 Se₂O₅ 的结构是 Se(Ⅳ)和 Se(Ⅵ)原子交替排列的线状聚合体[182]。

在封管中加热 SeO₂ 和 SeO₃ 的混合物或在 458 K 使 SeO₃ 分解,可制得 Se₂O₅。在 SeO₂ 与 SeO₂F₂ 十分复杂的反应中,Se₂O₅ 也和 FO₂SeOSeOF 一起作为最终产物生成。

Se₂O₅ 是吸湿的白色固体,易水解成亚硒酸和硒酸。它在 479 K 熔化,480 K 分解成 SeO₂ 和 O₂,但在 1.33×10^{-3} Pa 的高真空中可于 418 K 升华。熔融的 Se₂O₅ 中存在 SeO^{2+} 和 SeO_4^{2-},表现出很高的导电性。

2. 碲的氧化物

1) 二氧化碲

TeO₂ 有四方晶系的 α-TeO₂、正交晶系的 β-TeO₂ 和亚稳态形式的 γ-TeO₂[183]。基本的配位多面体都是在赤道面上有一对孤对电子的变形三角双锥,赤道键由碲原子的 5s、5p$_x$ 和 5p$_y$ 轨道杂化而成,轴向键仅涉及 5p$_x$ 轨道。

在空气中燃烧碲,或者将碲溶于热的 HNO₃,并将溶液蒸发至干,再于 433~673 K 将所得碱式硝酸碲 2TeO₂·HNO₃ 热分解,均可制得 TeO₂。

TeO₂ 为白色固体,加热即变黄,并在 732℃熔化成深红色液体,挥发性比 SeO₂ 低得多。TeO₂ 是两性氧化物,其碱性比 SeO₂ 强。在水中几乎不溶,但易溶于强碱溶液生成亚碲酸盐、焦亚碲酸氢盐和各种焦亚碲酸盐,也可溶于某些热的强酸,生成碲(Ⅳ)的碱式盐,如 2TeO₂·SO₃ 和 2TeO₂·HNO₃,大量稀释或中和溶液,则析出 TeO₂ 或亚碲酸(H₂TeO₃)。它还与某些金属的氧化物或盐在高温下反应,生成相应金属的亚碲酸盐、碲酸盐或更复杂的相,如 NiTeO₃、PbTeO₄ 和 CuTeO₃·2CuSO₄ 等。

TeO_2 也是中等强度的氧化剂，氧化性比 SeO_2 稍弱。高温下能被 Al、Zn、Cd、Bi、Ag 等金属及 C 和 P 等非金属还原为碲，还可在酸性溶液中被 SO_2、$SnCl_2$、NH_3、KI 等以及在碱性溶液中被草酸还原成碲。当盐酸浓度高于 20%时与 SO_2 的反应不能进行完全，据此可分离 Se(Ⅳ)和 Te(Ⅳ)。

TeO_2 也有较弱的还原性，能被 H_2O_2、Cl_2、Br_2、MnO_4^- 和 $Cr_2O_7^{2-}$ 等强氧化剂氧化为原碲酸。例如：

$$TeO_2 + H_2O_2 + 2H_2O = H_6TeO_6 \quad (2\text{-}398)$$

$$3TeO_2 + Cr_2O_7^{2-} + 8H^+ + 5H_2O = 3H_6TeO_6 + 2Cr^{3+} \quad (2\text{-}399)$$

与 SeO_2 相似，TeO_2 与某些卤化物如 CuF_2、FeF_3、SeF_4、BrF_3、SCl_2、CCl_4、$TeCl_4$、ICl、BBr_3 和 HBr 等反应，生成相应的四卤化碲或卤氧化碲。

2) 三氧化碲

TeO_3 有 α 和 β 两种构型[184-185]。α-TeO_3 是橙色的无定形固体，其结构类似于 FeF_3，八面体 TeO_6 单元共享所有顶点[186]；β-TeO_3 是灰色的三方晶系晶体，晶胞参数为 $a = 158$ pm，$\beta = 56.41°$，$\rho = 6.22$ g·cm^{-3}。

α-TeO_3 可由原碲酸(H_6TeO_6)制得[184]。它不溶于冷水、稀酸和稀碱，经长时间加热可转变成碲酸和碲酸盐，但与浓 KOH 煮沸则迅速生成 K_2TeO_4。α-TeO_3 是强氧化剂，加热时可与许多金属和非金属剧烈反应，与浓盐酸共沸可将 HCl 氧化成 Cl_2。

$$2TeO_3 + 8HCl = TeO_2 + TeCl_6 + Cl_2 + 4H_2O \quad (2\text{-}400)$$

加热至 679 K，α-TeO_3 分解成 Te_2O_5 和 O_2。

β-TeO_3 可由 H_6TeO_6(或 α-TeO_3)与少量浓 H_2SO_4 一起在充氧的封管中于 593 K 加热 18 h 而得。β-TeO_3 的化学活性比 α-TeO_3 低，β-TeO_3 不与水、稀酸和稀碱反应，甚至在 673 K 也不被 H_2 还原，在 N_2 中加热至 703 K 分解成 Te_2O_5，仅与熔融的 KOH 作用，并可溶于浓 Na_2S 水溶液中，产物可能是四硫代碲酸钠(Na_2TeS_4)。

$$TeO_3 + 4Na_2S + 3H_2O = Na_2TeS_4 + 6NaOH \quad (2\text{-}401)$$

3) 五氧化二碲

Te_2O_5 单晶属单斜晶系[187]，晶胞参数为 $a = 536.8$ pm，$b = 469.8$ pm，$c = 795.5$ pm，$\beta = 104.82°$，$z = 2$，计算密度 $\rho = 5.735$ g·cm^{-3}。晶体中，含有八面体配位的 Te(Ⅵ)和四配位(类似于 TeO_2)的 Te(Ⅳ)，每个 $Te^{Ⅵ}O_6$ 八面体通过与其他八面体共用赤道面上的顶点相互连接，形成组成为 $(TeO_4)_n^{2m-}$ 的层，层间由 $(TeO)_n^{2m+}$ 链相连，从而构成 Te_2O_5 晶体的三维结构。

Te$_2$O$_5$ 可在 663～703 K 使 TeO$_3$ 或 H$_6$TeO$_6$ 热分解制得[184]。用水热合成法可由 H$_6$TeO$_6$ 生长 Te$_2$O$_5$ 单晶[187]。

Te$_2$O$_5$ 为淡黄色固体，不溶于水，溶于 30% KOH 溶液转化成亚碲酸钾和碲酸钾。加热至 758 K 分解为 TeO$_2$。

3. 钋的氧化物

钋的氧化物有一氧化钋(PoO)、二氧化钋(PoO$_2$)和三氧化钋(PoO$_3$)[97]。

PoO 为黑色固体。它是在亚硫酸钋(PoSO$_3$)和亚硒酸钋(PoSeO$_3$)的辐解过程中形成的。与氧气或水接触时，一氧化钋及其氢氧化物[氢氧化钋(Ⅱ)]迅速被氧化为 Po(Ⅳ)。PoO$_3$ 的存在证据不充分，据报道，在酸性溶液中阳极沉积钋的过程中会形成微量的三氧化钋。

PoO$_2$ 的研究比较多[97, 188-189]。PoO$_2$ 有两种晶型：黄色的低温型属面心立方晶系，晶胞参数 a = 559 pm，ρ = 9.18 g·cm^{-3}；红色的高温型属四方晶系，制备后只能稳定几天，后者在氧中于 1158 K 变为深褐色并在此温度以上升华。真空中加热至 723 K 分解为组成元素。

PoO$_2$ 可通过金属 Po 与 O$_2$(或空气)在 523～573 K 直接化合，或者 Po(Ⅳ)的碱式硫酸盐 2PoO$_2$·SO$_3$ 和碱式硒酸盐 2PoO$_2$·SeO$_3$ 分别在 823 K 和 673 K 的热分解制备。

PoO$_2$ 基本上是碱性氧化物，在浓酸中可生成正盐，如 Po(NO$_3$)$_4$ 和 Po(SO$_4$)$_2$(而 TeO$_2$ 仅形成碱式盐)。它几乎不溶于水及稀碱，在与 KOH 熔融形成的熔体中可能含有 K$_2$PoO$_4$。

二氧化钋在 200℃的氢气中缓慢还原为金属钋，在 250℃的氨气或硫化氢中也会发生同样的还原。当在 250℃的二氧化硫中加热时，会形成白色化合物，可能是亚硫酸钋。当二氧化钋水合时，生成大量的淡黄色沉淀亚钋酸(H$_2$PoO$_3$)。

二氧化钋与卤化氢(HX)卤化生成四卤化钋。

$$PoO_2 + 4HX \Longrightarrow PoX_4 + 2H_2O \quad (2\text{-}402)$$

2.5.3 硒、碲和钋的互化物

1. 硒的硫化物

环状 Se$_8$ 与 S$_8$ 分子的结构相似，硒和硫可相互取代，形成混合八元环状分子[190-193]Se$_n$S$_{8-n}$(n = 1～7)。图 2-41 为 Se$_2$S$_6$ 和 Se$_3$S$_5$ 的结构。

对于 Se$_2$S$_6$，根据硒原子在环中的相对位置，有几种异构体：1,2(两个硒原子相邻)、1,3、1,4 和 1,5(两个硒原子处于反位)。

图 2-41　Se₂S₆和 Se₃S₅的结构

在二硫化碳中，氯化硫、氯化硒和碘化钾反应可制备 1,2-异构体。该反应还产生环八硒和除 SeS₇ 以外的所有其他八元环硒硫化物，以及几个六元环和七元环。

1∶1 和 1∶3(原子比)的硒和硫在抽空的石英管中于 1273 K 熔融 5～10 min 后，迅速投入冷水中冷却，用 CCl₄ 萃取熔融物并冷冻萃取液，析出的结晶经质谱分析，证明含有全部混合环状分子 Se$_n$S$_{8-n}$。

用苯萃取在 523～573 K 熔融过的 1∶1 硒-硫混合物并分级结晶，可获得红色晶状的 Se₄S₄、Se₂S₆、Se₃S₅ 和以 (SeS₇)₂SnI₄ 配合物形式析出的 SeS₇。

用化学方法制备 Se$_n$S$_{8-n}$ 系列的某些物质也有报道。例如，Se 的 CS₂ 溶液与 S₇Cl₂ 的乙醚溶液混合后析出黄色晶体，在苯-CS₂ 溶液中重结晶后，质谱分析证明此晶体是 SeS₇。H₂Se 与 S₂Cl₂ 以 1∶2 的比例反应，也生成 Se₂S₆ 和 Se₃S₅。

此外，在 673～1273 K 的硒、硫混合物的蒸气相中有 SeS 分子存在，其特征吸收波长为 310 nm。

硫化硒是氧化剂，可用于治疗花斑癣、脂溢性皮炎和头皮屑。其组成为二硫化硒，它不是纯化合物，而是一种 Se∶S 总比例为 1∶2 的环状分子 Se$_n$S$_{8-n}$ 的混合物。

2. 碲的硫化物

与环状分子 Se$_n$S$_{8-n}$ 类似，碲也可形成 Te$_n$S$_{8-n}$ 分子[194]，但是由于碲原子和硫原子的半径差别较大，碲原子不易嵌入 S₈ 环中，其制备需要在特殊条件下进行。例如，1∶1(原子比)的碲和硫在抽空的石英管中于 1173 K 熔融 15～20 min 后骤冷至室温，熔融物用 CS₂ 萃取并于甲苯中重结晶，仅获得 TeS₇。此混合八元环状化合物能稳定至 363 K。含碲更多的 Te$_n$S$_{8-n}$ 分子在室温和 CS₂ 中都是不稳定的。

碲虽不易与硫形成八元环状分子，但碲与硫能形成 Te(Ⅱ)、Te(Ⅳ)和 Te(Ⅵ)的硫化物。例如，碲与硫或 MS(M = Zn、Cd 或 Hg)的混合物在 1073～1273 K 熔融的蒸气中，也存在 TeS 分子；Na₂TeS₃ 和 Na₂TeS₄ 酸解可分别制得 TeS₂ 和 TeS₃，这两个化合物在 453 K 开始分解，653 K 时完全分解成碲。TeS₂ 在碱性溶液中可生成二硫代亚碲酸根 TeS₂O^{2-}。

$$\text{TeS}_2 + 2\text{OH}^- \rightleftharpoons \text{TeS}_2\text{O}^{2-} + \text{H}_2\text{O} \tag{2-403}$$

此离子在溶液中与 H_2S 或 HS^- 作用，又转变成三硫代亚碲酸根 TeS_3^{2-}。

$$\text{TeS}_2\text{O}^{2-} + \text{H}_2\text{S} \rightleftharpoons \text{TeS}_3^{2-} + \text{H}_2\text{O} \tag{2-404}$$

$$\text{TeS}_2\text{O}^{2-} + \text{HS}^- \rightleftharpoons \text{TeS}_3^{2-} + \text{OH}^- \tag{2-405}$$

此外，在碲和硫于 673～689 K、4 GPa 高压共结晶形成的固熔体中，还发现有组成为 Te_7S_{10} 的相，可能是硫嵌入了碲链中。

3. 钋的硫化物

钋的硫化物主要是 PoS[97,195]，为黑色固体，可通过 H_2S 从 Po(Ⅱ)或 Po(Ⅳ)的任何化合物的稀酸溶液中沉淀或$(\text{NH}_4)_2\text{S}$ 水溶液与 Po(OH)_4 作用而得。用 1∶1(体积比)的甲苯和无水乙醇混合液洗涤沉淀，可除去其中的硫。Po^{4+} 与 H_2S 的反应式如下：

$$\text{Po}^{4+} + 2\text{H}_2\text{S} \rightleftharpoons \text{PoS} + \text{S} + 4\text{H}^+ \tag{2-406}$$

PoS 不溶于乙醇、丙酮、甲苯和$(\text{NH}_4)_2\text{S}$。在稀盐酸中的溶度积约为 5.5×10^{-29}，但可溶于浓盐酸。它迅速被溴水、次氯酸钠和王水氧化。在真空中加热至 548 K 分解为组成元素的单质。

4. 硒和碲互化物

碲和硒仅形成连续固熔体，但在碲、硒混合物的高温蒸气相中存在 TeSe，它在 1173 K 以上有一定的解离。

2.6 氧族元素的其他化合物

2.6.1 硒和碲的碳化物

1. 硒的碳化物

1) 硒化碳

硒的碳化物有一硒化碳和二硒化碳，常见的是二硒化碳，一硒化碳(CSe)可通过二硒化碳在真空(13.3 Pa)高频电弧中分解产生，但它不像 CS 一样能被分离出来。

$$\text{CSe}_2 \rightleftharpoons \text{Se} + \text{CSe} \tag{2-407}$$

二硒化碳(CSe_2)是一种无机含碳化合物。与 CS_2 类似，其结构为直线形，具有 $D_{\infty h}$ 对称性，如图 2-42 所示。

图 2-42 CSe_2 的结构

Grimm 和 Metzger 首次在热管中用四氯化碳处理硒化氢制备得到 CSe_2。

$$CCl_4 + 2H_2Se \Longrightarrow CSe_2 + 4HCl \tag{2-408}$$

将 N_2 饱和的 CH_2Cl_2 气流通入加热至 773～873 K 的盛有硒的反应瓶中也可得到 CSe_2。

$$CH_2Cl_2 + 2Se \Longrightarrow CSe_2 + 2HCl \tag{2-409}$$

CSe_2 为橙黄色、有刺激性气味、催泪和不易燃的油状液体。熔点为 −43.7℃，沸点为 125.5℃，相对密度为 2.6824，蒸气压(p)遵循下述方程：$\lg p(Pa) = 10.0401 - 1987.4/T$。它不溶于水、乙醇和冰醋酸，但能与 CS_2、甲苯、轻石油醚和 CCl_4 等非极性有机溶剂完全互溶，并与 40% CCl_4 构成恒沸液。它不与氯化氢气体和盐酸作用，与浓硝酸和硫酸仅有轻微作用，也不与冷的碱溶液作用，但可溶于热碱形成橙色溶液。对光敏感，在光照下先变成褐色，然后变黑。

与二硫化碳一样，二硒化碳在高压下聚合。聚合物的结构被认为是具有主链形式为—[Se—C(=Se)—C(=Se)—Se]—的头对头结构。聚合物是室温电导率为 $50\ S\cdot cm^{-1}$ 的半导体。CSe_2 能与 $SeOCl_2$ 或 Se_2Cl_2 剧烈反应。它与 Cl_2 反应可生成一系列物质，包括 $SeCl_4$、$CCl_3\cdot SeCl$、$(CCl_3)\cdot Se$ 及 $(CCl_3)_2Se_2$ 等。CSe_2 可与氢氧化钾的醇(ROH)溶液或有机胺(R_2NH)溶液反应。

$$CSe_2 + KOH + ROH \Longrightarrow ROCSe_2K + H_2O \tag{2-410}$$

$$CSe_2 + KOH + R_2NH \Longrightarrow R_2NCSe_2K + H_2O \tag{2-411}$$

2) 硒硫化碳

在高频真空放电管中，CSe_2 分解产物与涂在管壁上的 S 反应，或 CS_2 与 Se 按照类似的反应，可制备较高浓度的硒硫化碳(CSSe)。CSe_2 分解产物与涂在管壁上的 Te 反应可得到碲硒化碳(CSeTe)。

CS_2 与 FeSe 在 650℃ 的反应是制备 CSSe 方便的方法。

$$CS_2 + FeSe \Longrightarrow CSSe + FeS \tag{2-412}$$

CSSe 在室温下为深黄色液体，在 −190℃ 为白色固体，−80℃ 变成亮黄色，沸点为 84℃(99.89 kPa)。其蒸气有洋葱味并有催泪作用，可燃性远不如 CS_2。CSSe

不溶于水，可溶于大多数有机溶剂，稳定性比 CSe_2 低。光照、受热或与 NH_3、Cl_2、Br_2 接触即发生分解。

CSSe 与 KOH 或 NaOH 的醇溶液或有机胺溶液反应，也分别生成硒代黄原酸盐(ROCSSeK)和 N-取代硒硫代氨基甲酸盐(R_2NCSSeK)。

$$CSSe + KOH + ROH \Longrightarrow ROCSSeK + H_2O \qquad (2\text{-}413)$$

$$CSSe + KOH + R_2NH \Longrightarrow R_2NCSSeK + H_2O \qquad (2\text{-}414)$$

2. 碲的碳化物

碲硫化碳(CSTe)在低温下为淡黄红色固体，–54℃熔化成亮黄色液体，有大蒜臭味。它的稳定性比 CSSe 低，在光照下于 –50℃分解。与 CSSe 类似，CSTe 也可采用在高频真空放电管中 CS_2 与 Te 的反应制备。

2.6.2 硫、硒和碲的氮化物

1. 硫的氮化物

氮和硫电负性相近，它们通常形成共价键合的化合物。硫的氮化物有四氮化四硫(S_4N_4)、二氮化二硫(S_2N_2)、二氮化四硫(S_4N_2)、一氮化一硫(SN)、聚合氮化硫$[(SN)_n]$以及氮硫环系离子($S_4N_3^+$ 阳离子和 $S_4N_5^-$ 阴离子)。下面重点介绍常见的硫的氮化物。表 2-27 列出了四氮化四硫、二氮化二硫、二氮化四硫、一氮化一硫、聚合氮化硫的结构和一些物理性质。

表 2-27 硫的氮化物的结构及一些物理性质

项目	四氮化四硫	二氮化二硫	二氮化四硫	一氮化一硫	聚合氮化硫
分子式	S_4N_4	S_2N_2	S_4N_2	SN	$(SN)_n$
摩尔质量 /(g·mol^{-1})	184.287	92.1444	155.89	46.07	—
分子结构	(图)	(图)	—	(图)	(图)
结构模型	(图)	(图)	—	(图)	(图)
键长/Å	1.62	1.654	N—S 键: 1.561 和 1.676; S—S 键: 2.061	1.4940	1.63 和 1.59

续表

项目	四氮化四硫	二氯化二硫	二氮化四硫	一氮化一硫	聚合氮化硫
键角	∠S—N—S = 113° ∠N—S—N = 105°	∠S—N—S = 90.4° ∠N—S—N = 89.6°	∠S—N—S = 126.7° ∠N—S—N = 122.9° ∠N—S—N = 103.4° ∠S—S—S = 102.9°	—	∠S—N—S = 120° ∠N—S—N = 106°
状态	晶体	晶体	液体	—	固体
颜色	热色性	无色	红棕色	—	青铜色，金属光泽
熔点/℃	187	—	23	—	—
溶解度	不溶于水，但溶于二硫化碳、苯和乙醇	—	—	—	—

1) 四氮化四硫

四氮化四硫(S_4N_4)分子为双楔形笼状结构，是一种"极端支架"结构，具有 D_{2d} 对称性。4个氮原子组成双楔形中的平面正方形，而4个硫原子两两分别构成两个楔形的两条边。穿过环的两个S原子之间的距离为 2.58 Å，小于范德华半径之和。

早在1835年，Gregory通过二氯化二硫与干燥的氨反应得到 S_4N_4。

$$6S_2Cl_2 + 16NH_3 = S_4N_4 + S_8 + 12NH_4Cl \qquad (2\text{-}415)$$

该反应相当复杂，副产物包括七硫酰亚胺(S_7NH)和元素硫。该反应可用二氯化二硫与 NH_4Cl 的反应代替。

$$4NH_4Cl + 6S_2Cl_2 = S_4N_4 + 16HCl + S_8 \qquad (2\text{-}416)$$

另一种合成方法是利用$[(Me_3Si)_2N]_2S$ 与 SCl_2 和 SO_2Cl_2 的反应形成 S_4N_4。

$$2[(Me_3Si)_2N]_2S + 2SCl_2 + 2SO_2Cl_2 = S_4N_4 + 8Me_3SiCl + 2SO_2 \qquad (2\text{-}417)$$

S_4N_4 是一种具有热致变色性质的晶体，在 −190℃时几乎为无色，在 25℃时为橙黄色，而高于 100℃时为红色，熔点为 187℃。虽然它在常温下是稳定的，但当受研磨、摩擦、撞击、震动和迅速加热时均会引起爆炸。它不溶于水，但能溶于二硫化碳、苯和乙醇等有机溶剂。

S_4N_4 在沸腾的碱性溶液中会发生水解。溶液的碱性强弱不同，其水解产物不同。在弱碱性溶液中：

$$2S_4N_4 + 6OH^- + 9H_2O = 2S_3O_6^{2-} + S_2O_3^{2-} + 8NH_3 \qquad (2\text{-}418)$$

在强碱性溶液中：

$$S_4N_4 + 6OH^- + 3H_2O = 2SO_3^{2-} + S_2O_3^{2-} + 4NH_3 \tag{2-419}$$

S_4N_4 可作为制备含 S—N 键的化合物的重要原料。S_4N_4 的反应可分为两类：保持 S—N 环的反应；开环反应或开环后重新合成其他环。

第一类反应：S_4N_4 和 BF_3、$SbCl_5$、$FeCl_3$ 等的加成(或配位)反应以及 S_4N_4 被还原为 $S_4(NH)_4$ 的反应，都属于保持 S—N 环的反应。例如：

$$S_4N_4 + BF_3 = S_4N_4 \cdot BF_3 \tag{2-420}$$

第二类反应：S_4N_4 和 HCl 或 HI 的反应。

$$S_4N_4 + 4HCl = S_4N_3Cl + NH_4Cl + Cl_2 \tag{2-421}$$

$$S_4N_4 + 12HI = 4S + 4NH_3 + 6I_2 \tag{2-422}$$

2) 二氮化二硫

二氮化二硫(S_2N_2)分子具有近似于平面四方形的四元环结构，S 原子和 N 原子交替排列，键角接近 90°，∠S—N—S = 90.4°，∠N—S—N = 89.6°。S—N 键键长为 165.4 pm，介于 S—N 单键键长(174 pm)和 S—N 双键键长(154 pm)之间。S_2N_2 的晶胞参数为 a = 448.5 pm，b = 376.7 pm，c = 845.2 pm，β = 106.39°，空间群为 $P2/c$。

在 250～300℃和低压(0.133 kPa)条件下，将 S_4N_4 蒸气通过银金属棉，产生 S_2N_2。银与 S_4N_4 热分解产生的硫反应生成 Ag_2S，生成的 Ag_2S 催化剩余 S_4N_4 转化为 S_2N_2。

$$S_4N_4 + 8Ag = 4Ag_2S + 2N_2 \tag{2-423}$$

$$S_4N_4 = 2S_2N_2 \tag{2-424}$$

S_2N_2 在 30℃以上爆炸性分解，对冲击敏感。容易升华，可溶于乙醚。微量水使其聚合成 S_4N_4。S_2N_2 与 BF_3、BCl_3 和 $SbCl_5$ 等反应，分别生成 $S_2N_2 \cdot BF_3$、$S_2N_2 \cdot BCl_3$ 和 $S_2N_2 \cdot 2SbCl_5$。S_2N_2 仍保持环状结构。痕量的 KCN 可催化 S_2N_2 聚合为 S_4N_4。

3) 二氮化四硫

二氮化四硫(S_4N_2)具有非平面的六元环结构。其中，一种 N—S 键键长为 1.561 Å，另一种 N—S 键键长为 1.676 Å；S—S 键键长为 2.061 Å；∠S—N—S = 126.7°、∠N—S—N = 122.9°、∠N—S—S = 103.4°、∠S—S—S = 102.9°。

S_4N_2 为红棕色液体，熔点为 23℃，在室温下缓慢地分解，在 -10℃聚合为 $(SN)_n$。

溶于 CS_2 中的 S_4N_4 和硫加热到 120℃得到 S_4N_2，也可以在 130℃下将 S_4N_3Cl 蒸气热解，并使热解产物 180℃通过硒化银得到 S_4N_2。在 Zn 的诱发下，S_4N_3Cl

与 ZnS 反应，也可制备 S₄N₂。

$$16S_4N_3Cl + 4ZnS = 4(S_4N_3)_2(ZnCl_4) + 6S_4N_2 + 3S_4N_4 \quad (2\text{-}425)$$

4) 一氮化一硫

一氮化一硫(SN)可以通过放电情况下氮与硫或硫蒸气反应生成。在地球外层空间，这种化合物首次在巨分子云 Sgr B2 中检测到。随后也在寒冷的乌云和彗星群中观察到。SN 是一氧化氮(NO)自由基的类似物，其价电子构型与一氧化氮的价电子构型相同。但与 NO 不同，SN 在缩合时生成聚噻唑或四硫四氮化物。

5) 聚合氮化硫

聚合氮化硫(SN)ₙ 是一种人工合成的纯单晶体无机聚合物，由硫、氮原子相间的链构成层状结构。层间的长链由相邻的、具有平面结构的 S₂N₂ 分子连接而成。

S₂N₂ 在真空、室温下放置 30 天左右，聚合得到(SN)ₙ。以 S₄N₄ 为原料，在 70℃ 加热并使产生的蒸气在玻璃上冷凝，可得高纯度的(SN)ₙ。

(SN)ₙ 具有高度的各向异性，虽然它全由非金属原子构成，但高纯度的(SN)ₙ 却具有金属的性质，有很高的电子离域作用。在室温下具有相当高的导电性；在低温(-262.7℃)下具有超导性。

2. 硒的氮化物

四氮化四硒(Se₄N₄)的分子结构是 Se—N 键交替排列的船式折叠八元环，环中的四个 N 原子几乎呈正四方形，N—N 键键长为 282 pm，四个 Se 原子构成稍微畸变的四面体，被 N 原子分隔的两个 Se 原子间的平均距离为 297 pm，Se—N 键键长约为 180 pm，N—Se—N 键和 Se—N—Se 键键角分别约为 102°和 111°。

向四卤化硒在苯、CS₂ 或 CHCl₃ 的悬浮液中通入干燥的氨可制备 Se₄N₄。例如：

$$6SeBr_4 + 32NH_3 = Se_4N_4 + 2Se + 2N_2 + 24NH_4Br \quad (2\text{-}426)$$

用二烷基亚硒酸酯代替四卤化硒或用 SeO₂ 与液氨在 70~80℃于压力釜中反应也可制得 Se₄N₄。

Se₄N₄ 是橙色的无定形粉末或单斜晶系结晶，易吸潮。与 S₄N₄ 一样，其颜色随温度变化，低温(-193℃)下是黄橙色的，100℃变成红色。干燥的 Se₄N₄ 极易因震动或受热(160℃)而爆炸，通常将其储存于 CHCl₃ 中。它不溶于水、无水乙醇和乙醚，但溶于苯、CS₂ 和冰醋酸。

Se₄N₄ 在热水和碱溶液中发生水解，生成 NH₃、Se 和 SeO_4^{2-}。与卤素、次氯酸盐或浓盐酸作用发生爆炸。与 SOCl₂ 作用，生成有两种晶型的淡黄色化合物，其组成为(NH₄)₂Se(SO)₂Cl₂。

3. 碲的氮化物

氮化碲为淡黄色固体，其组成更接近 Te_3N_4。其与卤素、卤酸和 $SOCl_2$ 的作用与 S_4N_4 非常类似，也是爆炸性的(200℃)。它溶于水，不溶于液氨。在碱溶液中分解释放出 NH_3。

制备方法如下：

$$3TeBr_4 + 16NH_3 =\!=\!= Te_3N_4 + 12NH_4Br \tag{2-427}$$

除 Te_3N_4 外，反应还产生 $Te_3N_2Br_6$、Te_3NBr_5 和 $TeNBr$ 等副产物。

参 考 文 献

[1] 张亚峰, 安路阳, 王宇楠, 等. 煤炭加工与综合利用, 2017, (12): 54-63.
[2] Li J Z, Koner S, German M, et al. Environ Sci Technol, 2016, 50(21): 11943-11950.
[3] 王子杰, 王郑, 许锴, 等. 应用化工, 2018, 47(10): 2217-2221 + 2225.
[4] Shahmirzadi M A A, Hosseini S S, Luo J, et al. J Environ Manage, 2018, 215: 324-344.
[5] Hoffmann H, Martinola F. React Polym, Ion Exch, Sorbent, 1988, 7(2-3): 263-272.
[6] 幸治国. 重庆环境保护, 1980, (4): 39-41.
[7] 李欣. 河北水利, 2008, (3): 37-38.
[8] 田小萌. 云南环境科学, 2005, 24(2): 27-28 + 26.
[9] Symons M C R. Nature, 1972, 239(5370): 257-259.
[10] Wernet P, Nordlund D, Bergmann U, et al. Science, 2004, 304(5673): 995-999.
[11] Smith J D, Cappa C D, Wilson K R, et al. Science, 2004, 306(5697): 851-853.
[12] Strässle T, Saitta A M, Le Godec Y, et al. Phys Rev Lett, 2006, 96(6): 067801.
[13] Katayama Y, Hattori T, Saitoh H, et al. Phys Rev B, 2010, 81(1): 014109.
[14] Yamane R, Komatsu K, Gouchi J, et al. Nat Commun, 2021, 12(1): 1-6.
[15] Salzmann C G, Loveday J S, Rosu-Finsen A, et al. Nat Commun, 2021, 12(1): 1-7.
[16] Hansen T C. Nat Commun, 2021, 12(1): 1-3.
[17] Gasser T M, Thoeny A V, Fortes A D, et al. Nat Commun, 2021, 12(1): 1-10.
[18] Millot M, Coppari F, Rygg J R, et al. Nature, 2019, 569(7755): 251-255.
[19] Algara-Siller G, Lehtinen O, Wang F C, et al. Nature, 2015, 519(7544): 443-445.
[20] Falenty A, Hansen T C, Kuhs W F. Nature, 2014, 516(7530): 231-233.
[21] Salzmann C G, Radaelli P G, Mayer E, et al. Phys Rev Lett, 2009, 103(10): 105701.
[22] Caracas R. Phys Rev Lett, 2008, 101(8): 085502.
[23] Salzmann C G, Radaelli P G, Hallbrucker A, et al. Science, 2006, 311(5768): 1758-1761.
[24] Umemoto K, Wentzcovitch R M, Baroni S, et al. Phys Rev Lett, 2004, 92(10): 105502.
[25] Pruzan P, Chervin J C, Wolanin E, et al. J Raman Spectrosc, 2003, 34(7-8): 591-610.
[26] Koza M M, Schober H, Hansen T, et al. Phys Rev Lett, 2000, 84(18): 4112-4115.
[27] Benoit M, Bernasconi M, Focher P, et al. Phys Rev Lett, 1996, 76(16): 2934-2936.

[28] Howe R, Whitworth R W. J Chem Phys, 1989, 90(8): 4450-4453.
[29] Kuhs W F, Finney J L, Vettier C, et al. J Chem Phys, 1984, 81(8): 3612-3623.
[30] Jorgensen J D, Beyerlein R A, Watanabe N, et al. J Chem Phys, 1984, 81(7): 3211-3214.
[31] Engelhardt H, Kamb B. J Chem Phys, 1981, 75(12): 5887-5899.
[32] Whalley E, Heath J B R, Davidson D W. J Chem Phys, 1968, 48(5): 2362-2370.
[33] Kamb B, Prakash A. Acta Crystallogr Sect B, 1968, 24(10): 1317-1327.
[34] Kamb B, Prakash A, Knobler C. Acta Cryst, 1967, 22(5): 706-715.
[35] Kamb B. Science, 1965, 150(3693): 205-209.
[36] Kamb B, Davis B L. Proc Natl Acad Sci USA, 1964, 52(6): 1433-1439.
[37] Kamb B. Acta Cryst, 1964, 17(11): 1437-1449.
[38] Owston P G. Adv Phys, 1958, 7(26): 171-188.
[39] Mcfarlan R L. J Chem Phys, 1936, 4(1): 60-64.
[40] Thénard L J. Ann Chim Phys, 1818, 8: 306-312.
[41] Giguère P A. J Chem Educ, 1983, 60(5): 399-401.
[42] Busing W R, Levy H A. J Chem Phys, 1965, 42(9): 3054-3059.
[43] Abrahams S C, Collin R L, Lipscomb W N. Acta Cryst, 1951, 4(1): 15-20.
[44] Olovsson I, Templeton D H. Acta Chem Scand, 1960, 14(6): 1325-1332.
[45] Riedl H J, Pfleiderer G. Productionofhydrogenperoxide: USA, US2158525. 1939.
[46] Campos-Martin J M, Blanco-Brieva G, Fierro J L G. Angew Chem Int Ed, 2006, 45(42): 6962-6984.
[47] 刘航, 方向晨, 贾立明, 等. 工业催化, 2013, 21(8): 18-22.
[48] 胡长诚. 化学推进剂与高分子材料, 2017, 15(2): 1-13 + 47.
[49] Meidinger H. Justus Liebigs Ann Chem, 1853, 88(1): 57-81.
[50] Elbs K, Schönherr O. Z Elektrochem, 1895, 2(12): 245-252.
[51] 张瑞霞, 李静. 造纸化学品, 2012, 24(6): 1-6.
[52] Zudin V N, Likholobov V A, Ermakov Y I. Kinet Catal, 1979, 20(6): 1324-1325.
[53] Feng W L, Cao Y, Yi N, et al. New J Chem, 2004, 28(12): 1431-1433.
[54] Lewis R J, Hutchings G J. ChemCatChem, 2019, 11(1): 298-308.
[55] 栾国颜, 高维平, 姚平经. 化工科技市场, 2005, (1): 15-19.
[56] 宋少飞, 胡道道, 沈淑坤. 世界科技研究与发展, 2006, 28(2): 20-29.
[57] 顾泉, 闫旭梅, 张薇, 等. 化学教育(中英文), 2022, 43(6): 10-18.
[58] Perry S C, Pangotra D, Vieira L, et al. Nat Rev Chem, 2019, 3(7): 442-458.
[59] Ranganathan S, Sieber V. Catalysts, 2018, 8(9): 379.
[60] Yi Y H, Wang L, Li G, et al. Catal Sci Technol, 2016, 6(6): 1593-1610.
[61] Viswanathan V, Hansen H A, Rossmeisl J, et al. J Phys Chem Lett, 2012, 3(20): 2948-2951.
[62] Viswanathan V, Hansen H A, Nørskov J K. J Phys Chem Lett, 2015, 6(21): 4224-4228.
[63] 管永川, 李鞾, 张金利. 化工进展, 2012, 31(8): 1641-1646 + 1655.
[64] Henkel H, Weber W. Making hydrogen peroxide: USA, US1108752. 1914.
[65] 孙冰. 安全、健康和环境, 2019, 19(4): 1-8.
[66] Otsuka K, Yamanaka I. Electrochim Acta, 1990, 35(2): 319-322.

[67] Yamanaka I, Onizawa T, Takenaka S, et al. Angew Chem Int Ed, 2003, 42(31): 3653-3655.
[68] Vaik K, Sarapuu A, Tammeveski K, et al. J Electroanal Chem, 2004, 564: 159-166.
[69] Xia C, Xia Y, Zhu P, et al. Science, 2019, 366(6462): 226-231.
[70] Morinaga K. Bull Chem Soc Jpn, 1962, 35(2): 345-348.
[71] Venugopalan M, Jones R A. Chem Rev, 1966, 66(2): 133-160.
[72] Hou H L, Zeng X K, Zhang X W. Angew Chem Int Ed, 2020, 59(40): 17356-17376.
[73] Fan W J, Zhang B Q, Wang X Y, et al. Energy Environ Sci, 2020, 13(1): 238-245.
[74] Fuku K, Sayama K. Chem Commun, 2016, 52(31): 5406-5409.
[75] Shi X J, Siahrostami S, Li G L, et al. Nat Commun, 2017, 8(1): 1-6.
[76] Baek J H, Gill T M, Abroshan H, et al. ACS Energy Lett, 2019, 4(3): 720-728.
[77] Zhang K, Liu J L, Wang L Y, et al. J Am Chem Soc, 2020, 142(19): 8641-8648.
[78] Rozendal R A, Leone E, Keller J, et al. Electrochem Commun, 2009, 11(9): 1752-1755.
[79] Chaudhuri P, Hess M, Flörke U, et al. Angew Chem Int Ed, 1998, 37(16): 2217-2220.
[80] Wang Y, Dubois J L, Hedman B, et al. Science, 1998, 279(5350): 537-540.
[81] Sheriff T S, Carr P, Piggott B. Inorg Chim Acta, 2003, 348: 115-122.
[82] Steudel R. Inorganic Polysulfanes H_2S_n with $n>1$. Elemental Sulfur and Sulfur-Rich Compounds. Berlin: Springer, 2003.
[83] Ashcroft N W. Phys Rev Lett, 2004, 92(18): 187002.
[84] Li Y W, Hao J, Liu H Y, et al. J Chem Phys, 2014, 140(17): 174712.
[85] Duan D F, Liu Y X, Tian F B, et al. Sci Rep, 2014, 4(6968): 1-6.
[86] Drozdov A P, Eremets M I, Troyan I A, et al. Nature, 2015, 525(7567): 73-76.
[87] Troyan I, Gavriliuk A, Rüffer R, et al. Science, 2016, 351(6279): 1303-1306.
[88] Li Y W, Wang L, Liu H Y, et al. Phys Rev B, 2016, 93(2): 020103.
[89] Duan D F, Huang X L, Tian F B, et al. Phys Rev B, 2015, 91(18): 180502.
[90] Bernstein N, Hellberg C S, Johannes M D, et al. Phys Rev B, 2015, 91(6): 060511.
[91] Einaga M, Sakata M, Ishikawa T, et al. Nat Phys, 2016, 12(9): 835-838.
[92] Ishikawa T, Nakanishi A, Shimizu K, et al. Sci Rep, 2016, 6(23160): 1-8
[93] Huang X L, Wang X, Duan D F, et al. Natl Sci Rev, 2019, 6(4): 713-718.
[94] Snider E, Dasenbrock-Gammon N, Mcbride R, et al. Nature, 2020, 586(7829): 373-377.
[95] Langner B E. Selenium and Selenium Compounds. Ullmann's Encyclopedia of Industrial Chemistry. Weinheim: Wiley-VCH Verlag GmbH & Co. KGaA, 2012.
[96] Atkins P W, Overton T, Rourke J, et al. Shriver & Atkins' Inorganic Chemistry. Oxford: Oxford University Press, 2010.
[97] Bagnall K W. Adv Inorg Chem Radiochem, 1962, 4: 197-229.
[98] Levy D E, Myers R J. J Phys Chem, 1990, 94(20): 7842-7847.
[99] Westrik R, Mac Gillavry C H. Recl Trav Chim Pays-Bas, 1941, 60(11): 794-810.
[100] Lee C I, Lee Y P, Wang X F, et al. J Chem Phys, 1998, 109(23): 10446-10455.
[101] Pley M, Wickleder M S. J Solid State Chem, 2005, 178(10): 3206-3209.
[102] Mcclelland B W, Gundersen G, Hedberg K. J Chem Phys, 1972, 56(9): 4541-4545.
[103] Hisatsune I C, Devlin J P, Wada Y. Spectrochim Acta, 1962, 18(12): 1641-1653.

[104] Hampson G C, Stosick A J. J Am Chem Soc, 1938, 60(8): 1814-1822.
[105] Cox P A. Transition Metal Oxides: An Introduction to Their Electronic Structure and Properties. Oxford: Clarendon Press, 2010.
[106] Sreedhara M B, Matte H S S R, Govindaraj A, et al. Chem-Asian J, 2013, 8(10): 2430-2435.
[107] 张青莲. 无机化学丛书 第五卷: 氧硫硒分族. 北京: 科学出版社, 1993.
[108] 向阳, 王义, 朱程鑫, 等. 现代技术陶瓷, 2020, 41(6): 394-404.
[109] 范金岭. 陶瓷, 2013, (10): 18-20.
[110] 宋天佑, 徐家宁, 程功臻. 无机化学. 北京: 高等教育出版社, 2019.
[111] 吴国庆. 无机化学. 北京: 高等教育出版社, 2003.
[112] Hayyan M, Hashim M A, Alnashef I M. Chem Rev, 2016, 116(5): 3029-3085.
[113] Valko M, Leibfritz D, Moncol J, et al. Int J Biochem Cell Biol, 2007, 39(1): 44-84.
[114] Ballou E V, Wood P C, Spitze L A, et al. Ind Eng Chem, Prod Res Dev, 1977, 16(2): 180-186.
[115] Bartlett N, Lohmann D H. J Chem Soc, 1962: 5253-5261.
[116] Young A R, Hirata T, Morrow S I. J Am Chem Soc, 1964, 86(1): 20-22.
[117] Vasile M J, Falconer W E. J Chem Soc, Dalton Trans, 1975, (4): 316-318.
[118] Solomon I J, Brabets R I, Uenishi R K, et al. Inorg Chem, 1964, 3(3): 457.
[119] Goetschel C T, Loos K R. J Am Chem Soc, 1972, 94(9): 3018-3021.
[120] Dupin J C, Gonbeau D, Vinatier P, et al. Phys Chem Chem Phys, 2000, 2(6): 1319-1324.
[121] 司徒杰生. 无机盐工业, 1981, (5): 57-58.
[122] Mimoun H. Transition-Metal Peroxides: Synthesis and Use as Oxidizing Agents. Peroxides. Jerusalem: John Wiley & Sons Ltd, 1983.
[123] Jansen M, Nuss H. Z Anorg Allg Chem, 2007, 633(9): 1307-1315.
[124] Klein W, Armbruster K, Jansen M. Chem Commun, 1998, (6): 707-708.
[125] Housecroft C E, Sharpe A G. Inorganic Chemistry. 3rd ed. Englewood: Pearson Education Limited, 2008.
[126] Wada H, Menetrier M, Levasseur A, et al. Mater Res Bull, 1983, 18(2): 189-193.
[127] Li X T, Cui B, Zhao W K, et al. Nanotechnology, 2021, 32(22): 225401.
[128] 卢开涛, 卢明刚. 化学教育, 1999, (Z1): 79-80.
[129] 张波, 庞弟. 宁夏师范学院学报, 2007, 28(3): 92-94.
[130] 张波. 固原师专学报, 2005, 26(6): 105-107.
[131] 孙阮冰, 李瑞灿. 周口师专学报, 1994, 11(4): 54-59.
[132] 肖盛兰, 何长平. 四川师范大学学报(自然科学版), 1994, 15(2): 183-185.
[133] 栾蕊, 韩恩山. 化学世界, 2002, (2): 105-108.
[134] 张运陶, 肖盛兰. 计算机与应用化学, 2004, 21(5): 690-694.
[135] Takeda N, Tokitoh N, Okazaki R. Top Curr Chem, 2003, 231: 153-202.
[136] Müller A, Diemann E. Adv Inorg Chem, 1987, 31: 89-122.
[137] 刘连伟, 张晓卫. 山东农业大学学报, 1987, 18(4): 48.
[138] 任所财. 科学之友(B版), 2008, (3): 115 + 117.
[139] 王瑞斌, 王升文. 延安大学学报(自然科学版), 1994, (1): 84-86 + 73.
[140] Seel F. Adv Inorg Chem Radiochem, 1974, 16: 297-333.

[141] Johnson D R, Powell F X. Science, 1969, 164(3882): 950-951.
[142] Davis R W. J Mol Spectrosc, 1986, 116(2): 371-383.
[143] Davis R W, Firth S. J Mol Spectrosc, 1991, 145(2): 225-235.
[144] Tolles W M, Gwinn W D. J Chem Phys, 1962, 36(5): 1119-1121.
[145] Dodd R E, Woodward L A, Roberts H L. Trans Faraday Soc, 1956, 52: 1052-1061.
[146] Muetterties E L, Phillips W D. J Am Chem Soc, 1959, 81(5): 1084-1088.
[147] Fawcett F S, Tullock C W, Merrill C I. Inorg Synth, 1963, 7: 119-124.
[148] Tullock C W, Fawcett F S, Smith W C, et al. J Am Chem Soc, 1960, 82(3): 539-542.
[149] Carlowitz M V, Oberhammer H, Willner H, et al. J Mol Struct, 1983, 100: 161-177.
[150] Tachikawa H. J Phys B: At, Mol Opt Phys, 2001, 35(1): 55-60.
[151] Maiss M, Brenninkmeijer C A M. Environ Sci Technol, 1998, 32(20): 3077-3086.
[152] Denbigh K G, Whytlaw-Gray R. J Chem Soc, 1934: 1346-1352.
[153] Winter R, Nixon P G, Gard G L. J Fluorine Chem, 1998, 87(1): 85-86.
[154] Beagley B, Eckersley G H, Brown D P, et al. Trans Faraday Soc, 1969, 65: 2300-2307.
[155] Goettel J T, Kostiuk N, Gerken M. Angew Chem Int Ed, 2013, 125: 8195-8198.
[156] Zysman-Colman E, Harpp D N. J Sulfur Chem, 2004, 25(4): 291-316.
[157] Aynsley E E, Peacock R D, Robinson P L. J Chem Soc, 1952: 1231-1234.
[158] Seppelt K, Lentz D, Klöter G, et al. Inorg Synth, 1986, 24: 27-31.
[159] Gillespie R J, Whitla A. Can J Chem, 1970, 48(4): 657-663.
[160] Yost D M, Simons J H. Inorg Synth, 1939, 1: 121-122.
[161] Kniep R, Körte L, Mootz D. Z Naturforsch B, 1983, 38(1): 1-6.
[162] Lenher V, Kao C H. J Am Chem Soc, 1925, 47(3): 772-774.
[163] Kniep R, Körte L, Mootz D. Z Naturforsch B, 1981, 36(12): 1660-1662.
[164] Nowak H G, Suttle J F, Parker W E, et al. Inorg Synth, 1957, 5: 125-127.
[165] Born P, Kniep R, Mootz D. Z Anorg Allg Chem, 1979, 451(1): 12-24.
[166] Kniep R, Mootz D, Rabenau A. Z Anorg Allg Chem, 1976, 422: 17-38.
[167] Pietikäinen J, Laitinen R S. Chem Commun, 1998, (21): 2381-2382.
[168] Fernholt L, Haaland A, Volden H V, et al. J Mol Struct, 1985, 128(1): 29-31.
[169] Bagnall K W, D'eye R W M, Freeman J H. J Chem Soc, 1955: 2320-2326.
[170] Weinstock B, Chernick C L. J Am Chem Soc, 1960, 82(15): 4116-4117.
[171] Steudel Ralf. Sulfur-Rich Oxides SnO and SnO$_2$ (n>1). Elemental Sulfur und Sulfur-Rich Compounds Ⅱ. Berlin: Springer, 2003.
[172] De Petris G, Rosi M, Troiani A. Chem Commun, 2006, (42): 4416-4418.
[173] Meschi D J, Myers R J. J Mol Spectrosc, 1959, 3(1): 405-416.
[174] Vogt J. 836 O$_2$S$_2$ Disulfur Dioxide. Berlin: Springer, 2011.
[175] Greenwood N N, Earnshaw A. Chemistry of the Elements. Oxford: Butterworth-Heinemann, 1997.
[176] Yamaguchi T, Lindqvist O, Dahlborg U. Acta Chem Scand, Ser A, 1984, 28: 757-763.
[177] Müller H. Sulfur Dioxide. Ullmann's Encyclopedia of Industrial Chemistry. Weinheim: Wiley-VCH Verlag GmbH & Co. KGaA, 2012.

[178] Dorney A J, Hoy A R, Mills I M. J Mol Spectrosc, 1973, 45(2): 253-260.
[179] Muller T L. Kirk-Othmer Encycl Chem Technol, 2000, 23: 1-6.
[180] Ståhl K. Z Kristallogr-Cryst Mater, 1992, 202(1-4): 99-107.
[181] Brassington N J, Edwards H G M, Long D A, et al. J Raman Spectrosc, 1978, 7(3): 158-160.
[182] Žák Z. Z Anorg Allg Chem, 1980, 460(1): 81-85.
[183] Champarnaud-Mesjard J C, Blanchandin S, Thomas P, et al. J Phys Chem Solids, 2000, 61(9): 1499-1507.
[184] Loub J, Rosický J. Zeitschrift für Anorganische und Allgemeine Chemie, 1969, 365(5-6): 308-314.
[185] Plat A, Cornette J, Colas M, et al. J Alloys Compd, 2014, 587: 120-125.
[186] Dušek M, Loub J. Powder Diffr, 1988, 3(3): 175-176.
[187] Lindqvist O, Moret J. Acta Crystallogr Sect B, 1973, 29(4): 643-650.
[188] Bagnall K W, D'eye R W M. J Chem Soc, 1954: 4295-4299.
[189] Martin A W. J Phys Chem, 1954, 58(10): 911-913.
[190] Steudel R, Laitinen R. Top Curr Chem, 1982, 102: 177-197.
[191] Pekonen P, Hiltunen Y, Laitinen R S, et al. Inorg Chem, 1991, 30(19): 3679-3682.
[192] Laitinen R S, Pekonen P, Hiltunen Y, et al. Acta Chem Scand, 1989, 43: 436-440.
[193] Maaninen A, Chivers T, Parvez M, et al. Inorg Chem, 1999, 38(18): 4093-4097.
[194] Pupp M, Weiss J. Z Anorg Allg Chem, 1978, 440(1): 31-36.
[195] Bagnall K W, Robertson D S. J Chem Soc, 1957: 1044-1046.

第 3 章

硫的含氧酸及其盐

硫具有多价态和多成键特征(表 1-2)，能形成多种含氧酸。硫的含氧酸按结构可分为以下类别。

(1) 正酸系列：硫酸(H_2SO_4)、亚硫酸(H_2SO_3)、次硫酸(H_2SO_2)。比(正)某酸氧原子数少的冠以"亚"字，更少的冠以"次"字。

(2) 过酸系列：分子中含有过氧键基本单元的酸，如过一硫酸(H_2SO_5)、过二硫酸($H_2S_2O_8$)。

(3) 焦酸系列：由两分子酸失去一分子水形成的酸，如焦亚硫酸($H_2S_2O_5$)、焦硫酸($H_2S_2O_7$)。

(4) 硫代硫酸系列：分子中的一个氧原子被硫原子取代后形成的酸，如硫代硫酸($H_2S_2O_3$)、硫代亚硫酸($H_2S_2O_2$)。

(5) 连酸系列：含几个相同原子通过单键相结合的基本单元的酸，如连二亚硫酸($H_2S_2O_4$)、连多硫酸($H_2S_nO_6$)。

表 3-1 汇总了一些重要的硫的含氧酸及其酸根。

> **思考题**
>
> 3-1 根据你的了解，这些硫的含氧酸是否都有酸酐？

3.1 次硫酸及其盐

次硫酸(H_2SO_2)是一种硫的含氧酸，可能的结构如图 3-1 所示。它极不稳定，不存在游离酸，仅能以盐的形式存在[1]。

图 3-1 H_2SO_2 可能的结构

表 3-1　一些重要的硫的含氧酸及其酸根

名称	英文名	化学式	硫的氧化数	结构式	酸根	酸根中文名	酸根英文名	$pK_{a_1}^{\ominus}$	$pK_{a_2}^{\ominus}$	存在形式
次硫酸	hyposulfurous acid	H_2SO_2	+2	HO—S—OH	SO_2^{2-}	次硫酸根	hyposulfate	—	—	盐
亚硫酸	sulfurous acid	H_2SO_3	+4	HO—S(=O)—OH	SO_3^{2-}	亚硫酸根	sulfite	1.875	7.172	盐
焦亚硫酸	disulfurous acid	$H_2S_2O_5$	+4	HO—S(=O)—S(=O)—OH	$S_2O_5^{2-}$	焦亚硫酸根	metabisulfite	—	—	盐
硫代亚硫酸	thiosulfurous acid	$H_2S_2O_2$	+1	HO—S—SH	$S_2O_2^{2-}$	硫代亚硫酸根	thiosulfite	—	—	盐
硫酸	sulfuric acid	H_2SO_4	+6	HO—S(=O)(=O)—OH	SO_4^{2-}	硫酸根	sulfate	−2.8	2.0	酸、盐
焦硫酸	disulfuric acid	$H_2S_2O_7$	+6	HO—S(=O)(=O)—O—S(=O)(=O)—OH	$S_2O_7^{2-}$	焦硫酸根	pyrosulfate	—	—	酸、盐
硫代硫酸	thiosulfuric acid	$H_2S_2O_3$	+2	HO—S(=O)(=S)—OH	$S_2O_3^{2-}$	硫代硫酸根	thiosulfate	0.6	1.74	盐

续表

名称	英文名	化学式	硫的氧化数	结构式	酸根	酸根中文名	酸根英文名	$pK_{a_1}^{\ominus}$	$pK_{a_2}^{\ominus}$	存在形式
过一硫酸	peroxymonosulfuric acid	H_2SO_5	+8	HO—S(=O)(=O)—O—OH	SO_5^{2-}	过一硫酸根	peroxomonosulfate	—	—	酸、盐
过二硫酸	peroxydisulfuric acid	$H_2S_2O_8$	+7	HO—S(=O)(=O)—O—O—S(=O)(=O)—OH	$S_2O_8^{2-}$	过二硫酸根	peroxydisulfate	—	—	酸、盐
连二硫酸	dithionic acid	$H_2S_2O_6$	+5	HO—S(=O)(=O)—S(=O)(=O)—OH	$S_2O_6^{2-}$	连二硫酸根	dithionate	0.35	2.46	酸、盐
连多硫酸	polythionic acid	$H_2S_nO_6$ ($n=3\sim 6$)	—	HO—S(=O)(=O)—S$_{n-2}$—S(=O)(=O)—OH	$S_nO_6^{2-}$	连多硫酸根	polythionate	—	—	盐
连二亚硫酸	dithionous acid	$H_2S_2O_4$	+3	HO—S(=O)—S(=O)—OH	$S_2O_4^{2-}$	连二亚硫酸根	dithionite	0.35	2.54	酸、盐

目前发现并制得的次硫酸盐有次硫酸锌($ZnSO_2$)和次硫酸钴($CoSO_2$)。金属锌与硫酰氯(SO_2Cl_2)在乙醚中反应可制得 $ZnSO_2$。

$$2Zn + SO_2Cl_2 =\!= ZnSO_2 + ZnCl_2 \tag{3-1}$$

$CoSO_2$ 为棕色固体，可溶于水。制备方法如下：乙酸钴(Ⅱ)与连二亚硫酸钠溶液反应，再加入过量的氨，然后通二氧化碳至饱和，可以制得棕色的次硫酸钴晶体[2]。

$$(CH_3COO)_2Co + Na_2S_2O_4 =\!= 2CH_3COONa + CoS_2O_4 \tag{3-2}$$

$$CoS_2O_4 + 2NH_3 + H_2O =\!= (NH_4)_2SO_3 + CoSO_2 \tag{3-3}$$

甲醛次硫酸氢钠($HO—CH_2—SO_2Na$)，俗称雕白粉。该盐可由连二亚硫酸钠和甲醛制备。

$$Na_2S_2O_4 + 2CH_2O + H_2O =\!= HO—CH_2—SO_3Na + HO—CH_2—SO_2Na \tag{3-4}$$

$HO—CH_2—SO_2Na$ 呈白色块状或结晶性粉状，无臭或略有韭菜气味；易溶于水，微溶于醇。遇酸分解放出硫化氢。在 pH > 3 时稳定，对碱稳定。高温下具有极强的还原性。它有漂白作用，常被印染工业用作拔染剂和还原剂，生产靛蓝染料、还原染料等。但不得用作食品漂白添加剂。

3.2 亚硫酸及其盐

3.2.1 亚硫酸及其盐的结构和制备

亚硫酸的分子式为 H_2SO_3，没有证据表明溶液中存在亚硫酸，但在气相中检测到该分子[3]，其结构如图 3-2 所示。习惯上将 SO_2 溶于水形成的溶液称为 H_2SO_3 溶液，也可表示为 $SO_2 \cdot nH_2O$。

图 3-2　H_2SO_3 的结构

基于亚硫酸的盐有含 SO_3^{2-} 的亚硫酸盐和 HSO_3^- 的酸式亚硫酸盐，如亚硫酸钠(Na_2SO_3)和亚硫酸氢钠($NaHSO_3$)。SO_3^{2-} 有三种等效共振结构(图 3-3)。在每个共振结构中，S 原子与一个 O 原子形成双键，形式电荷为零(中性)，与另外两个 O 原子形成两个单键，每个 O 原子的形式电荷都为 −1。S 上还有一对非键合的孤对电子，因此 VSEPR 理论预测的结构是三角锥体(与 NH_3 分子的结构类似)，其中 S—O 键平均键长为 151 pm，O—S—O 键键角为 106°(图 3-3)。SO_3^{2-} 的质子化产生 HSO_3^- 两种异构体的混合物(图 3-4)。

图 3-3 SO_3^{2-} 的三种等效共振结构

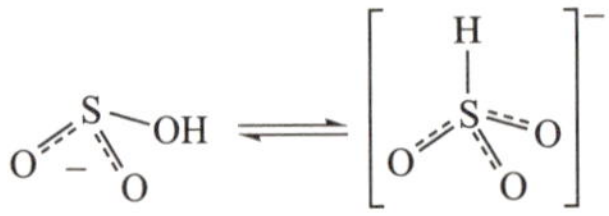

图 3-4 HSO_3^- 的两种异构体

亚硫酸盐和亚硫酸氢盐可以通过 SO_2 水溶液与碱反应制备[4-5]。

$$SO_2 + NaOH \Longrightarrow NaHSO_3 \quad (3\text{-}5)$$

$$2NaHSO_3 + Na_2CO_3 \xrightarrow{煮沸} 2Na_2SO_3 + CO_2 + H_2O \quad (3\text{-}6)$$

3.2.2 亚硫酸及其盐的性质

所有酸式亚硫酸盐都易溶于水，但除碱金属和铵的亚硫酸盐较易溶于水外，其他亚硫酸盐均难溶或微溶于水，其化学性质如下。

1. 酸性

二氧化硫水溶液的拉曼光谱仅显示 SO_2 分子和亚硫酸氢根 HSO_3^- 的信号[6]。H_2SO_3 溶液显酸性，溶液中存在以下平衡：

$$SO_2 + H_2O \Longrightarrow HSO_3^- + H^+ \qquad K_{a_1}^\ominus = 1.29 \times 10^{-2} \quad (3\text{-}7)$$

$$HSO_3^- \Longrightarrow SO_3^{2-} + H^+ \qquad K_{a_2}^\ominus = 6.24 \times 10^{-8} \quad (3\text{-}8)$$

> **思考题**
>
> 3-2 既然 H_2SO_3 溶液是 SO_2 溶于水形成的溶液，那么 $K_{a_1}^\ominus$ 正确的定义如何表示？

2. 还原性

$$E_A^\ominus/V \qquad SO_4^{2-} \xrightarrow{0.172} H_2SO_3 \xrightarrow{0.449} S \xrightarrow{0.142} H_2S$$

$$E_B^\ominus/V \qquad SO_4^{2-} \xrightarrow{-0.93} SO_3^{2-} \xrightarrow{-0.58} S \xrightarrow{-0.48} S^{2-}$$

从硫的元素电势图可以看出，无论在酸性条件还是碱性条件下，亚硫酸(盐)都具有较强的还原性，亚硫酸盐比亚硫酸的还原性强。可将 I_2、Cl_2、O_2、Fe^{3+} 等还原。其中，亚硫酸盐或亚硫酸与 Cl_2 的反应可在染料工业中漂白织物时用于除氯。

$$I_2 + H_2SO_3 + H_2O =\!=\!= H_2SO_4 + 2HI \tag{3-9}$$

$$2Fe^{3+} + H_2SO_3 + H_2O =\!=\!= H_2SO_4 + 2Fe^{2+} + 2H^+ \tag{3-10}$$

$$O_2 + 2Na_2SO_3 =\!=\!= 2Na_2SO_4 \tag{3-11}$$

$$Cl_2 + Na_2SO_3 + H_2O =\!=\!= Na_2SO_4 + 2HCl \tag{3-12}$$

3. 氧化性

亚硫酸及其盐既具有还原性(图 3-5)，又具有氧化性。但与二氧化硫一样，氧化性不如还原性突出，只在强还原剂的作用下才显氧化性。

$$H_2SO_3 + 2H_2S =\!=\!= 3S + 3H_2O \tag{3-13}$$

4. 不稳定性

图 3-5 经二氧化硫水溶液漂白前后的橡胶塞

酸式亚硫酸盐和亚硫酸盐遇强酸即分解放出二氧化硫。

$$SO_3^{2-} + 2H^+ =\!=\!= SO_2\uparrow + H_2O \tag{3-14}$$

$$HSO_3^- + H^+ =\!=\!= SO_2\uparrow + H_2O \tag{3-15}$$

亚硫酸盐受热时，一般都易发生歧化反应。例如，亚硫酸钠加热时歧化为硫化钠和硫酸钠。

$$4Na_2SO_3 =\!=\!= 3Na_2SO_4 + Na_2S \tag{3-16}$$

亚硫酸氢盐加热时生成焦亚硫酸盐。例如：

$$2NaHSO_3 =\!=\!= Na_2S_2O_5 + H_2O \tag{3-17}$$

5. 漂白作用

亚硫酸能与许多染料以及有色的有机化合物发生加成反应，生成无色的化合物，因而在漂染工业中也常用作漂白剂，漂白织物、羊毛、蚕丝和麦秆等。

> **思考题**
>
> 3-3　固体 Na_2SO_3 中常含有 Na_2SO_4，如何从 Na_2SO_3 中分别检出 SO_3^{2-} 和 SO_4^{2-}？试画出检出过程的流程图。

3.3　焦亚硫酸及其盐

3.3.1　焦亚硫酸及其盐的结构和制备

焦亚硫酸($H_2S_2O_5$)中两个 S 原子直接相连，结构如图 3-6(a)所示。其中，与三个 O 原子相连的 S 原子的氧化态为 +5，另一个 S 原子的氧化态为 +3[7]。它与 H_2SO_3 一样，不以游离状态存在[8]。

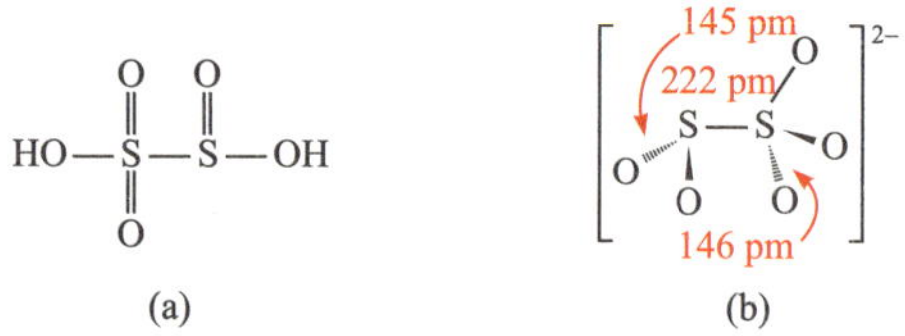

图 3-6　$H_2S_2O_5$(a)和 $S_2O_5^{2-}$(b)的结构

焦亚硫酸盐是含有 $S_2O_5^{2-}$ 的硫的含氧酸盐，如焦亚硫酸钠($Na_2S_2O_5$)和焦亚硫酸钾($K_2S_2O_5$)。$S_2O_5^{2-}$ 的结构如图 3-6(b)所示，由 SO_3 基团和 SO_2 基团相连组成，负电荷更多地集中在 SO_3 端。S—S 键键长为 222 pm，SO_3 和 SO_2 基团中 S—O 键键长分别为 146 pm 和 145 pm[9]。

焦亚硫酸盐由酸式亚硫酸盐脱水而成[10]。

$$2HSO_3^- \Longleftrightarrow S_2O_5^{2-} + H_2O \tag{3-18}$$

将 SO_2 通入酸式亚硫酸盐中也能得到焦硫酸盐。工业上采用 SO_2 和 Na_2CO_3 反应制备 $Na_2S_2O_5$。

$$Na_2CO_3 + 2SO_2 \Longrightarrow Na_2S_2O_5 + CO_2 \tag{3-19}$$

3.3.2　焦亚硫酸及其盐的性质

$Na_2S_2O_5$ 为白色或黄色结晶，有强烈的刺激性气味，溶于水。当 $Na_2S_2O_5$ 和 $K_2S_2O_5$ 溶解在水中时，释放出 HSO_3^-，所以它们的作用相当于亚硫酸氢钠或亚硫酸氢钾[4]。与强酸接触放出二氧化硫并生成相应的盐类。久置空气中会氧化成硫酸钠，故焦亚硫酸钠不能久存。

3.4 硫代亚硫酸及其盐

硫代亚硫酸($H_2S_2O_2$)是一种假设的化合物，在合成的过程中会产生聚合物[11]。它是一种低氧化态(+1)硫的含氧酸，是 S_2O(硫化亚硫酰)的对应酸。硫代亚硫酸有两种互变异构体：羟基巯基亚硫酰[HS—S(=O)—OH，即亚硫酸分子中的一个羟基氧被硫原子取代]和二羟基硫代亚硫酰[S=S(OH)$_2$，即亚硫酸分子中的一个非羟基氧被硫原子取代]，其结构如图 3-7 所示。还有一种同分异构体是 HOSSOH(二羟基乙硫烷，连二次硫酸)。根据计算，HS—S(=O)—OH 异构体是最稳定的[12]。

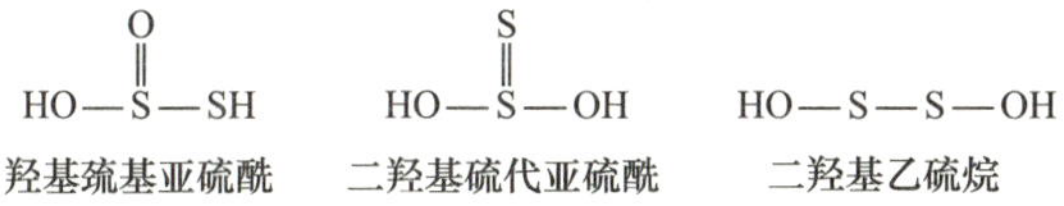

$$HO-\underset{\underset{O}{\|}}{S}-SH \qquad HO-\underset{\underset{S}{\|}}{S}-OH \qquad HO-S-S-OH$$

　　羟基巯基亚硫酰　　二羟基硫代亚硫酰　　二羟基乙硫烷

图 3-7 $H_2S_2O_2$ 的三种同分异构体

硫代亚硫酸形成的盐称为硫代亚硫酸盐，酸根为 $S_2O_2^{2-}$。

硫代亚硫酸可在 S_2Cl_2(二氯化二硫)的水解过程中形成。

硫代亚硫酸在水中易分解。在碱性条件下，硫代亚硫酸迅速变质，形成硫化物、硫、亚硫酸盐和硫代硫酸盐的混合物。在酸性条件下，它也会形成硫化氢和二氧化硫。

硫代亚硫酸与亚硫酸氢根反应生成连四硫酸盐，与硫代硫酸氢根反应生成连六硫酸盐[13]。

3.5 硫酸及其盐

3.5.1 硫酸

1. 结构

硫酸(H_2SO_4)分子为四面体构型(图 3-8)，分子中 S 原子采取 sp^3 不等性杂化，两个有单电子的杂化轨道与两个—OH 分别形成 σ 键(S—O 键键长为 157.4 pm)，两个有电子对的杂化轨道与端基 O 形成 σ 键，两个端基 O 有电子对的 p 轨道向 S 原子的 d 轨道配位，形成 d-pπ 配键，所以 S 与端基 O 形成 S=O 双键(键长为 142.2 pm)。在硫酸分子中，O—S—O 键键角为 98°～117°，其中两个短键(S=O)之间的夹角最大。

结构式　　　　　　　　　　球棍模型

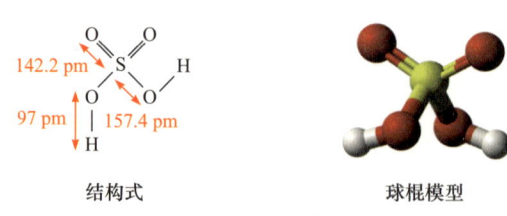

图 3-8　H₂SO₄ 的结构

在无水硫酸中，每个四面体形的硫酸分子通过氢键与相邻的 4 个硫酸分子连接而形成层状结构，在浓硫酸中也存在类似的情况。

2. 制备

硫酸是重要的基础化工原料，硫酸的年产量可以衡量一个国家的化工生产能力[14]。三氧化硫与水化合，生成 H_2SO_4。工业上制造硫酸的方法有两种，即铅室法和接触法[15]，目前大多数采用接触法。铅室法以硫或含硫矿石(如黄铁矿等)为原料，在焚矿炉中将其燃烧成二氧化硫；然后，利用氮的氧化物的催化氧化，使 SO_2 与 O_2 反应并转化为硫酸。接触法生产硫酸是用五氧化二钒作催化剂，在常压和一定温度下将 SO_2 催化氧化为 SO_3；然后，用浓硫酸(98.3%)吸收三氧化硫，得到发烟硫酸(含过量 20%的三氧化硫)；再用 92.5%的硫酸稀释发烟硫酸，得到浓度为 98.3%的商品浓硫酸。用接触法可以直接制得浓度为 98%以上的硫酸和发烟硫酸，纯度也比铅室法所制硫酸的高。

3. 物理性质

纯硫酸为透明无色无臭的油状液体，凝固点为 10.36℃，加水或三氧化硫均会使凝固点下降。纯硫酸能与水以任意比例互溶，同时放出大量的热，使水沸腾。加热到 290℃时开始释放出 SO_3，最终变成浓度为 98.3%的水溶液，在 337℃时沸腾成为共沸混合物，此溶液密度为 $1.84 \text{ g} \cdot \text{cm}^{-3}$，浓度相当于 $18 \text{ mol} \cdot \text{L}^{-1}$。

硫酸的沸点及黏度较高，这是因为其分子内部的氢键较强。298 K 时，其黏度为 $0.02454 \text{ Pa} \cdot \text{s}$。利用硫酸的高沸点的特性，可以将其与某些挥发性酸的固体盐作用，置换出挥发性酸。例如：

$$\text{NaNO}_3 + \text{H}_2\text{SO}_4 = \text{NaHSO}_4 + \text{HNO}_3\uparrow \quad (3\text{-}20)$$

$$\text{NaCl} + \text{H}_2\text{SO}_4 = \text{NaHSO}_4 + \text{HCl}\uparrow \quad (3\text{-}21)$$

硫酸的介电常数较高，因此是电解质的良好溶剂，而作为非电解质的溶剂则不太理想。纯硫酸是极性非常大的液体，其介电常数约为 100。因为分子与分子之间能够相互质子化，所以具有极高的导电性，这个过程称为质子自迁移[1]。

4. 化学性质

1) 强酸性

硫酸是强二元酸。在它的稀溶液中,解离作用分两步进行:

$$H_2SO_4 + H_2O \Longrightarrow H_3O^+ + HSO_4^- \qquad K_{a_1}^{\ominus} \approx 10^3 \qquad (3\text{-}22)$$

$$HSO_4^- + H_2O \Longrightarrow H_3O^+ + SO_4^{2-} \qquad K_{a_2}^{\ominus} = 1.0 \times 10^{-2} \qquad (3\text{-}23)$$

稀硫酸的第一步解离几乎是完全的,第二步解离程度较低。它在 $0.05\ \text{mol} \cdot \text{L}^{-1}$ 溶液中的解离度为 59%;在 $0.5\ \text{mol} \cdot \text{L}^{-1}$ 溶液中为 51%。

2) 强吸水性和脱水性

硫酸是 SO_3 的水合物,还可以生成一系列其他水合物,如 $H_2SO_4 \cdot H_2O$、$H_2SO_4 \cdot 2H_2O$ 和 $H_2SO_4 \cdot 4H_2O$。这些水合物很稳定,因此浓硫酸具有很强的吸水性,而且硫酸的水合作用会释放大量的热。利用浓硫酸的吸水性,可将其作为干燥剂。因此,浓硫酸的脱水性很强,脱水时按水的组成比脱去。脱水性是浓硫酸的性质,而不是稀硫酸的性质。物质被浓硫酸脱水的过程是化学变化,反应时,浓硫酸按水分子中氢、氧原子数之比(2∶1)夺取被脱水物中的氢原子和氧原子或脱去非游离态的结晶水。例如,含氢和氧比例为 2∶1 的有机化合物蔗糖 $C_{12}H_{22}O_{11}$ 或纤维素 $(C_6H_{10}O_5)_n$ 遇到浓硫酸,就会脱去组成水生成碳(图 3-9)。

$$C_{12}H_{22}O_{11} + 11H_2SO_4(\text{浓}) \Longrightarrow 12C + 11H_2SO_4 \cdot H_2O \qquad (3\text{-}24)$$

$$(C_6H_{10}O_5)_n + 5nH_2SO_4(\text{浓}) \Longrightarrow 6nC + 5nH_2SO_4 \cdot H_2O \qquad (3\text{-}25)$$

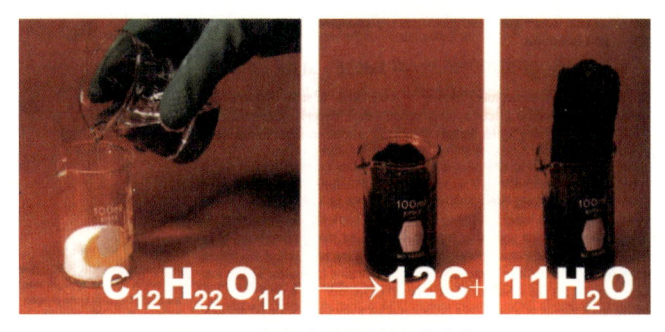

图 3-9 浓硫酸对蔗糖的脱水作用

例题 3-1

浓硫酸为什么可以作为很好的干燥剂?

解 提示:因为浓硫酸可以形成一系列稳定的水合物,如 $H_2SO_4 \cdot H_2O$、$H_2SO_4 \cdot 2H_2O$、$H_2SO_4 \cdot 4H_2O$ 等。

3) 强氧化性

浓硫酸具有较强的氧化性。在浓硫酸中，分子中极化能力很强的 H^+ 有很强的反极化作用，从而削弱了 S 和 O 之间的作用，大大减弱了硫酸的稳定性。反应生成的水与浓硫酸结合释放大量的热也会促进反应的进行。热的浓硫酸可以氧化某些非金属和金属单质；也可以氧化具有较强还原性的物质，如 NaI。例如：

$$2H_2SO_4(浓) + S = 3SO_2\uparrow + 2H_2O \qquad (3\text{-}26)$$

$$2H_2SO_4(浓) + C = 2SO_2\uparrow + CO_2\uparrow + 2H_2O \qquad (3\text{-}27)$$

$$2H_2SO_4(浓) + Cu = SO_2\uparrow + CuSO_4 + 2H_2O \qquad (3\text{-}28)$$

$$2H_2SO_4(浓) + Zn = SO_2\uparrow + ZnSO_4 + 2H_2O \qquad (3\text{-}29)$$

$$9H_2SO_4(浓) + 8NaI = H_2S\uparrow + 4I_2 + 4H_2O + 8NaHSO_4 \qquad (3\text{-}30)$$

硫酸在一般浓度时并不是强氧化剂，氧化性甚至不如稀亚硫酸，如亚硫酸能氧化 H_2S 而稀硫酸不能。原因是稀硫酸以 H^+ 和稳定的 SO_4^{2-} 形式存在于溶液中，H^+ 不能破坏 S 和 O 之间的结合。

例题 3-2

浓 H_2SO_4 的氧化性极强，可氧化许多金属和非金属单质。为什么还可以用铝罐和铁罐盛放浓 H_2SO_4？

解 因为可以形成一层致密的保护膜，从而阻止其进一步反应。

4) 稀硫酸的一些性质

稀硫酸可与多数金属(比铜活泼)和绝大多数金属氧化物反应，生成相应的硫酸盐和水；与弱酸的盐反应，生成相应的硫酸盐和弱酸；与碱反应，生成相应的硫酸盐和水；与较活泼金属在一定条件下反应，生成相应的硫酸盐和氢气；加热条件下可催化蛋白质、二糖和多糖的水解；能与指示剂作用，使紫色石蕊试液变红，而无色酚酞试液不变色。

3.5.2 硫酸盐

1. 结构

硫酸是二元酸，能形成正盐和酸式盐。SO_4^{2-} 具有正四面体形结构，其 S—O 键键长均为 149 pm[图 3-10(a)]，表明在 S—O 键中还存在 $d\pi\text{-}p\pi$ 的成分，它是由填充在氧原子 $p\pi$ 轨道上的电子移到硫原子的空 $d\pi$ 轨道而形成的。HSO_4^- 是 H_2SO_4 的共轭碱，也具有四面体结构[图 3-10(b)]。

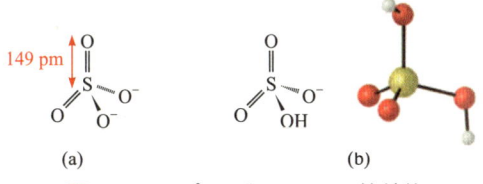

图 3-10 SO_4^{2-} (a)和 HSO_4^- (b)的结构

2. 制备

制备金属硫酸盐的方法包括：金属硫化物或亚硫酸盐的氧化；用硫酸处理金属、金属氢氧化物或金属氧化物[1]。例如：

$$Zn + H_2SO_4 \Longrightarrow ZnSO_4 + H_2 \qquad (3-31)$$

$$Cu(OH)_2 + H_2SO_4 \Longrightarrow CuSO_4 + 2H_2O \qquad (3-32)$$

$$CdCO_3 + H_2SO_4 \Longrightarrow CdSO_4 + H_2O + CO_2 \qquad (3-33)$$

酸式盐可以通过一些金属的盐与过量硫酸反应生成，也可以通过碱与硫酸反应制备。例如：

$$NaX + H_2SO_4 \longrightarrow NaHSO_4 + HX \ (X = Cl^-、CN^-、NO_3^-、ClO_4^-) \qquad (3-34)$$

$$NaOH + H_2SO_4 \Longrightarrow NaHSO_4 + H_2O \qquad (3-35)$$

3. 性质

1) 溶解性

大多数硫酸盐都较易溶于水，其水溶液因 HSO_4^- 部分解离而显酸性。仅有少数几种如铅、钡、锶、汞、钙和银的硫酸盐是难溶和微溶的。$CaSO_4$ 和 Ag_2SO_4 微溶；$PbSO_4$、$BaSO_4$、$SrSO_4$ 和 Hg_2SO_4 难溶。除碱金属能生成稳定的固态酸式硫酸盐外，其他金属的酸式硫酸盐仅存在于溶液中。酸式硫酸盐都易溶于水。

2) 易带结晶水

大多数硫酸盐结晶时常带有结晶水，如 $CuSO_4 \cdot 5H_2O$(胆矾或蓝矾)、$FeSO_4 \cdot 7H_2O$(绿矾)、$ZnSO_4 \cdot 7H_2O$(皓矾)、$Na_2SO_4 \cdot 10H_2O$(芒硝)、$MgSO_4 \cdot 7H_2O$(泻盐)、$CaSO_4 \cdot 2H_2O$(石膏)。这些结晶水在结构上并不完全相同。例如，$CuSO_4 \cdot 5H_2O$ 和 $FeSO_4 \cdot 7H_2O$ 的实际组成分别写为 $[Cu(H_2O)_4]^{2+}[SO_4(H_2O)]^{2-}$ 和 $[Fe(H_2O)_6]^{2+}[SO_4(H_2O)]^{2-}$，其中水合硫酸根是由水分子和硫酸根通过氢键连接而构成的(图 3-11)。

图 3-11 水合硫酸根的结构

含结晶水的硫酸盐一般都易溶于水，但 $CaSO_4 \cdot 2H_2O$ 除外。

3) 易形成复盐

许多硫酸盐可形成复盐,称为矾。常见的组成有两大类。

第一类组成通式为 $M_2SO_4 \cdot M'SO_4 \cdot 6H_2O$,其中 M 为 NH_4^+、Na^+、K^+、Rb^+、Cs^+等,M' 为 Fe^{2+}、Co^{2+}、Ni^{2+}、Cu^{2+}、Zn^{2+}、Hg^{2+}等,如莫尔盐[硫酸亚铁铵,$(NH_4)_2SO_4 \cdot FeSO_4 \cdot 6H_2O$](图 3-12)和镁钾矾($K_2SO_4 \cdot MgSO_4 \cdot 6H_2O$)。莫尔盐中的二价铁离子稳定,可作为定量分析的基准物质。

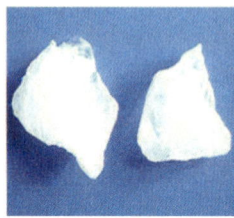

图 3-12　几种重要的矾(从左到右依次为莫尔盐、明矾、铁铵矾和铬钾矾)

第二类组成通式为 $M_2SO_4 \cdot M'_2(SO_4)_3 \cdot 24H_2O$,其中 M 为 NH_4^+、Na^+、K^+、Rb^+、Cs^+等,M' 为 V^{3+}、Cr^{3+}、Fe^{3+}、Co^{3+}、Al^{3+}、Ga^{3+}等,如明矾[$K_2SO_4 \cdot Al_2(SO_4)_3 \cdot 24H_2O$]、铁铵矾[$(NH_4)_2SO_4 \cdot Fe_2(SO_4)_3 \cdot 24H_2O$]和铬钾矾[$K_2SO_4 \cdot Cr_2(SO_4)_3 \cdot 24H_2O$]。

4) 热稳定性

硫酸根不易变形,故硫酸盐均为离子晶体,具有较高的热稳定性。硫酸盐高温分解的基本形式是生成金属氧化物和 SO_3。例如:

$$MgSO_4 = MgO + SO_3 \tag{3-36}$$

若金属离子有强的极化作用,高温下晶格中离子的热振动加强,强化了离子间的相互极化作用,其氧化物不稳定,也可能进一步分解。此外,SO_3 高温下也可能分解。例如:

$$4Ag_2SO_4 = 8Ag + 2SO_3\uparrow + 2SO_2\uparrow + 3O_2\uparrow \tag{3-37}$$

若阳离子具有还原性,分解过程中可能将 SO_3 部分还原。例如:

$$2FeSO_4 = Fe_2O_3 + SO_3\uparrow + SO_2\uparrow \tag{3-38}$$

不同硫酸盐的热稳定性不同,这与阳离子的极化能力有关。阳离子的电荷、半径以及电子结构决定其极化能力。硫酸盐的分解温度的规律基本遵循离子极化理论的结果。

同一族且金属氧化态相同的硫酸盐,由于金属离子半径增大,极化能力减弱,其热分解温度从上到下升高。例如:

	MgSO$_4$	CaSO$_4$	SrSO$_4$
分解温度/℃	895	1149	1374

同一金属不同氧化态的硫酸盐，金属电荷越高，极化能力越强，其硫酸盐的分解温度越低。例如：

	Mn$_2$(SO$_4$)$_3$	MnSO$_4$
分解温度/℃	300	755

若金属阳离子的电荷相同、半径相近，则具有 8e 构型的金属阳离子比 18e 构型的金属阳离子有效核电荷低，极化能力弱，硫酸盐的分解温度高。例如：

	CaSO$_4$	CdSO$_4$
分解温度/℃	1149	816

4. 用途

硫酸盐有广泛的用途。例如，硫酸钠主要用于制水玻璃、玻璃、瓷釉、纸浆、制冷混合剂、洗涤剂、干燥剂、染料稀释剂、分析化学试剂、医药用品等。明矾是一种较好的净水剂。在医疗上，硫酸亚铁可用于生产防治缺铁性贫血的药剂；在工业上，硫酸亚铁还是生产铁系列净水剂和颜料氧化红铁(主要成分为 Fe$_2$O$_3$)的原料。硫酸钡不容易被 X 射线透过，在医疗上可用作检查肠胃的内服药剂，俗称"钡餐"。硫酸钡还可以用作白色颜料，以及高档油漆、油墨、造纸、塑料、橡胶的原料及填充剂。石膏可用来制作各种模型和医疗使用的石膏绷带；在水泥生产中，可用石膏调节水泥的凝固时间；在石膏资源丰富的地方可以用它制备硫酸。

3.6 焦硫酸及其盐

3.6.1 焦硫酸

在浓硫酸中溶入过量的三氧化硫，即得到发烟硫酸(H$_2$SO$_4$·nSO$_3$)。当 n = 1 时，就是焦硫酸(H$_2$S$_2$O$_7$)。焦硫酸的结构见图 3-13(a)。

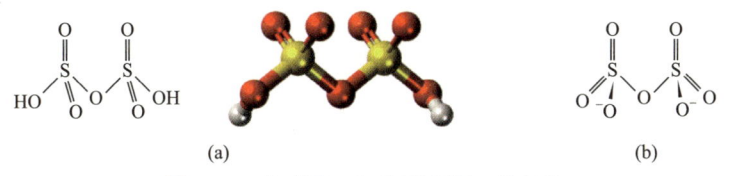

图 3-13 焦硫酸(a)和焦硫酸根(b)的结构

焦硫酸也可以看作是两分子硫酸之间脱去一分子水形成的产物。

$$\underset{O}{\overset{O}{HO-S-O}}{-}H\ \ H{-}O{-}\underset{O}{\overset{O}{S}}{-}OH \longrightarrow \underset{O}{\overset{O}{HO-S-O}}{-}\underset{O}{\overset{O}{S}}{-}OH + H_2O \tag{3-39}$$

焦硫酸为无色晶状固体，熔点为 35℃，20℃时密度为 1.9 g·mL^{-1}。焦硫酸遇水缓慢反应又生成硫酸。

$$H_2S_2O_7 + H_2O \Longleftrightarrow 2H_2SO_4 \tag{3-40}$$

焦硫酸加热时失去三氧化硫，溶于水便成为硫酸。

$$H_2S_2O_7 \Longleftrightarrow H_2SO_4 + SO_3 \tag{3-41}$$

$$SO_3 + H_2O \Longleftrightarrow H_2SO_4 \tag{3-42}$$

焦硫酸具有比浓硫酸更强的氧化性，常用作脱水剂和磺化剂，并用于精炼石油产品、制造炸药和某些染料。

焦硫酸的酸性也比硫酸强。它有如下的电离平衡：

$$2H_2S_2O_7 \Longleftrightarrow H_2S_3O_{10} + H_2SO_4 \Longleftrightarrow HS_3O_{10}^- + H_3SO_4^+ \tag{3-43}$$

3.6.2 焦硫酸盐

焦硫酸根具有弯曲形结构[图 3-13(b)]，两个 S 原子则以 O 原子桥接。S—O 键键长为 143.7 pm，S—O—S 键键角为 124.2°[16]。

加热固态的碱金属酸式硫酸盐，即可得到焦硫酸盐。例如：

$$2NaHSO_4 \Longleftrightarrow Na_2S_2O_7 + H_2O \tag{3-44}$$

$$2KHSO_4 \Longleftrightarrow K_2S_2O_7 + H_2O \tag{3-45}$$

将无水的碱金属硫酸盐和三氧化硫置于密封管内，并使它们在 450℃下反应，也可得到焦硫酸盐。例如：

$$SO_3 + Na_2SO_4 \Longleftrightarrow Na_2S_2O_7 \tag{3-46}$$

$$SO_3 + K_2SO_4 \Longleftrightarrow K_2S_2O_7 \tag{3-47}$$

焦硫酸盐溶于水，大部分转变为酸式硫酸盐。固态的焦硫酸盐在高温下脱去三氧化硫，转变为硫酸盐。例如：

$$K_2S_2O_7 + H_2O \Longleftrightarrow 2KHSO_4 \tag{3-48}$$

$$K_2S_2O_7 \Longleftrightarrow K_2SO_4 + SO_3 \tag{3-49}$$

焦硫酸钾是最具有实际意义的焦硫酸盐，为白色片状固体，熔点约 325℃。

焦硫酸盐的重要作用是熔矿作用，即某些难溶的碱性或两性氧化物(如 Fe_2O_3、Al_2O_3、Cr_2O_3、TiO_2)与 $K_2S_2O_7$ 或 $KHSO_4$ 共熔时，可使矿物转变为可溶性的硫酸盐。例如：

$$Fe_2O_3 + 3K_2S_2O_7 =\!=\!= Fe_2(SO_4)_3 + 3K_2SO_4 \tag{3-50}$$

$$Al_2O_3 + 3K_2S_2O_7 =\!=\!= Al_2(SO_4)_3 + 3K_2SO_4 \tag{3-51}$$

分析化学中可用这种方法在定量分析之前完全溶解难溶样品[17-18]。

3.7 硫代硫酸及其盐

3.7.1 硫代硫酸

1. 结构

硫代硫酸($H_2S_2O_3$)可以看作是 H_2SO_4 分子中一个端基 O 原子被 S 原子取代得到的产物，其结构如图 3-14 所示。其中，S═O 双键键长为 147 pm，S—S 键键长为 201 pm，端基 S 原子和中心 S 的氧化数为−2 和 +6。

图 3-14　硫代硫酸(a)和硫代硫酸根(b)的结构

2. 制备

实验室常用以下方法制备硫代硫酸盐：

$$M_2SO_3(aq) + S(s) =\!=\!= M_2S_2O_3(aq) \quad (M = Na、K、NH_4^+) \tag{3-52}$$

在−78℃及无水情况下，可通过 H_2S 和 SO_3 在乙醚中的反应制备硫代硫酸。

$$H_2S + SO_3 + n(C_2H_5)_2O =\!=\!= H_2S_2O_3 \cdot n(C_2H_5)_2O \tag{3-53}$$

氯磺酸和硫化氢在−78℃下反应生成不含任何溶剂的硫代硫酸。

$$ClSO_3H + H_2S =\!=\!= H_2S_2O_3 + HCl \tag{3-54}$$

无水硫代硫酸钠与无水盐酸在 10℃以下反应，也生成不含任何溶剂的硫代硫酸。

$$Na_2S_2O_3 + 2HCl =\!=\!= 2NaCl + H_2S_2O_3 \tag{3-55}$$

3. 性质

常温下，游离的硫代硫酸极不稳定。用酸酸化硫代硫酸盐溶液时，生成的硫代硫酸随即分解。该酸在 0℃ 以下定量分解为硫化氢和三氧化硫(类似硫酸在沸点分解为水和三氧化硫)。

$$H_2S_2O_3 \Longrightarrow H_2S + SO_3 \tag{3-56}$$

该酸在 45℃ 以上分解为二氧化硫、硫单质和水。

$$H_2S_2O_3 \Longrightarrow SO_2 + S + H_2O \tag{3-57}$$

3.7.2 硫代硫酸盐

1. 结构

硫代硫酸不稳定，但是其盐较稳定。$S_2O_3^{2-}$ 在碱性溶液或晶态的碱金属硫代硫酸盐中都是稳定的。$S_2O_3^{2-}$ 具有四面体形结构。其中，S—S 键键长为 201.3 pm ± 0.3 pm，S—O 键键长为 146.8 pm ± 0.4 pm。这种键长意味着有相当程度的 S—S π 键和 S—O π 键的性质。在 $S_2O_3^{2-}$ 中，中心硫原子和 SO_4^{2-} 中的中心硫原子是等同的，氧化数为+6；而配位的硫原子的氧化数为–2。因此，在 $S_2O_3^{2-}$ 中，硫原子的平均氧化数是+2。硫代硫酸钠是最重要的硫代硫酸盐，其结构如图 3-15 所示。

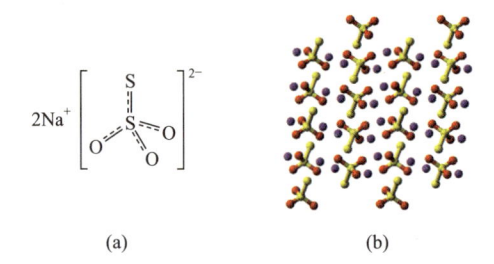

图 3-15 硫代硫酸钠的结构式(a)和晶体结构(b)

2. 制备

在煮沸温度下，硫粉与碱或 Na_2SO_3 反应可制备硫代硫酸钠。

$$6NaOH + 4S \Longrightarrow 2Na_2S + Na_2S_2O_3 + 3H_2O \tag{3-58}$$

$$Na_2SO_3 + S \Longrightarrow Na_2S_2O_3 \tag{3-59}$$

将 Na_2S 和 Na_2CO_3 以物质的量比 2∶1 配成溶液，然后通入 SO_2，也生成 $Na_2S_2O_3$。

$$2Na_2S + Na_2CO_3 + 4SO_2 =\!\!=\!\!= 3Na_2S_2O_3 + CO_2 \tag{3-60}$$

制备硫代硫酸钠时，溶液必须控制在碱性范围，否则会有硫析出而使产品变黄。

3. 性质

$Na_2S_2O_3 \cdot 5H_2O$ 俗称海波或大苏打，为无色或白色结晶性粉末，熔点和沸点分别为 48℃和 100℃，密度为 1.667 g·cm^{-3}。溶于水和松节油，难溶于乙醇。加热至 300℃后，硫代硫酸钠分解为硫酸钠和多硫化钠。

$$4Na_2S_2O_3 =\!\!=\!\!= 3Na_2SO_4 + Na_2S_5 \tag{3-61}$$

在通常条件下，$Na_2S_2O_3$ 在中性和碱性溶液中稳定，但在酸性溶液中不稳定，分解为 S 单质、SO_2 和水。

$$Na_2S_2O_3 + 2HCl =\!\!=\!\!= 2NaCl + S\downarrow + SO_2\uparrow + H_2O \tag{3-62}$$

硫代硫酸钠是中等强度的还原剂。

$$S_4O_6^{2-} + 2e^- \longrightarrow 2S_2O_3^{2-} \qquad E_A^{\ominus} = 0.08 \text{ V} \tag{3-63}$$

硫代硫酸钠能被单质碘氧化，这个反应是滴定分析碘量法的基础。

$$2Na_2S_2O_3 + I_2 =\!\!=\!\!= Na_2S_4O_6 + 2NaI \tag{3-64}$$

强氧化剂(如 Cl_2、Br_2 等)可将硫代硫酸盐氧化成硫酸盐。例如：

$$Na_2S_2O_3 + 4Cl_2 + 5H_2O =\!\!=\!\!= Na_2SO_4 + H_2SO_4 + 8HCl \tag{3-65}$$

重金属的硫代硫酸盐难溶于水且不稳定。例如，新生成的 $Ag_2S_2O_3$ 在溶液中迅速分解，由白色经黄色、棕色，最后生成黑色的 Ag_2S。

$$2Ag^+ + S_2O_3^{2-} =\!\!=\!\!= Ag_2S_2O_3\downarrow \tag{3-66}$$

$$Ag_2S_2O_3 + H_2O =\!\!=\!\!= Ag_2S + H_2SO_4 \tag{3-67}$$

在溶液中，$S_2O_3^{2-}$ 具有较强的配位能力，能与一些金属离子如 Ag^+、Cu^+、Cd^{2+}、Hg^{2+}、Pb^{2+} 等配位，形成稳定的配位化合物。这是硫代硫酸钠另一个重要的性质。例如，不溶于水的卤化银和 CuCl 等可溶于硫代硫酸钠溶液中，形成可溶性的配位化合物。利用 $Na_2S_2O_3$ 与 AgBr 的反应，可用硫代硫酸钠作定影剂，溶去感光胶片上未作用的溴化银。

$$2Na_2S_2O_3 + AgBr =\!\!=\!\!= Na_3[Ag(S_2O_3)_2] + NaBr \tag{3-68}$$

$$2Na_2S_2O_3 + CuCl =\!\!=\!\!= Na_3[Cu(S_2O_3)_2] + NaCl \tag{3-69}$$

形成的硫代硫酸根的配合物不稳定，遇酸分解。

$$2[Ag(S_2O_3)_2]^{3-} + 4H^+ \rightleftharpoons Ag_2S\downarrow + SO_4^{2-} + 3S\downarrow + 3SO_2\uparrow + 2H_2O \quad (3\text{-}70)$$

> **思考题**
>
> 3-4 如何分离并检出 S^{2-}、SO_3^{2-} 和 $S_2O_3^{2-}$ 的混合溶液？画出分离并检出这些离子的流程图。为什么 S^{2-} 会干扰 SO_3^{2-} 和 $S_2O_3^{2-}$ 的检出？而 $S_2O_3^{2-}$ 又会干扰 SO_3^{2-} 的检出？

3.8 过硫酸及其盐

3.8.1 过硫酸

1. 结构

过一硫酸(H_2SO_5)和过二硫酸($H_2S_2O_8$)是两种重要的硫的过氧酸。H_2SO_5 由 Caro 于 1989 年首次描述[19]，其分子结构可看成是 H_2SO_4 分子中一个单键氧被过氧化氢的过氧链取代的产物，也可以看成是 H_2O_2 中一个氢原子被磺基(—SO_3H)取代的产物；$H_2S_2O_8$ 可看成是两个 H_2SO_4 分子中的单键氧被同一个过氧链取代的产物，也可以看成是 H_2O_2 的衍生物，即 H_2O_2 中两个氢原子都被磺基(—SO_3H)取代的产物。H_2SO_5 和 $H_2S_2O_8$ 的结构如图 3-16 所示。

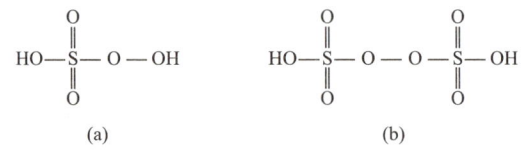

图 3-16 H_2SO_5(a)和 $H_2S_2O_8$(b)的结构

2. 制备

1) 过一硫酸的制备

实验室制法：混合充分冷却的氯磺酸和计量的无水过氧化氢。

$$H_2O_2 + ClSO_3H \rightleftharpoons H_2SO_5 + HCl \quad (3\text{-}71)$$

大规模生产可以用>85%硫酸和>50%过氧化氢的反应制取过一硫酸。

$$H_2O_2 + H_2SO_4 \rightleftharpoons H_2SO_5 + H_2O \quad (3\text{-}72)$$

过二硫酸部分水解或用三氧化硫处理无水过氧化氢也可以得到过一硫酸。

2) 过二硫酸的制备

0℃下,以铂为阳极,在高电流密度下电解60%~70%硫酸溶液,通过阳极氧化HSO_4^-得到过二硫酸。

$$H_2SO_4 + H_2O \Longrightarrow H_3O^+ + HSO_4^- (硫酸解离) \quad (3-73)$$

$$2HSO_4^- \Longrightarrow H_2S_2O_8 + 2e^- (E^\ominus = +2.4\text{ V})(硫酸氢根氧化) \quad (3-74)$$

$$2H_2SO_4 \Longrightarrow H_2S_2O_8 + H_2(总反应) \quad (3-75)$$

$$3H_2O \Longrightarrow O_3 + 6H^+ + 6e^-(副反应) \quad (3-76)$$

无水过氧化氢与冷的氯磺酸反应也可以得到过二硫酸[20]。

$$2ClSO_3H + H_2O_2 \Longrightarrow H_2S_2O_8 + 2HCl \quad (3-77)$$

3. 性质

过一硫酸为无色的吸水性晶体,熔点为45℃,沸点为150℃,密度为2.239 g·cm^{-3}。极易溶解于乙醇和乙醚中。加热爆炸分解。在水中缓慢水解为硫酸和过氧化氢。

$$H_2SO_5 + H_2O \Longrightarrow H_2O_2 + H_2SO_4 \quad (3-78)$$

过一硫酸因含有过氧根而具有强氧化性,与芳香化合物(如苯、酚、苯胺)相混爆炸。它是一元强酸,酸性、氧化性都比硝酸强,与金反应很剧烈。

过二硫酸也是无色晶体,0℃时的密度为1.30 g·cm^{-3},熔点为65℃,并在熔点下分解。易吸湿、有强吸水性,极易溶于水,热水中易水解,先得到过一硫酸,继而得到过氧化氢。干燥的过二硫酸是稳定的,在室温缓慢地分解,放出氧气。过二硫酸也是强氧化剂。当pH较小时,过一硫酸能较快地将I$^-$氧化为I$_2$,而过二硫酸则较慢。

3.8.2 过硫酸盐

1. 过一硫酸盐

能得到的过一硫酸盐不多,如KHSO$_5$,但不纯,其中主要的杂质为K$_2$SO$_4$和KHSO$_4$。所有过一硫酸的盐类都是不稳定的。过一硫酸盐在水溶液中分解时,主要的产物是O$_2$和SO$_4^{2-}$,并有少量的H$_2$O$_2$和S$_2$O$_8^{2-}$。

2. 过二硫酸盐

过二硫酸钾(K$_2$S$_2$O$_8$)和过二硫酸铵[(NH$_4$)$_2$S$_2$O$_8$]是最重要的过二硫酸盐。过二硫酸铵的制备和过二硫酸类似,可通过电解硫酸铵和硫酸的混合物在阳极得到。制备过二硫酸钾,可向过二硫酸铵溶液中加入硫酸氢钾,通过复分解反应,即析出溶解度较小的过二硫酸钾。

$$(NH_4)_2S_2O_8 + 2KHSO_4 \rightleftharpoons K_2S_2O_8 + 2NH_4HSO_4 \qquad (3\text{-}79)$$

几种重要的过二硫酸盐，如$(NH_4)_2S_2O_8$、$K_2S_2O_8$ 和 $Na_2S_2O_8$ 都是无色或白色晶体，不稳定，受热易分解。

$$2K_2S_2O_8 \rightleftharpoons 2K_2S_2O_7 + O_2 \qquad (3\text{-}80)$$

$$K_2S_2O_7 \rightleftharpoons K_2SO_4 + SO_3\uparrow \qquad (3\text{-}81)$$

过二硫酸盐溶液受热也分解。

$$2K_2S_2O_8 + 2H_2O \rightleftharpoons 4KHSO_4 + O_2 \qquad (3\text{-}82)$$

$$2(NH_4)_2S_2O_8 + 2H_2O \rightleftharpoons 4NH_4HSO_4 + O_2 \qquad (3\text{-}83)$$

过二硫酸钾和过二硫酸铵同过二硫酸一样，都是强氧化剂。长时间接触皮肤会刺激皮肤[21]。

$$S_2O_8^{2-} + 2e^- \longrightarrow 2SO_4^{2-} \qquad E_A^\ominus = 2.01 \text{ V} \qquad (3\text{-}84)$$

过二硫酸盐能将铜氧化。

$$K_2S_2O_8 + Cu \rightleftharpoons CuSO_4 + K_2SO_4 \qquad (3\text{-}85)$$

$S_2O_8^{2-}$ 进行的氧化过程往往是很慢的。但如果有催化剂存在，则反应变得特别迅速。例如，常用 Ag^+、Mn^{2+} 作为这一反应的催化剂。

$$5S_2O_8^{2-} + 2Mn^{2+} + 8H_2O \rightleftharpoons 2MnO_4^- + 10SO_4^{2-} + 16H^+ \qquad (3\text{-}86)$$

利用这一反应可分析钢铁样品中的锰含量。

> **思考题**
>
> 3-5 现有四种试剂：Na_2SO_4、Na_2SO_3、$Na_2S_2O_3$、$Na_2S_2O_6$，它们的标签均已脱落，试设计一个简便方法鉴别它们。

3.9 连硫酸和连亚硫酸及其盐

3.9.1 连硫酸及其盐

连硫酸分子的结构特点是 S 原子直接相连成链，两端 S 原子与—OH 相连，分子结构通式为 $H_2S_nO_6$（n 一般为 2~6）。连硫酸可根据分子中硫原子的总数命名，如连二硫酸($H_2S_2O_6$)、连三硫酸($H_2S_3O_6$)、连四硫酸($H_2S_4O_6$)等。与其他连硫酸(称为连多硫酸)相比,连二硫酸无论是性质还是制备方法都有明显差别,故分别讨论。

1. 连二硫酸及其盐

1) 结构

连二硫酸分子中两个 SO_3 直接通过 S 原子相连,形成 $O_3S—SO_3$ 结构,如图 3-17 所示。$S_2O_6^{2-}$ 的结构是通过顶角相连的两个三角锥,S—O 键键长为 143 pm,与 SO_4^{2-} 中的 S—O 键键长(144 pm)基本相同,这表明 $S_2O_6^{2-}$ 中的 S—O 键具有明显的双键性质。

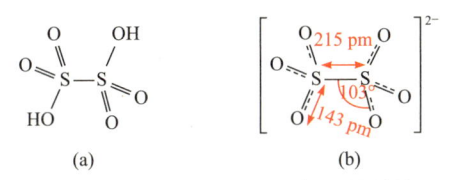

图 3-17 $H_2S_2O_6$(a)和 $S_2O_6^{2-}$ (b)的结构

2) 制备

用细粉状的 MnO_2 氧化亚硫酸,可以在溶液中生成 $H_2S_2O_6$。

$$2H_2SO_3 + MnO_2 =\!\!=\!\!= H_2S_2O_6 + Mn(OH)_2 \tag{3-87}$$

用氢氧化钡或氧化钡处理上述所得溶液,再用适量的稀硫酸将剩余的 Ba^{2+} 沉淀为硫酸钡,经分离后,可得到较纯的 $H_2S_2O_6$ 溶液。

3) 性质

连二硫酸是一种较稳定的强酸,是二元酸,$K_{a_1}^\ominus = 4.5\times 10^{-1}$,$K_{a_2}^\ominus = 3.5\times 10^{-3}$,其酸式盐尚属未知。连二硫酸盐都能溶于水。在室温下,连二硫酸的稀溶液稳定,温热或为浓溶液时,会缓慢分解为硫酸和二氧化硫。

$$H_2S_2O_6 =\!\!=\!\!= H_2SO_4 + SO_2 \tag{3-88}$$

碱金属或碱土金属的连二硫酸盐的水溶液即使在煮沸时也不分解。将其他金属的连二硫酸盐加热时,也与连二硫酸类似,分解为硫酸盐和二氧化硫。

虽然 $H_2S_2O_6$ 分子中 S 原子为中间氧化态,但事实上大多数强氧化剂(如 $KMnO_4$、$NaOCl$、Cl_2 等)和一般还原剂都不与它发生作用。这可能是由于动力学比较缓慢。

钠汞齐(钠汞合金,Na-Hg)可使连二硫酸及其盐还原为亚硫酸(盐)或连二亚硫酸(盐)。

$$S_2O_6^{2-} + 4Na\text{-}Hg + 4H^+ =\!\!=\!\!= S_2O_4^{2-} + 4Na^+ + 2H_2O + 4Hg \tag{3-89}$$

$$S_2O_6^{2-} + 2Na\text{-}Hg \rightleftharpoons 2SO_3^{2-} + 2Na^+ + 2Hg \qquad (3\text{-}90)$$

2. 连多硫酸及其盐

1) 结构

连多硫酸可表示为 $S_n(HSO_3)_2 (n \geqslant 1)$。在它们的酸根中都含有曲折状的硫链结构(图3-18)。

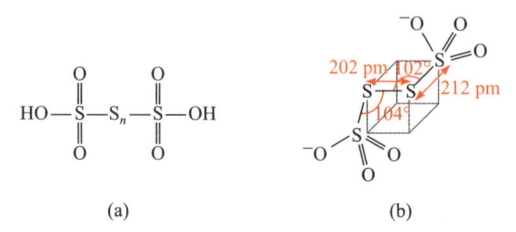

图 3-18 连多硫酸(a)和连四硫酸根(b)的结构

2) 制备

合成连多硫酸的方法有以下几种[22]。

(1) 硫化氢稀溶液与二氧化硫反应。

$$H_2S + H_2SO_3 \rightleftharpoons H_2S_2O_2 + H_2O \qquad (3\text{-}91)$$

$$H_2S_2O_2 + 2H_2SO_3 \rightleftharpoons H_2S_4O_6 + 2H_2O \qquad (3\text{-}92)$$

$$H_2S_4O_6 + H_2SO_3 \rightleftharpoons H_2S_3O_6 + H_2S_2O_3 \qquad (3\text{-}93)$$

(2) 乙醚溶液中，多硫化氢 H_2S_n 与 SO_3 反应。

$$H_2S_n + 2SO_3 \rightleftharpoons H_2S_{n+2}O_6 \ (n = 2\sim 6) \qquad (3\text{-}94)$$

许多金属的连多硫酸的正盐都已被制备出来，但酸式盐尚属未知。选择合适的方法都能方便地制得连多硫酸盐。例如，连三硫酸钾($K_2S_3O_6$)可由二氧化硫与硫代硫酸钾溶液作用制得。将所得溶液静置，即有 $K_2S_3O_6$ 结晶析出，而副产物连四硫酸钾($K_2S_4O_6$)和连五硫酸钾($K_2S_5O_6$)留在溶液中。用过氧化氢作用于冷的硫代硫酸钠饱和溶液，也可得到连三硫酸钠。

$$2Na_2S_2O_3 + 4H_2O_2 \rightleftharpoons Na_2S_3O_6 + Na_2SO_4 + 4H_2O \qquad (3\text{-}95)$$

当有 As_4O_6 催化时，在低温(-10℃)下用很稀的盐酸处理硫代硫酸钠的浓溶液，经放置后，连五硫酸钠($Na_2S_5O_6$)即可从溶液中结晶析出。

$$5Na_2S_2O_3 + 6HCl \rightleftharpoons 2Na_2S_5O_6 + 6NaCl + 3H_2O \qquad (3\text{-}96)$$

卤化硫与 HSO_3^- 或 $HS_2O_3^-$ 反应：

$$SCl_2 + 2HSO_3^- \rightleftharpoons S_3O_6^{2-} + 2HCl \qquad (3\text{-}97)$$

$$S_2Cl_2 + 2HSO_3^- = S_4O_6^{2-} + 2HCl \tag{3-98}$$

$$SCl_2 + 2HS_2O_3^- = S_5O_6^{2-} + 2HCl \tag{3-99}$$

3) 性质

连多硫酸都是二元强酸。游离的连多硫酸都不稳定，会迅速分解。产物一般为 S 和 SO_2，有的还有 SO_4^{2-}。

与连二硫酸不同，连多硫酸容易被氧化。例如：

$$H_2S_3O_6 + 4Cl_2 + 6H_2O = 3H_2SO_4 + 8HCl \tag{3-100}$$

连多硫酸与硫结合生成较高级的连多硫酸(连二硫酸不可以)。例如：

$$H_2S_4O_6 + S = H_2S_5O_6 \tag{3-101}$$

生成的连多硫酸盐都能溶于水，在酸性或碱性溶液中都会发生分解。在碱性溶液中，连多硫酸盐分解为亚硫酸盐、硫代硫酸盐。例如：

$$2K_2S_3O_6 + 6KOH = 4K_2SO_3 + K_2S_2O_3 + 3H_2O \tag{3-102}$$

$$2K_2S_5O_6 + 6KOH = 5K_2S_2O_3 + 3H_2O \tag{3-103}$$

在酸性溶液中，分解反应较为复杂，主要反应有

$$H_2S_nO_6 = (n-2)S\downarrow + SO_2\uparrow + H_2SO_4 \quad (n=3,4) \tag{3-104}$$

$$2H_2S_nO_6 = (2n-5)S\downarrow + 5SO_2\uparrow + 2H_2O \quad (n=5,6) \tag{3-105}$$

3.9.2 连亚硫酸及其盐

1. 连二亚硫酸

连二亚硫酸($H_2S_2O_4$)中两个 SO(OH)基团通过 S—S 键相连，硫的氧化数为 +3[图 3-19(a)]。

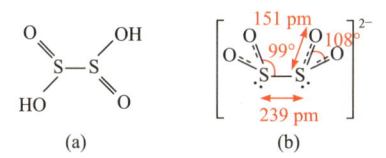

图 3-19 $H_2S_2O_4$(a)和 $S_2O_4^{2-}$(b)的结构

用锌汞齐还原亚硫酸可制得连二亚硫酸。

$$3H_2SO_3 + Zn\text{-}Hg = H_2S_2O_4 + ZnSO_3 + Hg + 2H_2O \tag{3-106}$$

连二亚硫酸是中等强度的二元酸。在 25℃时存在如下平衡：

$$H_2S_2O_4 \rightleftharpoons H^+ + HS_2O_4^- \qquad K_{a_1}^\ominus = 4.5\times10^{-3} \tag{3-107}$$

$$HS_2O_4^- \rightleftharpoons H^+ + S_2O_4^{2-} \qquad K_{a_2}^\ominus = 3.5\times10^{-3} \qquad (3\text{-}108)$$

连二亚硫酸不稳定，放置即迅速分解为硫代硫酸和亚硫酸，硫代硫酸可进一步分解。

$$2H_2S_2O_4 + H_2O =\!\!=\!\!= 2H_2SO_3 + H_2S_2O_3 \qquad (3\text{-}109)$$

$$H_2S_2O_3 =\!\!=\!\!= H_2SO_3 + S\downarrow \qquad (3\text{-}110)$$

2. 连二亚硫酸盐

连二亚硫酸盐中的 $S_2O_4^{2-}$ 由两个 SO_2^- 基团构成[图 3-19(b)][23]。连二亚硫酸钠 ($Na_2S_2O_4 \cdot 2H_2O$)俗称保险粉，是连二亚硫酸最重要的盐类。用锌粉作用于亚硫酸氢钠和亚硫酸的混合溶液，可生成连二亚硫酸钠。

$$2NaHSO_3 + H_2SO_3 + Zn =\!\!=\!\!= Na_2S_2O_4 + ZnSO_3 + 2H_2O \qquad (3\text{-}111)$$

用电解法还原亚硫酸氢钠溶液，或者在无氧条件下将钠汞齐和干燥的二氧化硫一起振荡，也可制得连二亚硫酸钠。后者的反应式如下：

$$2SO_2 + 2Na\text{-}Hg =\!\!=\!\!= Na_2S_2O_4 + 2Hg \qquad (3\text{-}112)$$

$Na_2S_2O_4 \cdot 2H_2O$ 为白色粉末状固体，能溶于水，但不溶于乙醇。虽然连二亚硫酸盐比连二亚硫酸稳定，但是将连二亚硫酸钠固体加热至 463 K 时，发生剧烈的歧化反应而爆炸。

$$2Na_2S_2O_4 =\!\!=\!\!= Na_2SO_3 + Na_2S_2O_3 + SO_2\uparrow \qquad (3\text{-}113)$$

有少量水时，歧化反应速率加快。

$$2Na_2S_2O_4 + H_2O =\!\!=\!\!= 2NaHSO_3 + Na_2S_2O_3 \qquad (3\text{-}114)$$

在碱性溶液中，$Na_2S_2O_4$ 是强还原剂[24]。

$$2SO_3^{2-} + 2H_2O + 2e^- \longrightarrow S_2O_4^{2-} + 4OH^- \qquad E_B^\ominus = -1.12\text{ V} \qquad (3\text{-}115)$$

H_2O_2、$KMnO_4$、I_2、IO_3^-、NO_2^- 和 O_2 等都能被连二亚硫酸钠还原。许多金属离子，如 Cu(Ⅰ)、Ag(Ⅰ)、Pb(Ⅱ)、Sb(Ⅲ)、Bi(Ⅲ)、Au(Ⅲ)和 Pt(Ⅳ)等，都能被连二亚硫酸钠还原为金属，TiO^{2+} 被还原为 Ti(Ⅲ)。将固体的连二亚硫酸盐或其溶液置于空气中，则易被氧化。

$$2Na_2S_2O_4 + O_2 + 2H_2O =\!\!=\!\!= 4NaHSO_3 \qquad (3\text{-}116)$$

$$Na_2S_2O_4 + O_2 + H_2O =\!\!=\!\!= NaHSO_3 + NaHSO_4 \qquad (3\text{-}117)$$

在工业上，连二亚硫酸钠主要用作印染业的还原剂，还可用于纸浆、麻、油等的漂白，以及制药和分析试剂。

3.10 硫的含氧酸的衍生物

3.10.1 酰氯

将含氧酸中的羟基(—OH)全部去掉，所得的基团称为酰基，如图 3-20 所示。

图 3-20 亚硫酸到亚硫酰基和硫酸到硫酰基的演变

酰基与卤素结合，或者说含氧酸中的—OH 完全被卤素取代，得到酰卤，如图 3-21 所示。

图 3-21 亚硫酰氯($SOCl_2$)和硫酰氯(SO_2Cl_2)的结构

1. 亚硫酰氯

亚硫酰氯($SOCl_2$)为无色液体，有强烈刺激气味。其熔点为−101℃，沸点为75.6℃。在 $SOCl_2$ 分子中 S 原子的轨道为 sp^3 杂化，在 S 原子上保留有一对孤对电子，分子构型为三角锥形。固态 $SOCl_2$ 形成空间群为 $P2_1/c$ 的单斜晶体[25]。

SO_2 与 PCl_5 反应可以制备 $SOCl_2$。

$$SO_2 + PCl_5 \Longrightarrow SOCl_2 + POCl_3 \qquad (3\text{-}118)$$

经分馏，可将沸点较低的 $SOCl_2$ 从液态混合物中分离出来。

以下反应也可制得 $SOCl_2$：

$$SO_3 + SCl_2 \Longrightarrow SOCl_2 + SO_2 \qquad (3\text{-}119)$$

$$SO_2 + Cl_2 + SCl_2 \Longrightarrow 2SOCl_2 \qquad (3\text{-}120)$$

$$SO_3 + Cl_2 + 2SCl_2 \Longrightarrow 3SOCl_2 \qquad (3\text{-}121)$$

$$SO_2 + COCl_2 \Longrightarrow SOCl_2 + CO_2 \qquad (3\text{-}122)$$

$SOCl_2$ 能溶解某些金属的碘化物。加热到约 140℃则分解为氯、二氧化硫和一氧化硫。在水中剧烈水解，生成 HCl 并放出 SO$_2$。

$$SOCl_2 + H_2O = 2HCl + SO_2\uparrow \tag{3-123}$$

亚硫酰氯作为氯化剂，主要用于制造酰基氯化物，还用于农药、医药、染料等的生产。

2. 硫酰氯

硫酰氯(SO_2Cl_2)为无色发烟液体，熔点和沸点分别为 $-51\ ℃$ 和 $69.4\ ℃$。在 SO_2Cl_2 分子中 S 原子采取 sp^3 杂化，分子构型为四面体。

1838 年，法国化学家 Regnault 首次制备了磺酰氯[26]。

$$5SOCl_2 + HgO = ClSSCl + HgCl_2 + 3SO_2Cl_2 \tag{3-124}$$

$$2SOCl_2 + MnO_2 = SO_2 + MnCl_2 + SO_2Cl_2 \tag{3-125}$$

工业上，SO_2Cl_2 由干燥的 SO_2 与 Cl_2 在活性炭催化下反应制得。

$$SO_2 + Cl_2 = SO_2Cl_2 \tag{3-126}$$

SO_2Cl_2 在高温时分解为 SO_2 和 Cl_2。在水中剧烈水解，生成 H_2SO_4 并放出 HCl 气体。

$$SO_2Cl_2 + 2H_2O = H_2SO_4 + 2HCl\uparrow \tag{3-127}$$

在有机化学中，硫酰氯常作为氯化剂和氯磺化剂，如芳烃化合物的支链选择性氯化。尤其在染料、药品、除草剂和农用杀虫剂等生产过程中，用硫酰氯制备有机中间体。由于环境保护，硫酰氯的使用受到重视，因为它的副产物 SO_2 用 Cl_2 处理后又重新生成硫酰氯循环使用。

> **思考题**
>
> 3-6 用反应方程式表示下列物质的制备过程：
> (1) 用 S 和 Na_2CO_3 制备 $Na_2S_4O_6$。
> (2) 用 S 制备 $Na_2S_2O_5$ 和 $Na_2S_2O_4$。
> (3) 用 S 制备 $SOCl_2$ 和 SO_2Cl_2。

3.10.2 氯磺酸

硫酸分子去掉一个羟基(—OH)得到磺酸基，硫酸分子中的一个羟基(—OH)被卤素取代得卤磺酸，如图 3-22 所示。

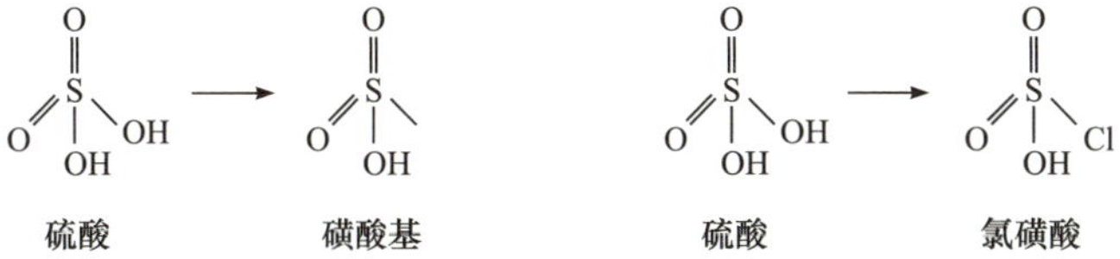

图 3-22 硫酸到磺酸基和硫酸到氯磺酸的演变

氯磺酸(HSO₃Cl)为无色发烟液体,有催泪性,熔点为-80℃,沸点为152℃。分子构型为四面体。它可由过量的干燥 HCl 气体与来自硫酸生产工艺的 SO₃ 反应制得[27]。

$$SO_3 + HCl \Longrightarrow HSO_3Cl \tag{3-128}$$

也可以通过硫酸氯化制备氯磺酸。

$$PCl_5 + H_2SO_4 \Longrightarrow HSO_3Cl + POCl_3 + HCl \tag{3-129}$$

HSO₃Cl 遇水发生爆炸性水解。

$$HSO_3Cl + H_2O \Longrightarrow H_2SO_4 + HCl\uparrow \tag{3-130}$$

氯磺酸在有机合成过程中可以作为温和的硫化和氯磺化剂。

例题 3-3

试画出亚硫酸盐相关反应的关系图。

解

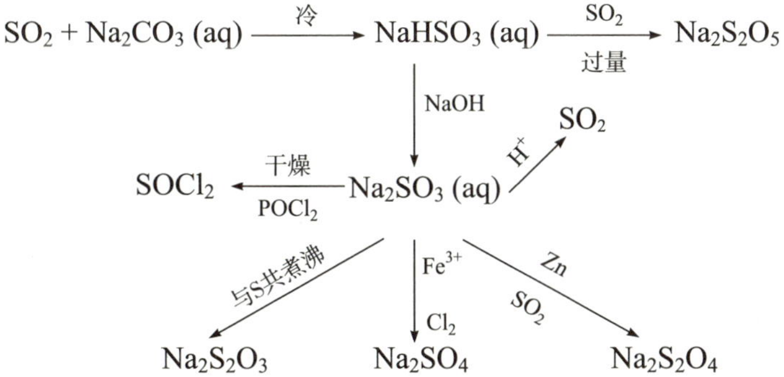

$SO_2 + Na_2CO_3 \text{ (aq)} \xrightarrow{\text{冷}} NaHSO_3 \text{ (aq)} \xrightarrow[\text{过量}]{SO_2} Na_2S_2O_5$

经 NaOH 得 Na₂SO₃ (aq);Na₂SO₃ (aq) 经 H⁺ 释放 SO₂;经 POCl₂ 干燥得 SOCl₂;与 S 共煮沸得 Na₂S₂O₃;经 Fe³⁺/Cl₂ 得 Na₂SO₄;经 Zn/SO₂ 得 Na₂S₂O₄。

3.11 硫含氧酸的强度与结构的关系

S 是第三周期的元素,其价电子层有空的 3d 轨道,空间分布为四面体。形成最高氧化态含氧酸及酸根时,中心 S 原子以 sp³ 杂化轨道成键,为正四面体结构。

无机含氧酸强度取决于与中心原子相连的 O—H 键的强度。这种 O—H 键的强度与中心原子电负性的大小、结构中有无给电子配键和受电子配键等因素有关。如果中心原子的电负性大，给电子配键(非羟基氧)数多，就增强了中心原子从 OH 上吸引电子的能力，使 OH 上氧原子的电子云向中心原子偏移的程度增大，从而减小了 OH 上氧原子的电子云密度，导致 O—H 键的强度减弱。于是，该酸在水溶液中易电离出 H$^+$ 而成为强酸。反之，则为弱酸。受电子配键对酸强度的影响与给电子配键相反。对于 S 元素，电负性较大，形成给电子配键的含氧酸。根据给电子配键数(非羟基氧原子数 N)的多少判断，H_2SO_4、H_2SO_3 和 H_2SO_2 的酸性强弱顺序为

$$H_2SO_4 > H_2SO_3 > H_2SO_2$$

多元酸每发生一级电离，在酸根基团上就增加一个氧基(—O$^-$)。由于氧基上的电子云密度较大，排斥电子的能力增强，因而使酸根剩余 OH 上氧原子的电子云密度增大，则 O—H 键的强度增大。随着酸的电离级数增加，酸根上氧基数增多，酸的强度急剧减弱。

根据 Pauling 规则(经验规则)：硫的含氧酸 H_nSO_m 可写为 $SO_{m-n}(OH)_n$，分子中的非羟基氧原子数 $N = m-n$，含氧酸的 K_1 与非羟基氧原子数 N 有如下关系：

$$K_1 \approx 10^{5N-7}$$

即 $pK_1 \approx 7-5N$，如 H_2SO_3 的 $N = 1$，$K_1 \approx 10^{5\times1-7} \approx 10^{-2}$，$pK_1 \approx 2$。

历史事件回顾

4 硫的绿色化学——无机硫向有机硫转化

一、有机硫化学

有机硫化学是研究有机硫化合物的有机化学分支。硫在人类发展中扮演极其重要的角色，硫化学对于生命本源的探索具有重要的意义。生命体中硫以各种形态富集，与碳、氢、氧、氮、磷元素一样，是人体中最重要的常量元素之一，在核酸和蛋白质分子形成、血氧传输、人体能量代谢等大量生命现象中的生化反应中充当还原剂、稳定剂；DNA 中广泛存在的二硫桥键成为形成其二级螺旋结构的重要因素。人们在海底的火山口发现了完全以硫化细菌为食物链基础、与光合作用生态圈迥然相异的生命体系。科学家认为这与生命诞生的极端的地质环境极为

相似，无疑是探索生命本源的极佳样本。

1. 有机硫化物简介

有机硫化物指含有硫元素的有机化合物，它们在有机合成、功能材料及药物化学等研究领域都具有广泛用途，如有机硫具有抗菌、消炎、抗肿瘤的作用，著名的抗生素青霉素、头孢等药物中都有硫结构。因此，探索高效的方法合成或利用含硫化合物是一个历久弥新的研究方向。有机硫化物包括硫醇、硫醚、亚砜和砜、磺酸和亚磺酸、硫叶立德、硫烷等。有机硫化物广泛存在于自然界中，具有特征性的令人讨厌的气味，少数带有甜味。很多化石燃料(如煤、天然气、石油)中都含有一定数量的有机硫化物，燃烧时会释放出有毒的二氧化硫气体。

2. 有机硫化物的种类及合成

按质量计，人体中硫元素占 0.25%，绝大多数以有机硫化物的形式存在。20种常见氨基酸中，胱氨酸、半胱氨酸和甲硫氨酸含有硫元素。硫属于氧族元素，硫和氧具有相似的价电子层结构，有机硫化物在某些程度上与有机含氧化合物相似，如它们都可以生成醇/硫醇、醚/硫醚等。但与氧相比，硫是第三周期元素，原子半径较大，电负性较小，且 3d 轨道也可以成键。因此，硫原子还可以形成一系列常见的四价及六价有机硫化物，如亚砜和砜、亚磺酸和磺酸。它们都不存在对应的含氧化合物。

(1) 硫醇是一类通式为 R—SH 的化合物，其中—SH 称为巯基。低级的硫醇有强烈且令人讨厌的气味，但臭味随碳原子数增多而减弱，高级硫醇具有令人愉快的气味。它们是醇的对应含硫化合物，相比之下，硫醇的酸性和亲核性更强，更易被氧化。在空气、碘、氧化铁、二氧化锰等弱氧化剂作用下，硫醇氧化得到二硫化物。

金属锂在液氨中，以及氢化铝锂或锌加酸都可使二硫化物还原为硫醇/硫酚。硫醇与二硫化物相互转化的氧化还原反应是生物体内常见的现象之一，半胱氨酸经氧化转化为胱氨酸即为一例。二硫化物中含有的二硫键(—S—S—)是维持蛋白质空间结构的重要化学键之一。

在强氧化剂(如高锰酸钾、硝酸、高碘酸)作用下，硫醇氧化经过中间产物次磺酸、亚磺酸，最终得到磺酸。催化加氢条件下，硫醇失硫生成相应的烃。工业上，因为硫会使一般的催化剂(如雷尼镍)中毒，这一步脱硫常在二硫化钼或二硫化钨等含硫催化剂的作用下进行，一个例子是噻吩催化加氢制取四氢噻吩。

硫醇与羧酸反应成硫醇酯，与醛生成缩硫醛，与酮生成缩硫酮。后两个反应一般用于羰基的保护，保护基缩硫醛/酮具有特殊有用的极性翻转性质。

(2) 硫醚是一类通式为 R—S—R 的化合物。与醚相比，硫醚中的 C—S 键键能较小，容易断裂，有时可以形成稳定的含硫自由基。硫原子含有两对孤对电子，具有亲核性和碱性，可与浓硫酸或卤代烷生成锍盐。锍盐经氢氧化银和水作用转化为氢氧化三烷基锍，有强碱性，加热分解为硫醚和烯烃。

硫醚也可被多种氧化剂(如过氧化氢)氧化，中间产物是亚砜，最终产物是砜。高碘酸和间氯过氧苯甲酸可使氧化反应停留在亚砜的阶段。此外，催化加氢也可使硫醚中的 C—S 键断裂，生成烷烃。

(3) 亚砜和砜是通式分别为 R—S(=O)—R 和 R—S(=O)$_2$—R 的化合物。硫原子为 sp 杂化，S=O 键为强极性键，硫带部分正电荷，氧带部分负电荷，具有亲核性。α-氢具有酸性。两个烃基不同的亚砜有手性，有些可以被拆分出来。

亚砜很容易被氧化剂(如过氧乙酸、四氧化二氮、高碘酸钠、间氯过氧苯甲酸等)氧化为砜，被还原则得到硫醚。它也有弱碱性，可与强酸成盐。

(4) 磺酸和亚磺酸是通式分别为 R—S(=O)$_2$—OH 和 R—S(=O)—OH 的化合物。磺酸为强酸，可以与金属氢氧化物反应生成稳定的盐，烃基芳香磺酸盐常用作洗涤剂。其衍生物包括磺酰氯、磺酸酯和磺酰胺，都是很重要的产物：磺酰氯，如对甲苯磺酰氯，是有机合成中常用的试剂；磺酸酯中的磺酰氧基是很好的离去基团；磺酰胺衍生物中有很多是重要的消炎药物，如磺胺类的磺胺嘧啶、磺胺胍等。

亚磺酸具有中等酸性，可被空气氧化为磺酸，被锌和盐酸还原为硫醇，与卤代烷生成砜。它们由格氏试剂与二氧化硫反应制备。

(5) 硫叶立德是一类通式为 R$_2$S—CR$_2$ 的化合物，最常见的是亚甲基硫叶立德。它们由锍盐在碱作用下失去 HX 而得到，属于较稳定的两性离子型化合物，碳带负电荷，有较强的亲核性。硫叶立德是比较常用的有机合成试剂，它们与醛、酮反应生成环氧乙烷衍生物，与双键碳原子上连有酯基、硝基、氰基等吸电子基的烯烃反应生成环丙烷的衍生物。

(6) 硫烷和高价硫烷通式分别为 SR$_4$ 及 SR$_6$，母体 SH$_4$、SH$_6$ 在理论上是存在的，但极不稳定。1990 年制得了同族碲的六甲基化合物[Te(Me)$_6$]，将二氟化氙与 Te(Me)$_2$F$_2$ 反应，再用二乙基锌处理。类似的 SMe$_6$ 根据计算是稳定的，但尚未制得。

硫烷类型的四价有机硫化合物稳定性不高，最常用的是二乙基氨基三氟化硫(DASF)。它是常用的氟化试剂，可作四氟化硫的替代品，与醇、醛和酮反应时，氧原子变为氟，得到有机氟化合物。

首个不含其他杂原子的高价硫烷于 2006 年制得，其中的硫原子与两个联苯配体及两个顺式甲基相连。它是以二联苯硫(Ⅳ)作原料，与二氟化氙/三氟化硼在乙腈中反应，然后用丁基锂在四氢呋喃中处理得到。C—S 键键长为 189~193 pm，硫为变形八面体结构。

二、绿色硫化学

硫化学面临有毒、可控性差、兼容性低的科学挑战，以及恶臭、污染环境、不稳定等生产困境。"恶臭"是许多含硫无机物的特点，这也导致全球范围内硫化学研究受限。更为严峻的是，硫的化学性质活泼、价态丰富，因此易氧化，容易使金属催化剂失活并终止催化循环。为解决硫化学的上述难题，姜雪峰团队提出"无机硫向有机硫转化的理念"，通过引入高附加值功能分子，再逐一解决水相转移、可见光催化、氧气氧化方式等问题，构建"3S"(smelless、stable、sustainable)绿色硫化学。姜雪峰课题组已在实验室及放大规模的实验中大幅降低甚至基本克服了硫的恶臭、易氧化和毒化金属催化这些长期困扰化学的难题，这也为低附加值的硫元素转换成高附加值的功能分子奠定了基础。

从无机硫到有机硫的转换看似简单，但要跨越较多障碍，硫醚、过硫、亚砜、砜、磺胺等化合物的合成都需要不同的价态思考。姜雪峰团队针对不同类型的重要含硫有机物，设计建立了几类多功能硫试剂，并建立起试剂的多样性使用规律，系统地打造绿色硫化学转化体系中的所有硬件和软件。他们提出"面具策略"，即在硫化物反应底物上引入一个"面具"基团，恰到好处地控制该底物的多样性反应活性。可以在数量上控制单硫、双硫、三硫甚至四硫的引入，还可以在氧化态上控制引入硫醚、亚砜、砜，针对多官能团药物修饰的不同需求产生亲核硫源、亲电硫源、自由基硫源的多样性功能，以满足不同药物的合成与修饰需求。

近年来，鉴于"过硫"这种结构单元的化合物在生命科学、天然产物化学、药物化学、食品化学等领域中扮演着重要角色，姜雪峰团队围绕这一结构单元开展了多项工作并取得一些突破：2015年姜雪峰课题组报道了以两种廉价无臭的含硫无机盐亚磺酸钠盐(RSO_2Na)和硫代硫酸钠盐(RS_2O_3Na)为原料，通过价态归中策略构建过硫[28]。2016年发展了一类新型稳定无臭双硫化试剂(RSSAc)，通过与各种金属试剂发生氧化偶联构建非对称过硫分子[29]。2018年再次在 Nature Communications[30]上报道了第三代新型的亲电过硫试剂(RSSOMe)，通过该试剂可以方便快捷地获得非对称过硫(R_1SSR_2)化合物。第三代新型的亲电过硫试剂(RSSOMe)可以用于温和条件下氮杂过硫($R_1R_2NSSR_3$)及三硫(R_1SSSR_2)化合物合成，实现一系列天然产物、药物、生命单元分子(糖、氨基酸、寡肽、维生素、磺胺药物)的后期修饰，为新型多硫药物的发现提供了重要途径。

姜雪峰团队还围绕新型硫化试剂，发展与硫转移反应的系统性建立[31]。先后实现分子内硫转移[32]、分子间硫转移[33]、转胺为硫[34]、水相硫化[35]、光致硫化[36]、氧化硫化[37]、硫酰胺化[38]、插羰硫化[39]、硫碘交换[40]、硫碘插入[41]、调控硫化[42]、硫代内酯[43]、碳氢硫化[44]、含硫多肽[45]等硫化新方法，可以经济性、高兼容性地对药物进行无官能团保护的直接后期硫化修饰，方便快速地得到含硫类药物分子库。

硫代酰胺结构作为重要的结构单元，广泛存在于药物和天然产物分子中。它还是构建各类含硫杂环(如噻唑、噻唑啉、噻唑酮等)最重要的前体之一。姜雪峰团队再次运用硫原子转移(sulfur atom transfer, SAT)策略，选择硫化钠作硫源，与醛和甲酰基胺在氧化剂作用下，在水中同时实现烷基和芳基硫代酰胺类结构的高效绿色化构建。与传统的劳森试剂相比，该策略原料廉价易得、溶剂绿色环保、反应操作简单、条件相对温和、底物普适性广、产率较高、官能团兼容性良好，并且成功实现了多种手性天然醛及药物分子的后期硫代酰胺化(late-stage thioamidation)。对照实验进一步揭示了亚胺中间体过程，硫化钠在体系中既作为硫源又作为碱，这为后续硫原子转移构建碳硫双键奠定了重要参考基础。

姜雪峰的研究团队开始围绕二氧化硫的转换开展研究。他说："二氧化硫在有机功能分子里非常重要，如药物中砜的结构，看起来好像是通过二氧化硫嵌入[37]，如果我们能把空气中的二氧化硫转换成药物中的重要功能分子，就可以变废为宝了。"未来，他希望能将硫化学应用在更多领域，同时在应用中不断发现新的化学规律。

参 考 文 献

[1] Greenwood N N, Earnshaw A. Chemistry of the Elements. 2nd ed. Oxford: Butterworth-Heinemann, 1997.

[2] 张青莲. 无机化学丛书 第五卷: 氧硫硒分族. 北京: 科学出版社, 1993.

[3] Sülzle D, Verhoeven M, Terlouw J K, et al. Angew Chem Int Ed, 1988, 27(11): 1533-1534.

[4] Johnstone H F, Mattern J A, Fernelius W C. Inorg Synth, 1946, 2: 162-167.

[5] Weil E D, Sandler S R. Sulfur Compounds//Kroschwitz Jacqueline Ⅰ. Kirk-Othmer Concise Encylclopedia of Chemical Technology. 4th ed. New York: Wiley, 2000.

[6] Jolly W L. Modern Inorganic Chemistry. 2nd edition. New York: McGraw-Hill Book Company, 1991.

[7] Lindqvist I, Mortsell M. Acta Crystallogr, 1957, 10(6): 406-409.

[8] Holleman A F, Wiberg N. Inorganic Chemistry. San Francisco: Academic Press, 2001.

[9] Carter K L, Siddiquee T A, Murphy K L, et al. Acta Crystallogr Sect B, 2004, 60(2): 155-162.

[10] Barberá J J, Metzger A, Wolf M. Sulfites, Thiosulfates, and Dithionites. Ullmann's Encyclopedia of Industrial Chemistry. Weinheim: Wiley-VCH Verlag GmbH & Co. KGaA, 2020.

[11] Schmidt H, Steudel R, Suelzle D, et al. Inorg Chem, 1992, 31(6): 941-944.

[12] Miaskiewicz K, Steudel R. J Chem Soc, Dalton Trans, 1991, (9): 2395-2399.

[13] Nair C G, Murthy A R. Proc Indian Acad Sci, 1962, 56(3): 130-140.

[14] Chenier P J. Survey of Industrial Chemistry. New York: John Wiley & Sons, 1987.

[15] Müller H. Sulfuric Acid and Sulfur Trioxide. Ullmann's Encyclopedia of Industrial Chemistry. Weinheim: Wiley-VCH Verlag GmbH & Co. KGaA, 2000.

[16] Ståhl K, Balic-Zunic T, Da Silva F, et al. J Solid State Chem, 2005, 178(5): 1697-1704.
[17] Trostbl L J, Wynne D J. J Am Ceram Soc, 1940, 23(1): 18-22.
[18] Sill C W. Anal Chem, 1980, 52(9): 1452-1459.
[19] Caro H. Z Angew Chem, 1898, 11: 854.
[20] Jakob H, Leininger S, Lehmann T, et al. Peroxo Compounds, Inorganic. Ullmann's Encyclopedia of Industrial Chemistry. Weinheim: Wiley-VCH Verlag GmbH & Co. KGaA, 2007.
[21] Pang S, Fiume M Z. Int J Toxicol, 2001, 20(3): 7-21.
[22] Sarkar R. General and Inorganic Chemistry. New Delhi: New Central Book Agency, 2005.
[23] Weinrach J B, Meyer D R, Guy J T, et al. J Crystallogr Spectrosc Res, 1992, 22(3): 291-301.
[24] Mayhew S G. Eur J Biochem, 1978, 85(2): 535-547.
[25] Mootz D, Merschenz-Quack A. Acta Crystallogr Sect C, 1988, 44(5): 926-927.
[26] Regnault V. Annales de Chimie et de Physique. 67. Série 2. Paris: Chez Crochard Libraire, 1838.
[27] Maas J, Baunack F. Chlorosulfuric Acid. Ullmann's Encyclopedia of Industrial Chemistry. Weinheim: Wiley-VCH Verlag GmbH & Co. KGaA, 2000.
[28] Xiao X, Feng M H, Jiang X F. Chem Commun, 2015, 51(20): 4208-4211.
[29] Xiao X, Feng M H, Jiang X F. Angew Chem Int Ed, 2016, 55(45): 14121-14125.
[30] Xiao X, Xue J H, Jiang X F. Nat Commun, 2018, 9(1): 1-11.
[31] Wang M, Chen S H, Jiang X F. Chem-Asian J, 2018, 13(17): 2195-2207.
[32] Qiao Z, Liu H, Xiao X, et al. Org Lett, 2013, 15(11): 2594-2597.
[33] Qiao Z J, Wei J P, Jiang X F. Org Lett, 2014, 16(4): 1212-1215.
[34] Li Y M, Pu J H, Jiang X F. Org Lett, 2014, 16(10): 2692-2695.
[35] Zhang Y H, Li Y M, Zhang X M, et al. Chem Commun, 2015, 51(5): 941-944.
[36] Li Y M, Xie W S, Jiang X F. Chem-Eur J, 2015, 21(45): 16059-16065.
[37] Qiao Z J, Ge N Y, Jiang X F. Chem Commun, 2015, 51(51): 10295-10298.
[38] Wei J P, Li Y M, Jiang X F. Org Lett, 2016, 18(2): 340-343.
[39] Qiao Z J, Jiang X F. Org Lett, 2016, 18(7): 1550-1553.
[40] Wang M, Fan Q L, Jiang X F. Org Lett, 2016, 18(21): 5756-5759.
[41] Wang M, Wei J P, Fan Q L, et al. Chem Commun, 2017, 53(20): 2918-2921.
[42] Li Y M, Wang M, Jiang X F. ACS Catal, 2017, 7(11): 7587-7592.
[43] Tan W, Wang C H, Jiang X F. Org Chem Front, 2018, 5(15): 2390-2394.
[44] Chen S H, Wang M, Jiang X F. Chin J Chem, 2018, 36(10): 921-924.
[45] Zhao J Y, Jiang X F. Chin Chem Lett, 2018, 29(7): 1079-1087.

第4章

氧族元素的生理作用

4.1 氧为生命之气

氧最早被称为生命之气(拉丁语 vital air)，中文取"养生"之意。构成有机体的主要化合物如蛋白质、糖类和脂肪都含有氧。氧也构成了动物壳、牙齿及骨骼等主要的无机化合物。由藻类和植物经过光合作用产生的氧气化学式为 O_2，几乎所有复杂生物的细胞呼吸作用都需要氧气[1]。除极少数动物外，绝大多数生物体终身均无法脱离氧气生存。

4.1.1 氧的生理作用

1. 生物体内 O_2 的能量代谢过程

氧气是人体进行新陈代谢的关键物质，是人体生命活动的第一需要物质。氧气通过呼吸进入肺，再透过一层很薄的肺泡膜到达血液，与血液红细胞中的血红蛋白[2](hemoglobin，图 4-1)结合，血红蛋白是运输氧气的"列车"，顺着人体血液循环的"轨道"，将氧气输送到身体各部分组织中(图 4-2)。

血氧饱和度[3]用来衡量人体血液携带、输送氧气的能力。现代医学认为，人体正常的血氧饱和度应当不低于 94%[4]，如果低于此值，则认为是供氧不足，将对人体健康造成严重的伤害，引起许多并发症，如头晕、头痛、易困、做事提不起精神、脾气暴躁、容易生气等。如果长期缺氧，

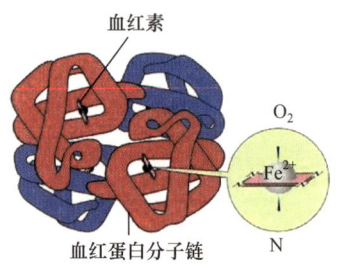

图 4-1 血红蛋白

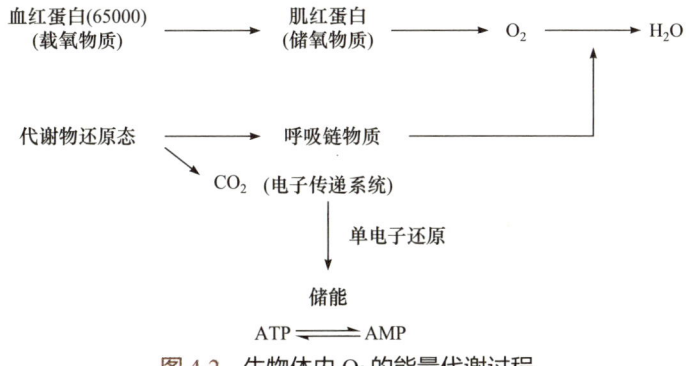

```
血红蛋白(65000)  →  肌红蛋白   →  O₂  →  H₂O
 (载氧物质)         (储氧物质)         ↑
                                      │
代谢物还原态  →  呼吸链物质 ──────────┘
           ↘   (电子传递系统)
            CO₂
                  ↓ 单电子还原
                  储能
              ATP ⇌ AMP
```

图 4-2 生物体内 O_2 的能量代谢过程

将对大脑皮层造成直接伤害，可能导致心脏骤停、心肌衰竭、血液循环衰竭、新陈代谢减慢等一系列严重后果，甚至危及生命[5]。血红蛋白输送的氧气在各部分组织中与摄取的营养物质发生氧化反应。例如，在体内某些酶的催化作用下，所摄取的食物分解为葡萄糖后与氧气进行一系列复杂的、缓和的氧化反应。这种氧化反应放出的热量能维持人体的正常体温，供给人体生存生活的能量。反应产生的二氧化碳与血液结合经过静脉回到肺中，并呼出体外。一个成年人每天平均消耗氧气 0.75 kg，排出二氧化碳 0.9 kg。生理性缺氧对人体的损伤与缺氧持续时长关系密切，及时纠正缺氧可减少器官的损伤，有助于人体代谢功能恢复。如果缺氧长期得不到纠正，不仅使缺氧敏感器官难以复原，而且缺氧耐受力较强的器官也会发生变化，因此缺氧需引起人们的高度关注。一般人只要停止呼吸几分钟，生命就会停止。如果人体缺氧，可以到通风良好的地方，或者到医院进行吸氧，甚至进行高压氧治疗，通过吸氧改善缺氧症状。

2. 超氧自由基的作用

O_2 在人体微环境中通过与 Fe(Ⅱ) 配合物配位来实现能量代谢功能。O_2 在体内水溶液中有一定的惰性，但与 Fe(Ⅱ)$(C_5H_5)_2$ 配位使其活化，而使 Fe^{2+} 只氧合、不氧化。生物体对能量代谢的要求条件非常严格，必须向生物体每个细胞提供能量，每个细胞都能作为释能部位，这就要求载氧工具将 O_2 送到每个细胞，需要时就释放[6]。而且这种能量交换大多数应以自由能形式传递或做功，并不是通常情况下主要以光或热的形式释放，O_2 必须经过 4 电子还原成水这一途径。

物质代谢和防御系统的实际参与者是氧的单电子还原产物超氧自由基($\cdot O_2^-$)。$\cdot O_2^-$、O_2^{2-} 和 $\cdot OH$ 都称为活性氧[7-9]。超氧自由基通过羟基化将脯氨酸转变成羟脯氨酸，再合成为胶原蛋白(图 4-3)。

$$H_2C-CH_2 \atop H_2CC-COOH \atop \underset{H}{|} \atop N \atop H \quad \xrightarrow{\cdot O_2^-} \quad HO-\underset{|}{C}-CH_2 \atop H_2CC-COOH$$

图 4-3　超氧自由基的作用过程

生物体内靠羟基化解毒。人体白细胞通过吞噬作用消灭入侵细菌、固体颗粒等入侵者，所用"战斗武器"也是超氧自由基。"防御系统"还与铜的超氧化物歧化酶活性有关[10]。超氧自由基有两面性，人们利用它的吞噬作用杀死入侵细菌，同时它不可避免地对生物分子(细胞膜磷脂、蛋白质、核酸)有破坏作用(破坏能力特强、集中、范围小)，轻者造成细胞膜损伤、慢性炎症；重者，当其进入细胞核内时，作用于 DNA 会引起肿瘤、心脑血管病、衰老、白内障等多种疾病。为了防治疾病，可以加入一些失活剂，使过量的超氧自由基失活[11-13]。

3. 人体中的氧循环

人体进行运动时，如果运动相对过度，超过了有氧运动的强度，就会因为氧气供应不足而形成无氧代谢，机体内产生的乳酸不能在短时间内进一步分解为水和二氧化碳，导致体内乳酸的大量堆积[14]。乳酸堆积会引起局部肌肉酸痛，使人不适。如果要加速乳酸的排泄，一是持续有氧运动，促使乳酸随着能量的代谢快速排出体外[15]；二是用热水熏蒸(如桑拿)，加速体内循环代谢，从而达到乳酸排泄的目的[16]。人体中的氧循环如图 4-4 所示。

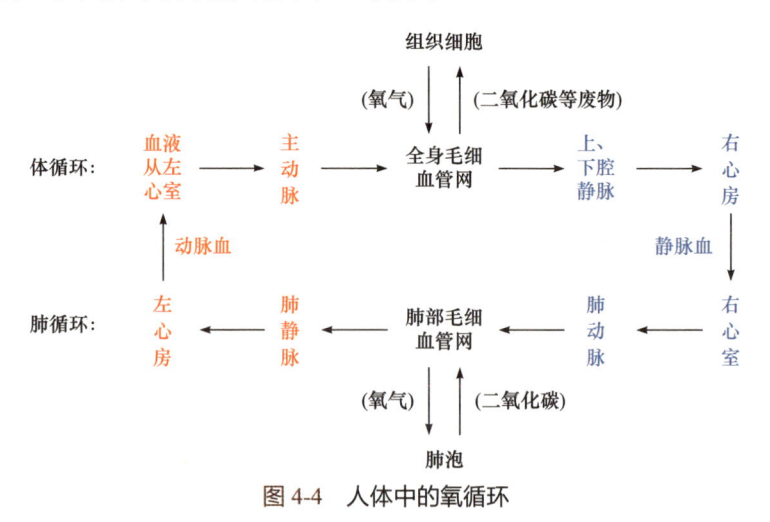

图 4-4　人体中的氧循环

4. 光合作用

各种生命体都在消耗氧气，氧气有被耗尽的一天吗？答案是否定的。在自然界中，植物的叶绿素在光合作用下，可使有机物产生的 CO_2 和 H_2O 变成需要的养料($C_6H_{12}O_6$)，并不断向空气中输送 O_2(图 4-5)[17]。因此，自然界中 CO_2 和 O_2 的产生和消耗处于动态平衡、永不完竭的状态。化学反应方程式如下所示：

$$6CO_2 + 6H_2O \xrightarrow{\text{日光，叶绿素}} C_6H_{12}O_6 + 6O_2\uparrow \tag{4-1}$$

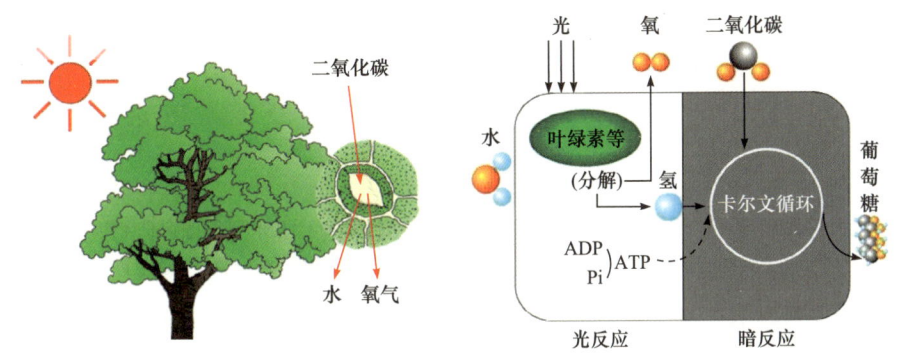

图 4-5 植物光合作用示意图

在自然界的光合作用过程中，水分子经过光分解作用后会释放出氧气。估计地球上有 70%的氧气由水生绿藻及蓝绿菌产生，其余的氧气来自陆地植物[18]。另一项研究估计大气中的氧气每年有 45%来自海洋[19]。

在进行光合作用的生物体内，产生氧气的反应发生在类囊体膜上，需四个光子的能量[20]。此反应有许多步骤，最终在类囊体膜上产生质子梯度，以此经光合磷酸化反应合成腺苷三磷酸(ATP)[21]。在生成水分子后剩余的 O_2 释放到大气中。线粒体中产生 ATP 的氧化磷酸化过程需氧[22]。有氧呼吸作用的整体反应类似于反向的光合作用。

$$C_6H_{12}O_6 + 6O_2 \longrightarrow 6CO_2 + 6H_2O \tag{4-2}$$

在脊椎动物中，O_2 经扩散作用，通过肺内的膜进入红细胞。O_2 与红细胞中的血红蛋白结合。软体动物及某些节肢动物利用血蓝蛋白承载氧气，如蜘蛛、海蜇及虾。多毛类、鳃曳类、星虫类和腕足类等无脊椎动物则利用蚯蚓血红蛋白运送和储存氧。每升含血红蛋白的血液可溶解 200 m^3 氧气。在发现厌氧动物前，人们曾以为氧气是所有复杂生物所必需的物质[23]。生物体消耗氧气后产生的活性氧类包括超氧化物(含有超氧离子 O_2^-)、过氧化氢(H_2O_2)等。复杂生物免疫系统中生成过氧化物、超氧化物和单线态氧攻击入侵的微生物。在抵御病原攻击的植物过敏反应中，活性氧类也起重要的作用[24]。氧对专性厌氧生物有破坏性，对于厌氧性生物(如破伤风梭菌)来说，氧气是有毒的。

4.1.2 大气氧气的积聚和大氧化事件

大约 35 亿年前，地球上出现了能进行光合作用的古菌和细菌。在此之前，地球大气中几乎不存在电离氧气。到了古元古代，地球上第一次出现大量的电离氧气[25]。地球形成后的首个 10 亿年内，电离氧气与溶于海洋中的铁结合，形成条状铁层[26]。30~27 亿年前，此类氧气槽达到饱和，氧气开始从海洋释出。17 亿年前，氧气水平达到今天的 10%[25](图 4-6，图中数字 1 表示尚未生成任何氧气；2 表示氧气开始生成，但被海洋及海床岩石吸收；3 表示氧气开始从海洋释出，但一部分被陆地表面吸收，另一部分形成臭氧层；4、5 表示各个氧气槽饱满之后氧气逐渐积聚)。

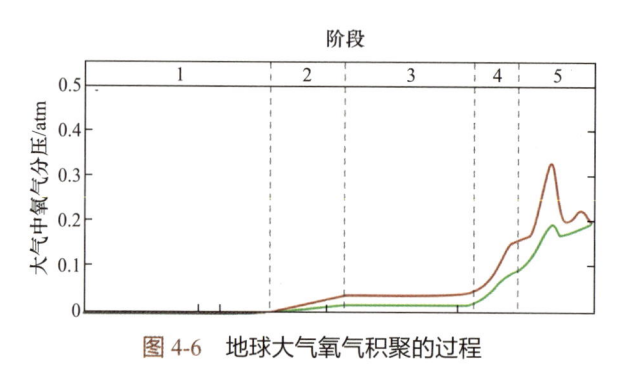

图 4-6 地球大气氧气积聚的过程

大约 24 亿年前，地球因"大氧化事件"出现了氧气，但直到约 6 亿年前动物才在地球上崛起，为什么推迟了这么久？一项新的研究显示，这是因为中间一段时期大气氧浓度又降到极低的水平，出现了"沉闷的十几亿年"。

这项研究发表在美国 Science 期刊上。参与研究的耶鲁大学博士后王相力表明，他们分析了采集自中国、美国、加拿大和澳大利亚浅海沉积的富铁沉积物和页岩，这些岩石的年代从 30 亿年前持续到现在。在氧浓度较高的情况下，地球岩石中的部分铬同位素易被氧化并溶于水，流进海洋，造成岩石中这部分铬同位素的含量降低。因此，研究不同历史时期的岩石铬同位素水平可反映相关年代的大气氧浓度。这项研究表明，从"大氧化事件"到"生命大爆发"期间，大气氧浓度不到现代数值的 0.1%，不足以支持动物出现。

4.1.3 氧的生理相关用途

1. 医疗方面

呼吸的主要目的是从空气中吸取氧气。在医疗上，患者吸入额外的氧气，不但能增加其血氧量，还能降低许多种病态肺组织对血流的阻力，减轻心脏的负荷。

氧疗可应用于慢性阻塞性肺疾病、肺炎、某些心脏疾病(充血性心力衰竭)、某些导致肺动脉血压增高的疾病以及任何使身体吸入及使用氧气能力降低的疾病等。氧气疗法有较大的灵活性，可用于医院及患者家中，甚至还有越来越多的便携式医用氧气设备(图 4-7)。曾经常见的氧气帐篷，现已大多被氧气面罩和鼻插管取代。高压氧治疗利用高压氧舱增加氧气分压，治疗舱内的患者[27]，可用于治疗一氧化碳中毒、气性坏疽及减压症等。增加肺内的氧气浓度有助于从血红蛋白的血基质上移除一氧化碳[28]。较高的

图 4-7　家用医用氧气设备

氧气分压能够毒死造成气性坏疽的厌氧菌[29-30]。当潜水员上升过快，环境压力迅速降低时，血液中会形成由氮和氦等气体组成的气泡。若尽早增加氧气压力，可使这些气泡重新溶解于血液中，多余的气体则经肺部自然呼出。

2. 维持生命及体能提升

现代宇航服内充满近纯氧(图 4-8)，压力为大气压的 1/3 左右，这使得太空人血液中有正常的氧气分压[31-32]。水肺式和水面供气式潜水员以及潜水艇都需要人工供应氧气。潜水艇、潜水器和大气压潜水服中的呼吸气体一般处于大气压力。呼出的气体经化学方法萃取出二氧化碳后，再补回氧气，使分压保持不变。在环境压潜水员呼吸的混合气体中，氧气的比例须依身处深度而定。纯氧或近纯氧的应用一般仅限于循环呼吸器、深度较浅(约 6 m 以内)的减压过程[33]以及 280 kPa 压力以内的加压舱治疗。在加压舱中之所以能用较高的压力，是因为急性氧气中毒

图 4-8　宇航服使用低压纯氧

的症状可以及时控制，不存在溺死的危险。更深的潜水则需要在呼吸气体中掺入其他气体，如氮气和氦气，目的是大大降低氧气分压，以避免氧气中毒。

登山或乘坐不加压航空器的人往往也需要补充氧气。在低压空气中增加氧气的比例，能够使氧气的分压达到海平面水平。载客飞机都为每位乘客备有紧急供氧设备，以应对机舱失压的情况。当机舱突然失压时，座位上方的化学氧发生器随即启动，氧气面罩掉下。当乘客拉下面罩时，铁屑与氯酸钠混合，两者发生放热反应持续产生氧气。

氧气可使人产生微欣快感，其在氧吧和运动中的娱乐性使用有一定历史。20世纪 90 年代末起，氧吧在日本、美国加利福尼亚州及内华达州的拉斯维加斯等地

兴起。顾客可以付费呼吸使用氧气比例较高的气体。职业运动员有时会在场外戴上氧气面罩提高体能。然而，这种做法的实际功效却存疑，任何体能上的提升更可能是因为安慰剂效应。有研究指出，只有在有氧运动期间吸入高含氧量气体，才会有体能的提升。

4.1.4 氧中毒

氧气是人们赖以生存的必需品，因此有人想当然地认为氧气浓度越高对身体越好。殊不知，氧气浓度过高会引起中毒[34]。主要是因为氧气可以产生氧自由基，会损伤生物膜结构，导致人体衰老，长期吸入高浓度的氧气会对人体造成永久性损伤甚至导致死亡。氧气中毒一般在氧气分压超过 50 kPa 时发生，等于在标准压力下含氧量为 50%(在海平面上正常空气中的氧气分压为 21 kPa)。医用氧气面罩提供的氧气体积比例为 30%～50%(在标准压力下分压约为 30 kPa)。

> **思考题**
>
> 4-1　通过本节内容的学习，你对氧气有哪些新的认识？

4.2　硫是细胞中必不可缺的元素

4.2.1　硫的生理作用

1. 含硫氨基酸中的硫

硫在体内主要以有机形式存在，是含硫氨基酸(甲硫氨酸、半胱氨酸、胱氨酸)[35]的重要成分(图 4-9)。含硫氨基酸在体内合成体蛋白、被毛及多种激素，存在于每个细胞中，不仅是人体所需的较大量元素，也是构成氨基酸的成分之一，

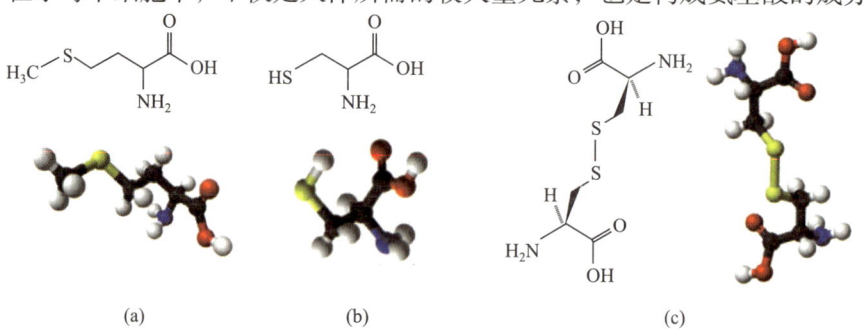

(a)　　　　　　　(b)　　　　　　　(c)

图 4-9　甲硫氨酸(a)、半胱氨酸(b)和胱氨酸(c)的结构

还有助于维护皮肤、头发及指甲的健康、光泽，维持氧平衡，帮助脑功能正常运作。因此可以说，对于所有的生物，硫都是一种重要的必不可少的元素[36]。硫缺乏时，会引起食欲丧失、多泪、流涎、脱毛，导致体质虚弱[37]。

此外，硫还与 B 族维生素一起，在帮助人体基本代谢等方面起重要作用[38]。需要注意的是，硫酸化合物状态下的硫无法被人体吸收利用，只有有机化合物形态的硫物质(如含硫氨基酸、辅酶 A、维生素 B_1 等)才能被利用。硫还有助于抵抗细菌感染。硫可在肠内部分转化为硫化氢而被人体吸收，但大量吞入可导致硫化氢中毒，可引起眼结膜炎、皮肤湿疹，对皮肤有弱刺激性。长期吸入硫黄粉尘一般无明显毒性[39]。

2. 蛋白质中的硫

蛋白质中硫的含量为 0.3%～2.5%，动物体内的硫大部分存在于毛发、软骨等组织中。在蛋白质中，多肽之间的二硫键是蛋白质构造中的重要组成部分[40](图 4-10)。有些细菌在一些类似光合作用的过程中使用硫化氢作为电子提供物[41](一般植物使用水作为电子提供物)。

无机硫是铁硫蛋白(iron-sulfur protein，Fe/S protein)的组成部分(图 4-11)。铁硫蛋白在植物、动物、微生物中广泛存在[42]。铁硫蛋白作为一种重要的电子载体，在生命活动中起重要作用。

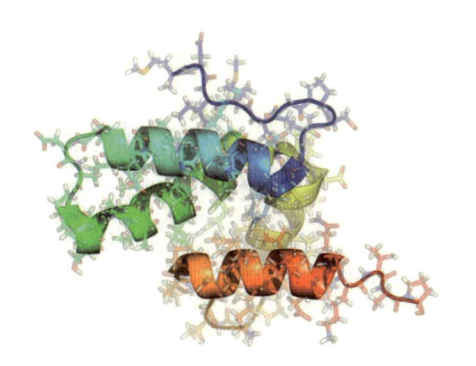

图 4-10　蛋白质的晶体结构示意图　　　　图 4-11　铁硫蛋白中的硫

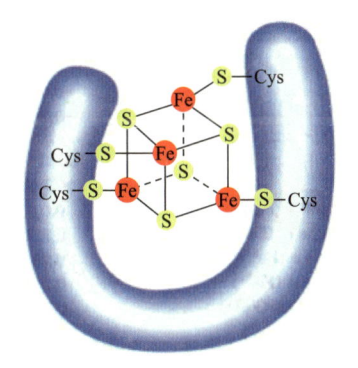

3. 植物结构中的硫

硫是植物结构的组成元素，主要构成含硫氨基酸、硫胺素、生物素、铁氧还蛋白、辅酶 A 等。植物主要以硫酸盐形态吸收硫[43]。空气中的二氧化硫也可被高等植物直接吸收利用。硫是植物的必需元素，缺硫会影响植物内糖类的组成，在蛋白质生长旺盛的生长初期与营养生长期最容易表现出来，其一般症状与缺氮相似——叶绿素合成降低，植物矮小，分蘖也少。在乔本科和兰科植物中，缺硫对根的生长危害较小。一般情况下，缺硫容易从上部叶表现出来，大豆、向日葵、黄瓜等症状特别明显，通常生长量大的叶片，其叶色暗淡的程度比缺氮时显著[44]。

4.2.2 硫及其化合物的生理相关用途

硫是重要的农业原料，主要用于肥料、火药、润滑剂、杀虫剂和抗真菌剂的生产[45]。芒硝是十水合硫酸钠($Na_2SO_4 \cdot 10H_2O$)的俗称，可用作泻药，具有泻下通便、润燥软坚、清火消肿的功效，常用于实热积滞、腹满胀痛、大便燥结、肠痈肿痛等病症的治疗，也可外用治疗乳痈、痔疮肿痛等[46]。烧石膏($2CaSO_4 \cdot H_2O$)在外科手术及模型制造方面应用广泛，可用于医用食品添加剂、骨折固定等。中药采用纤维状生石膏生用或炮制后入药，有清热泻火、除烦止渴、收敛生肌等功效。烧石膏用作农业肥料可以改良碱性土壤，用于一般中性或酸性土壤可以改善土壤结构，供给钙和硫成分；作为工业材料，可用于制作模型、生产硫酸、纸张填料、油漆、黑板用的粉笔；作为建筑材料，可用于水泥缓凝剂、石膏建筑制品；在食品添加剂方面，可以作为制作豆花、豆腐过程中的添加物。绘画所用的石膏底料也有很大一部分成分是石膏[47]。

医疗上，硫可制成硫软膏医治某些皮肤病。但硫对身体危害较大，长期在高含硫的工况下工作对身体有极大损害。日常生活中，水银温度计破裂(图 4-12)，可将硫撒在散落的汞珠旁，生成稳定的化合物($Hg + S \rlap{=}= HgS$)，防止汞蒸发[48]。

图 4-12 温度计洒落的汞珠

> **思考题**
> 4-2 硫的生理作用表现在哪些方面？

4.3 硒是人体必需的微量矿物质营养素

4.3.1 硒的生理作用

1. "抗癌之王"

硒是人体内一种特殊而又必需的微量矿物质元素[49]，具有很强的生物活性，参与多种生理生化作用，扮演着至关重要的角色，特别是对胃肠道、白内障等病患人群有益。在保护人体健康方面,硒可抵抗砷、镉、汞和铅等有毒物质对人体的危害,是人体内一种天然的解毒物质;能清除自由基,防衰老能力是维生素 E 的 500 倍,是人体最主要的抗氧化剂;能参与人体内多种酶的催化反应,调节维生素 A、维生素 C、维生素 E、维生素 K 的吸收与消耗;是人体免疫系统的主要激活成分,能保持和提高人体的免疫力;可调控甲状腺的代谢和维生素 C 的氧化还原态;能增强人体的生育力。因此,硒被医学界和营养界誉为"抗癌之王""天然解毒剂""长寿元素"等[50-51]。富硒温泉在抗癌、防治心脑血管疾病、延缓衰老、防治老年慢性疾病(如风湿与类风湿性疾病、关节病、皮肤病)等方面均具有较明确的功效,对人体健康非常有益[52]。

2. 存在形式

硒在自然界的存在方式有两种:无机硒和植物活性硒[53]。无机硒一般指亚硒酸钠和硒酸钠,包括有大量无机硒残留的酵母硒、麦芽硒,从金属矿藏的副产品中获得。无机硒有较大的毒性,且不易被吸收,不适合人和动物使用[54]。植物活性硒是硒通过生物转化与氨基酸结合而成,一般以硒甲硫氨酸的形式存在。植物活性硒是人和动物允许使用的硒源。硒在动物组织中最常以硒甲硫氨酸(selenomethionine,SeMet)和硒半胱氨酸(selenocysteine,SeCys)的形态存在[55],其中硒甲硫氨酸无法由人体合成,仅由植物合成后经摄食再消化代谢获得。此外,人体中硒甲硫氨酸可以取代甲硫氨酸,但硒半胱氨酸不能取代半胱氨酸。

3. 人类对硒的生物功能认识

人类对硒的生物功能认识过程比较曲折。起初,一些国家的牲畜相继患上了一种疾病,其症状为食欲不振、蹄变形、脱毛、消瘦甚至死亡,但长期找不到致病原因,人们认为是饮食中含有过量的碱造成的,因此称其为"碱疾病"。1937 年,Moxon 证实了所谓的"碱疾病"实际上是硒中毒,此后 20 年内硒一直被人们认为是有毒元素。过量的硒可引起中毒,表现为头发变干变脆、易脱落,指甲变脆、有白斑及纵纹、易脱落,皮肤损伤及神经系统异常,严重者死亡。然而,施瓦茨(Schwarz)认为:人和动物的肝坏死除与含硫氨基酸和维生素 E 缺乏有关外,还与更为重要的第三种物质有关,因此他一直致力于这一神秘的第三种物质的研究。1957 年,他终于发现引起肝坏死的第三种重要物质正是微量元素硒,并首次提出了硒是人和动物必需的微量元素[56]。1973 年,世界卫生组织(WHO)正式宣布硒是人和动物必需的微量元素。缺硒是人体患克山病的重要原因。1984 年,我国学者在世界上首次采用亚硒酸钠片大规模地预防克山病并取得显著效果,获得国际生物无机科学家协会颁发的施瓦茨奖。人体缺硒可引起某些重要器官的功能失调,导致许多严重疾病发生。全世界 40 多个国家处于缺硒地区,我国 22 个省份的几亿人口都处于缺硒或低硒地带，这些地区的肿瘤、肝病、心血管疾病等发病率很高。缺硒也被认为是患大骨节病的重要原因。大骨节病是一种地方性、多发性、变形性骨关节病，患者主要为青少年，严重影响骨发育和日后劳动生活能力。人体缺硒会引起心脏病、癌症和蛋白质营养不良症；动物缺硒会引起心肌和骨骼肌灰白色病变，病理学上称为白肌病或肌营养不良症。硒可预防镉中毒，拮抗汞和砷引起的毒性。低硒或缺硒人群适量补硒，不但能够预防肿瘤、肝病等的发生，而且可以提高机体免疫能力，维护心、肝、肺、胃等重要器官正常功能，预防老年性心脑血管疾病的发生。硒的化合物一般具有较强的毒性，其中以亚硒酸和亚硒酸盐毒性最大，其次为硒酸和硒酸盐。元素硒水溶性差，因此毒性最小。硒引起的急性中毒症状有：头痛、头晕、烦躁、恶心、乏力、呼出的气有蒜味。严重者产生肝脏损害、惊厥以及呼吸衰竭等。

人体本身的硒总含量为 15 mg。男性体内的硒多集中在睾丸及前列腺输精管中，随精液一起排出体外。硒无法在人体内生成，人体所需要的硒只能从食物中摄取。硒虽然不是植物必需的营养元素，但植物是自然界生态循环中的关键环节和人体硒的直接来源。普通面粉、大麦、鱼、虾、海藻、动物肝、动物肾、大蒜、葱头、芦笋、胡萝卜等都含有硒。需要指出的是，食物中含硒量高，并不等于人对其吸收就好。一般来说，人体对有机硒的利用率较高，可以达到 70% 以上，因此正确的补硒方式是，多吃强化补充有机硒的食品，多吃水果、蔬菜等富含维生素 A、维生素 C、维生素 E 的食品促进硒的吸收[57]。中国营养学会《中国居民膳食营养素参考摄入量(2023 版)》提出一个成年人每天对硒的推荐摄入量(RNI)为 60 μg，可耐受最高摄入量(UL)为 400 μg。按照世界卫生组织要求：人体膳食中每日最低需求量为 40 μg 硒，而营养补充以 50~250 μg 硒为宜[58]。

4. 硒是植物生长所需有益元素

硒是植物生长所需的有益元素，具有刺激植物生长发育、提高作物产量与品质、增强植物生物抗氧化作用、促进植物新陈代谢和植物对环境胁迫的抗性，并具有拮抗重金属的作用[59]。环境中的硒可以转化生成具有生物活性的植物硒，储存在植物体内；有机硒主要以可溶性蛋白形式存在，参与植物蛋白的合成[60]；另外，线粒体呼吸速率和叶绿体电子传递速率都与硒的存在与否及其含量的多少有显著相关性，在一定范围(0.10 mg·L^{-1} 以下)内，硒增强了线粒体呼吸速率和叶绿体电子传递速率，而在较高浓度(≥1 mg·L^{-1})时导致速率降低，说明在植物体内硒可能参与了能量代谢过程[61]。

我国对硒的研究主要集中在动物医学与畜禽养殖等方面，并已取得一定的成果。有机硒具有毒性小、易被动物吸收、环境污染小等优点，商用和实用价值较高。欧美许多国家已大力提倡使用有机硒。

4.3.2 硒与人类疾病

人和动物有两个硒储存库，一是身体蛋白质的硒甲硫氨酸(SeMet)，它的储存量视饮食中 SeMet 的量而定，其提供硒的量取决于甲硫氨酸的转换率；二是肝脏酵素谷胱甘肽过氧化物酶(glutathione peroxidase, GPX)的硒。与其他必需的微量元素一样，硒的不足与过量都会使机体产生疾病[62](图 4-13)。

图 4-13 缺硒导致的各种疾病

1. 硒与肝病

在人体中，肝脏是含硒量最多的器官之一，多数肝病患者均存在硒缺乏现象，并且病情越重，缺硒越重。硒被认为是抗肝坏死保护因子，国内外多项研究均表明，乙型肝炎迁延不愈与缺硒有很大关系，肝病患者补硒后有很好的效果。硒是人体中谷胱甘肽过氧化物酶的组成部分之一，有保护细胞膜完整性的重要作用，还能增强细胞的免疫功能，提高中性粒细胞和巨噬细胞吞噬异物的作用，增加免疫球蛋白 IgM、IgG 的产生。研究表明，含硒量高的食物可明显抑制大鼠肝脏炎症的发展，如果食物中含硒量过低或缺乏，则乙型肝炎表面抗原阳性率及肝癌的发生率会提高[63]。硒元素对肝病的医理作用如下：①增强免疫功能，防止肝病反复；②提高抗氧化能力，预防肝纤维化[64]；③阻断病毒突变，加速病体康复；④解毒除害，保护肝脏；⑤与药物协同，效果事半功倍。

2. 硒与胃病

人体内的硒含量越低，胃部患病的可能性越大。浅表性胃炎患者体内含硒量往往比健康人低，血液中含硒量低的萎缩性胃炎患者癌变的可能性大大增加。多数胃癌患者处于硒缺乏状态。硒元素对胃病的医理作用如下：人体内硒水平的降低会造成免疫功能缺失及抗氧化能力下降，引起胃黏膜屏障不稳定。黄嘌呤氧化酶在应急情况下会持续升高，造成胃黏膜缺血性损伤，氧自由基增多，导致胃炎、胃溃疡等消化系统病变。硒是一种天然抗氧化剂，能有效抑制活性氧生成，清除人体代谢过程中产生的垃圾——自由基，阻止胃黏膜坏死，促进黏膜修复和溃疡愈合，预防癌变。每天服用一定量的硒将有助于慢性胃病患者控制病情，缓解胃病症状。

3. 硒与放化疗

放化疗患者机体免疫功能的衰退，有可能进一步促使肿瘤失去免疫监控，加速增殖。硒是一种优良的放化疗辅助剂，肿瘤患者在放化疗期间服用硒可以起到多方面的作用[65]。硒元素对放化疗的医理作用如下：①补硒可以提高放化疗患者机体的免疫力，使患者机体能够顺利完成放化疗；②由化疗药物所致的骨髓毒副反应主要是使细胞脂质氧化，过多的过氧化物堆积引起基质细胞损伤，由此累及骨髓的储血和造血功能，硒是有效的抗氧化剂，服用硒可增强人体抗氧化功能，抑制过氧化反应，分解过氧化物，清除自由基和修复细胞损伤，调节机体代谢及增强免疫功能；③补硒能预防放化疗时出现耐药性；④硒能解除癌症患者化疗药物的毒性作用。

4. 硒与糖尿病

糖尿病对许多人特别是中老年人群来讲已不陌生。它被人们称为"富贵病"，并和肿瘤、心血管疾病一起被列为对现代人危害最大的三大慢性疾病[66]。最近的医学研究表明，糖尿病患者体内普遍缺硒，其血液中的硒含量明显低于健康人群[67-68]。补充微量元素硒有利于改善糖尿病患者的各种症状，并可以减少糖尿病患者各种并发症的产生概率。糖尿病患者补硒有利于控制病情，防止病情加深、加重。硒对糖尿病的医理作用如下：①糖尿病患者补硒有利于营养、修复胰岛细胞，恢复胰岛正常的分泌功能；②糖尿病患者补硒后可以提高机体抗氧化能力，保护细胞的膜结构，使胰岛内分泌细胞恢复、保持正常分泌与释放胰岛素的功能；③补硒可增强人体的体液免疫功能、细胞免疫功能和非特异性免疫功能，从而整体增强机体的抗病能力，这对处于免疫功能低下状态的糖尿病患者无疑增加了一道抗感染及预防并发其他疾病的坚固防线。

5. 硒与其他疾病

硒能催化并消除对眼睛有害的自由基物质，从而保护眼睛的细胞膜[69]。硒对脑功能是非常重要的[70]。硒缺乏使一些神经递质的代谢速率改变，同时体内产生的大量有害物质自由基也无法得到及时清除，从而影响人体的脑部功能。增加硒不但会减少儿童难以治愈的癫痫的发生，也可以有效地减轻焦虑、抑郁和疲倦，这种效果在缺硒人群中最明显。硒与甲状腺疾病：硒与人体内分泌激素关系密切，其中人体甲状腺中含硒量高于除肝、肾以外的其他组织[71]。硒在甲状腺组织中具有非常重要的功能，可以调节甲状腺激素的代谢平衡，缺硒会造成甲状腺功能紊乱。硒与前列腺疾病[72]：低硒地区的前列腺疾病发病率远高于高硒地区。在前列腺病理演变过程中，元素镉起重要作用，随着年龄的增长和环境的影响以及低硒导致的内分泌失调等，前列腺聚集镉而引发前列腺增生甚至肿瘤。而硒可以抑制镉对人体前列腺上皮的促生长作用，从而减轻病情。硒与男性生殖：研究发现，精液中硒水平越高，精子数量越多，活力越强。人类精子细胞含有大量的不饱和脂肪酸，易受精液中存在的氧自由基攻击，诱发脂质过氧化，从而损伤精子膜，使精子活力下降，甚至功能丧失，造成不育。硒具有强大的抗氧化作用，可清除过剩的自由基，抑制脂质过氧化作用。男性不育症患者精液硒水平低，自然会削弱机体自身对精液中存在的氧自由基的清除和脂质过氧化的抑制，从而导致患者精子活力低下、死亡率高，引发不育症[73]。

> **思考题**
>
> 4-3 虽然硒被医学界和营养界誉为"抗癌之王""天然解毒剂""长寿元素"等，但在选择和使用补硒产品时为什么还要慎之又慎？

4.4 碲是制造杀菌剂的原料

4.4.1 碲的生理作用

碲的理化性质和毒理学作用类似于硒，在人体组织中含量高于大多数已被确认的必需微量元素。但由于它在体内无明显的生物学作用，也无缺乏症表现，因此被称为"异常微量元素"[74]。碲的化学性质很像硫和硒，具有一定的毒性。在空气中将它加热熔化，生成氧化碲的白烟，使人感到恶心、头痛、口渴、皮肤瘙痒和心悸。人体吸入极低浓度的碲后，在呼气、汗液、尿液中会产生一种令人不愉快的大蒜臭气。这种臭气很容易被其他人感觉到，但本人往往并不知道。硒和砷也可出现这种气味，故并非特异。有研究表明，这种气味是碲转化为有机的二甲碲化物排出体外时所释放[75]。除了大蒜样气味外，中毒者还会出现四种常见症状，依次为口干、口中有金属味、嗜睡和带有大蒜味的汗液。此外，还有恶心、厌食和汗闭等非特异症状。尽管碲中毒在人群中并不常见，对人体也无长期的损害,但动物试验证实碲具有神经毒性[76],为一些人类神经系统疾病(如脱髓鞘性神经病和神经元的蜡样脂褐质变性等)提供研究模型。这种神经毒性与动物年龄有明显关系。碲可使处于胚胎期和新生期的动物出现畸形,如脑积水;使刚断乳动物发生脱髓鞘的外周神经病,同时伴有中枢神经系统髓鞘生成减少。对于成年动物,则由于碲蓄积于大脑组织的溶酶体中,形成肉眼可见的黑色大脑。

碲具有强正电性,可形成二价、三价氧化物及可溶于水的亚碲酸盐。亚碲酸盐毒性大于碲酸盐且更稳定,碲及二氧化碲经胃肠道吸收较少,二氧化碲烟雾可经肺吸收。皮下注射碲或二氧化碲,在注射部位可出现蓝黑色斑并伴有脓肿形成。还可以提取碘的同位素,治愈甲状腺类疾病[77]。

4.4.2 碲的杀菌性

碲被誉为"现代工业、国防与尖端技术的维生素",在医药领域有广泛而独特的用途[78]。其作为一种抗菌成分,具有抗痢疾、抗炎、抗动脉粥样硬化和免疫调节的特性[79-80]。碲也是制造杀菌剂的原料,尤其是有机碲化合物(如碲杂环化合物、芳香取代碲化合物等)具有较强的抑菌活性。芳基三氯化碲及其与季铵(磷)盐形成的阴离子配合物对革兰氏阳性的粪链球菌、克雷白氏肺炎杆菌及金黄色葡萄球菌的生长有强烈的抑制作用。另外,它们对发癣菌有专一性杀灭作用,可用于治疗皮肤癣。双苯甲酰基碲衍生物,若酰基邻位含有 N、O 基与碲形成分子内配位,则对大肠杆菌、枯草杆菌、鼠伤寒沙门氏菌有强烈杀菌作用。

许多有机碲化物有极强的杀菌、杀真菌活性,有的已经应用于临床治疗,且效果显著。由于碲化物的低毒性,被广泛应用于由真菌、细菌引起的各种感染的消毒与治疗,因此它们具有更广阔的应用前景[81]。

4.5 钋-210 可致癌

^{210}Po 为天然 α 放射性核素,是 ^{222}Rn 的最后衰变 α 子体,属极毒放射性核素,广泛分布于自然界,是人类天然辐射本底的重要组成部分,人体内各种组织所受到的天然辐射内照射剂量有 30%来自这个核素。

中国毒理学会的研究称:"钋-210 与同等质量的氰化物相比,毒性强约 2.5 亿倍"。研究表明,烟草中除含有 1000~2000 种可辨认的芳烃致癌物、辅致癌物和诱变物外,还含有多种放射性核素,包括可伴随吸烟进入呼吸系统的挥发性钋-210,其导致肺癌的危险度极大。2014 年,法国原子能和替代能源委员会安索波洛(E. Ansoborlo)在 *Nature Chemistry* 发表的一篇题为"剧毒的钋"(Poisonous Polonium)的文章中谈到"钋的毒性是氰化氢的 1 万倍,对人体的致死量小于 10 μg"[82]。

这个说法与 2013 年中国科学院一篇关于钋与人体健康的文章中所述"大小不及一粒盐(约 60 μg)的钋-210 即可使体重为 70 kg 的人死亡"相仿。钋中毒短期内可用二巯基丙烷磺酸钠进行治疗[83]。

钋-210 属于极毒的放射性核素，它发射的 α 粒子在空气中的射程很短[84]，不能穿透纸或皮肤，所以在人的体外不构成外照射危险。但是它的电离能力很强，如果通过吸入、食入或由伤口进入人体内，可以引起体内污染、中毒或急性放射病。

在细胞水平的生物效应上，钋-210 释放出的 α 粒子可以破坏细胞结构、细胞核结构，损伤 DNA，最终导致细胞死亡[85]。摄入几微克的钋-210 即可在一天内出现类似食物中毒的胃肠道症状，包括恶心、呕吐、腹泻及全身疲劳，之后伴随出现晚期症状，如脱发和血细胞大量减少。全身剂量达 5 Gy 时即可出现骨髓造血功能抑制。由于肠内膜细胞是对辐射照射敏感的高速增生繁殖细胞，急性照射剂量为 5～15 Gy 时即可出现胃肠道症状，40～50 Gy 时可出现胃肠道坏疽和溃疡。在胃肠道内膜上，α 粒子对上皮细胞的辐射照射可以导致细胞死亡，内膜脱落，导致胃肠道出血。如果在短时间内体内的吸收剂量达到 4 Gy，可以致命。但是，在通常情况下，钋-210 对自然界和人类并不构成威胁，因为钋是最稀有的元素之一，在地壳中的含量极微[86]，天然的钋存在于所有铀矿石和钍矿石中[87]。在自然环境中，如大气甚至人体内都有极微量的钋-210 存在。钋-210 的物理半衰期[88]为 138 天，也就是说，每过 138 天，它的放射性活度就自动减少一半，约 2.5 年后其放射性基本消失。

参 考 文 献

[1] Cournac L, Peltier G. Annu Rev Plant Biol, 2002, 53(1): 523-550.
[2] Saroff H A. Proc Natl Acad Sci, 1970, 67(4): 1662-1668.
[3] Hess D R. Respir Care, 2016, 61(12): 1671-1680.
[4] 韦凤莲, 玉冰, 江桂莲. 中国保健营养, 2013, 23(8): 1935.
[5] 张洁琼, 柴程芝, 寇俊萍, 等. 现代生物医学进展, 2012, 12(33): 6572-6577.
[6] Samuel P P, Ou W, Phillips G N, et al. Biophys J, 2017, 112(3): 59a.
[7] Ghersi-Egea J F, Maupoil V, Ray D, et al. Free Radical Biol Med, 1998, 24(7-8): 1074-1081.
[8] Mailloux R J. Antioxidants, 2020, 9(6): 472.
[9] Tauffenberger A, Magistretti P J. Neurochem Res, 2021, 46(1): 77-87.
[10] Dillon C T, Hambley T W, Kennedy B J, et al. Chem Res Toxicol, 2003, 16(1): 28-37.
[11] Schweikl H, Godula M, Petzel C, et al. Dent Mater, 2016, 33(1): 110-118.
[12] McCord J M. Science, 1974, 185(4150): 529-531.
[13] Zwicker K, Damerau W, Dikalov S, et al. Biochem Pharmacol, 1998, 56(3): 301-305.
[14] Koziel A, Jarmuszkiewicz W. Pflugers Arch, 2017, 469(5): 815-827.
[15] Spurway N C. Br Med Bull, 1992, 48(3): 569-591.

[16] Michnik A, Duch K, Pokora I, et al. Complement Ther Med, 2020, 51(1): 1-6.
[17] Wang Y, Zhang Y J, Han J M , et al. ACS Omega, 2019, 4(6): 10354-10361.
[18] William F. Marine Plants: A Unique and Unexplored Resource. Plants: The Potentials for Extracting Protein, Medicines, and Other Useful Chemicals (Workshop Proceedings). Washington: U.S. Congress, Office of Technology Assessment, 1983.
[19] Walker J C G. The Oxygen Cycle. Berlin: Springer, 1980.
[20] 李炯. 植物类囊体膜蛋白体内磷酸化的研究. 成都: 四川大学, 2001.
[21] Gardeström P, Igamberdiev A U. Physiol Plant, 2016, 157(3): 367-379.
[22] 黄羌维. 福建农业科技, 1982, 2: 45-47.
[23] Ward P D, Brownlee D, Krauss L. Rare Earth: Why Complex Life is Uncommon in the Universe. New York: Copernicus Books (Springer Verlag), 2000.
[24] Delledonne M, Zeier J, Marocco A, et al. Proc Natl Acad Sci, 2001, 98(23): 13454-13459.
[25] Crowe S A, Døssing L N, Beukes N J, et al. Nature, 2013, 501(7468): 535-538.
[26] 张连昌, 兰彩云, 王长乐. 古地理学报, 2020, 22(5): 827-840.
[27] Stephenson R N, Mackenzie I, Watt S J, et al. Undersea Hyperbaric Med, 1996, 23(3): 185-188.
[28] Piantadosi C A. Undersea Hyperbaric Med, 2004, 31(1): 167-177.
[29] Hart G B, Strauss M B. J Hyperbaric Med, 1990, 5(2): 125-144.
[30] Zamboni W A, Riseman J A, Kucan J O. Undersea Hyperbaric Med, 1990, 5(3): 177-186.
[31] Morgenthaler G W, Fester D A, Cooley C G. Acta Astronaut, 1994, 32(1): 39-49.
[32] Webb J T, Olson R M, Krutz R W, et al. Aviat, Space Environ Med, 1989, 60(5): 415-421.
[33] Longphre J M, Denoble P J, Moon R E, et al. Undersea Hyperbaric Med, 2007, 34(1): 43-49.
[34] 张静静, 沈越, 刘文武, 等. 第二军医大学学报, 2021, 42(4): 426-431.
[35] Čolović M B, Vasić V M, Djuric D M, et al. Curr Med Chem, 2018, 25(3): 324-335.
[36] Jonsson W O, Margolies N S, Anthony T G. Nutrients, 2019, 11(6): 1349-1363.
[37] 杨建华. 中学化学教学参考, 1995, 5(5): 25.
[38] Fitzpatrick T B, Chapman L M. J Biol Chem, 2020, 295(34): 12002-12013.
[39] Carubbi C, Masselli E, Calabrò E, et al. Int J Biometeorol, 2019, 63(9): 1209-1216.
[40] Cramer C N, Haselmann K F, Olsen J V, et al. Anal Chem, 2015, 88(3): 1585-1592.
[41] 周佳. 农村青少年科学探究, 2019, 4: 36-37.
[42] Przybyla-Toscano J, Roland M , Gaymard F, et al. J Biol Inorg Chem, 2018, 23: 545-566.
[43] Nakajima T, Kawano Y, Ohtsu I, et al. Plant Cell Physiol, 2019, 60(8): 1683-1701.
[44] 张英聚, 丘泉发. 中山大学学报(自然科学版), 1982, 2: 85-87.
[45] 张泽彦, 吕爱英. 河南科技, 2000, 12: 15.
[46] 董文燊, 李清, 瞿发林. 光明中医, 2014, 29(1): 207-208.
[47] Schmid T, Jungnickel R, Dariz P. J Raman Spectrosc, 2019, 50(8): 1154-1168.
[48] 潇冥. 老同志之友, 2011, 12: 54.
[49] Gropper S S, Smith J L, Groff J L. Advanced Nutrition and Human Metabolism. 5th ed. Belmont: Wadsworth, Cengage Learning, 2009.
[50] 符策强, 韩义胜, 岑新杰. 中国种业, 2013, S1: 76-77.
[51] Schrauzer G N. Cell Mol Life Sci, 2000, 57(13): 1864-1873.

[52] 杨云, 黄永真, 李淑英. 宜春学院学报, 2012, 34(12): 57-59 + 72.
[53] 邵黎雄, 陆建梅, 姜雪峰. 自然杂志, 2019, 41(6): 453-459.
[54] Davis T Z, Tiwary A K, Stegelmeier B L, et al. J Appl Toxicol, 2017, 37(2): 231-238.
[55] Moreda-Pineiro J, Moreda-Pineiro A, Romaris-Hortas V, et al. Food Chem, 2013, 139(1): 872-877.
[56] 金家志, 邵凤君. 农业环境科学学报, 1985, 5: 36-37 + 41.
[57] Kieliszek M. Molecules, 2019, 24(7): 1298-1312.
[58] Grzechulska-Damszel J, Markowska-Szczupak A, Morawski A W. Pol J Chem Technol, 2018, 20(4): 84-87.
[59] 薛梅, 陈悦, 刘红芹, 等. 中国土壤与肥料, 2016, 1: 1-6.
[60] Schiavon M, Pilon-Smits E A H. J Environ Qual, 2017, 46(1): 10-19.
[61] 郑聪, 许自成, 毕庆文. 江西农业学报, 2009, 21(9): 110-112 + 115.
[62] Ying H M, Zhang Y. Biol Trace Elem Res, 2019, 191(1): 38-50.
[63] Shang N, Wang X, Shu Q, et al. J Nanosci Nanotechno, 2019, 19(4): 1875-1888.
[64] Wang N, Tan H Y. Oxid Med Cell Longev, 2017: 7478523-7478536.
[65] Spengler G, Gajdács M, Marć M, et al. Molecules, 2019, 24(2): 336-351.
[66] Scappaticcio L, Maiorino M I, Bellastella G, et al. Endocrine, 2017, 56(2): 231-239.
[67] Ogawa-Wong A N, Berry M J, Seale L A. Nutrients, 2016, 8(2): 80.
[68] Mueller A S, Pallauf J, Rafael J. J Nutrl Biochem, 2003, 14(11): 637-647.
[69] Flohé L. Dev Ophthalmol, 2005, 38: 89-102.
[70] Solovyev N D. J Inorg Biochem, 2015, 153: 1-12.
[71] Santos L R, Neves C, Melo M, et al. Diagnostics, 2018, 8(4): 70.
[72] Diamond A M. Biol Trace Elem Res, 2019, 192(1): 51-59.
[73] Mirnamniha M, Faroughi F, Tahmasbpour E, et al. Rev Environ Health, 2019, 34(4): 339-348.
[74] 黄志刚, 王艳斌. 国外医学(卫生学分册), 1996, 23(1): 57-58.
[75] Berriault C J, Lightfoot N E. Occup Med, 2011, 61(2): 132-135.
[76] Goodrum J F. Neurochem Res, 1998, 23(10): 1313-1319.
[77] Eybl V, Kotyzová D, Sýkora J Ř, et al. Biol Trace Elem Res, 2007, 117(1): 105-114.
[78] 崔迎春, 周洋, 高晶晶, 等. 矿物学报, 2015, 35(S1): 555.
[79] Sredni B. Semin Cancer Biol, 2012, 22(1): 60-69.
[80] Brodsky M, Hirsh S, Albeck M, et al. J Hepato, 2009, 51(3): 491-503.
[81] 罗学红, 刘秀芳, 徐汉生. 微量元素与健康研究, 1994, 2: 48-50.
[82] Ansoborlo E. Nat Chem, 2014, 6(5): 454.
[83] Hill C R. Nature, 1965, 208(5009): 423-428.
[84] 陈舜华, 钟创光. 中山大学学报论丛, 1996, 2: 124-131.
[85] 汤平涛, 李丽, 周少琴, 等. 卫生毒理学杂志, 1995, 4: 248-249.
[86] Thakur A, Ward A L. J Radioanal Nucl Chem, 2020, 323(1): 27-49.
[87] 朱天侠. 中国核科技报告, 1993: 173-187.
[88] Bucurescu D. Phys Perspect, 2020, 22(1): 162-181.

练习题

第一类：学生自测练习题

1. 是非题(正确的在括号中填"√"，错误的填"×")

(1) 物种 O_2^+、O_2、O_2^-、O_2^{2-} 的键长按序从右向左增大。　　　(　)
(2) 物种 SO_3、O_3、ICl_3^- 和 H_3O^+ 都是平面三角形。　　　(　)
(3) 常温下最稳定的晶体硫为 S_2。　　　(　)
(4) $_8^{16}O$ 和 $_8^{17}O$ 是等电子体。　　　(　)
(5) 浓硫酸与蔗糖的反应是浓硫酸的脱水性和氧化性所致。　　　(　)
(6) 液氧和过氧化氢溶液可以作为火箭推进剂中的氧化剂。　　　(　)
(7) 重金属离子可以促进 H_2O_2 的分解。　　　(　)
(8) H_2S 的中心原子 S 的杂化方式为 sp^2 杂化。　　　(　)
(9) 溴和氯可将硫代硫酸钠氧化为硫酸钠。　　　(　)
(10) 浓硫酸可用于干燥氢气、二氧化碳。　　　(　)

2. 选择题

(1) 为使已变暗的古油画恢复原来的白色，使用的方法为　　　(　)
　　A. 用 SO_2 气体漂白　　　　　B. 用稀 H_2O_2 溶液擦洗
　　C. 用氯水擦洗　　　　　　　　D. 用 O_3 漂白
(2) 少量 H_2O_2 与 H_2S 反应的主要产物是　　　(　)
　　A. H_2SO_4　　B. H_2SO_3　　C. $H_2S_2O_3$　　D. S
(3) 下列物质中，只有还原性的是　　　(　)
　　A. $Na_2S_2O_3$　　B. Na_2S　　C. Na_2SO_3　　D. Na_2S_2
(4) 下列分子或离子中含有 Π_4^6 键的是　　　(　)
　　A. O_3　　B. NO_3^-　　C. SO_4^{2-}　　D. SO_3^{2-}

(5) 下列关于臭氧的说法，错误的是 (　　)
    A. 臭氧溶于四氯化碳　　　　　B. 臭氧常温下可氧化银
    C. 臭氧在冰中不稳定　　　　　D. 臭氧可腐蚀橡胶
(6) 下列物质中能迅速且定量地将 I^- 氧化成 I_2 的是 (　　)
    A. O_3　　　B. O_2　　　C. S　　　D. SO_2
(7) 下列关于过氧化氢的说法，错误的是 (　　)
    A. 过氧化氢可用作发色剂
    B. 过氧化氢是一种一元弱酸
    C. 过氧化氢的稳定性是相对的
    D. 过氧化氢在酸性环境中还原性很弱
(8) 硫有 25 种同位素，其中半衰期最长的是 (　　)
    A. ^{32}S　　　B. ^{33}S　　　C. ^{35}S　　　D. ^{36}S
(9) 根据不同元素硫化物的酸碱性变化规律，下列硫化物中，具有两性的是
 (　　)
    A. H_2S　　　B. Na_2S_2　　　C. As_2S_5　　　D. As_2S_3
(10) 下列物质中，分解温度最高的是 (　　)
    A. $MgSO_4$　　　B. $SrSO_4$　　　C. $CaSO_4$　　　D. $CdSO_4$

3. 填空题

(1) 硫的两种主要同素异形体是_____和_____。其中稳定态的单质是_____，它受热到 95℃时，转变为_____，两者的分子都是_____，具有_____状结构，其中硫原子的杂化方式是_____。
(2) 硫酸表现出沸点高和不易挥发性是因为_____。
(3) 高空大气层中臭氧对生物界的保护作用是因为_____。
(4) 下列四种硫的含氧酸盐中：Na_2SO_4、$Na_2S_2O_3$、$Na_2S_4O_6$、$K_2S_2O_8$，氧化能力最强的是_____，还原能力最强的是_____。
(5) 长时间放置的 Na_2S 溶液出现浑浊，原因是_____。
(6) 形成水合晶体是硫酸盐的一个特征，它的水合晶体盐中水分子多配位于_____，有时也通过_____与阴离子 SO_4^{2-} 相结合。
(7) 纯 H_2SO_4 为_____液体，H_2SO_4 中心 S 原子采用_____杂化，在 S 与非羟基氧原子之间不仅存在_____配键，还存在_____配键。
(8) 在酸性溶液中，H_2O_2 能与重铬酸盐反应生成蓝色的_____。
(9) 氧元素的常见氧化态为_____，而其他氧族元素的常见氧化态均为_____。

(10) 臭氧是氧的同素异形体，在常温下是一种_____气体，液态臭氧为_____色，固态为_____色。

4. 综合题

(1) 分别画出 O_2、O_3、H_2O_2 的空间结构示意图，将它们分子中氧与氧之间的键能按从大到小排列，并作出简要解释。
(2) 按如下要求，分别写出制备 H_2S、SO_2、SO_3 的反应方程式：
①化合物中 S 的氧化数不变的反应；
②化合物中 S 的氧化数变化的反应。
(3) 一种钠盐 A 溶于水，在水溶液中加入 HCl 有刺激性气体 B 产生，同时有白色(或淡黄色)沉淀 C 析出，气体 B 能使酸性 $KMnO_4$ 溶液褪色；若通入足量 $Cl_2(g)$ 于 A 溶液中，则得溶液 D，D 与 $BaCl_2$ 作用得白色沉淀 E，E 不溶于强酸。A、B、C、D、E 各为哪种物质？写出有关化学反应方程式。
(4) 碲(Te)在地壳中的含量比硒(Se)少得多，但硒在自然界很少有独立矿物，一般与硫化物矿共生，而碲却有独立的矿物，试解释。
(5) 试给出鉴定过氧化氢的两种方法。
(6) 臭氧在自然界是如何产生的？试写出相关反应方程式。
(7) 工业上如何利用电化学氧化法制备过氧化氢？试写出相关化学反应方程式。
(8) 如何得到焦硫酸晶体和焦硫酸盐？试写出相关化学反应方程式。
(9) 浓硫酸与稀硫酸最大的区别是什么？试举例说明浓硫酸的这一性质。
(10) 试简述硫化物的酸碱性变化规律。

第二类：课后习题

1. 氧的电负性仅次于氟，也是活泼性仅次于氟的元素，为什么氧在常温下活泼性较差，在大气中存在大量游离态的氧？
2. 空气中 O_2 与 N_2 的体积比是 21∶78，在 273 K 和 101.3 kPa 下，1 L 水能溶解 O_2 49.10 mL，N_2 23.20 mL。在该温度下溶解于水的空气所含的 O_2 与 N_2 的体积比是多少？
3. 在 8 支试管中盛有 8 种无色溶液，分别是 Na_2S、$Na_2S_2O_3$、Na_2SO_3、Na_2SO_4、Na_2CO_3、Na_2SiO_3、Na_3AsS_3 和 Na_3SbS_3。试只选用一种试剂，初步将它们鉴别开，并将观察到的主要现象填入空格中。若有气体生成，则应另加试剂或试纸加以鉴定。

溶液	现象
Na₂S	
Na₂S₂O₃	
Na₂SO₃	
Na₂SO₄	
Na₂CO₃	
Na₂SiO₃	
Na₃AsS₃	
Na₃SbS₃	

4. 向某溶液中加少量硫粉时，不久硫即"消失"，原溶液中可能含有 S^{2-} 或 SO_3^{2-} 或 S^{2-} 和 SO_3^{2-} 。试用实验判断原溶液中含有哪些硫的化合物。

5. 利用下列物质可以制备哪些气体：H_2SO_4、NaOH、NH_4Cl、Na_2SO_3、MnO_2 和 HCl？这些气体各用什么干燥剂进行干燥？

6. 分别写出酸性和碱性条件下，臭氧和氧的电极反应、电极电势，并比较臭氧和氧的氧化性。

7. 简述过氧化氢在民用、医用以及工业上的用途。

8. 用反应方程式完成下列物质间的转换：

$$Na_2SO_3 \rightarrow Na_2S_2O_3 \rightarrow Ag_2S$$

9. 哪种硫化物易溶于水？试举例说明该种硫化物的水解过程。

10. 硫酸正盐易形成复盐，试说明什么是复盐，并写出三种由硫酸正盐组成的复盐。

第三类：英文选做题

1. Which salt does not dissolve in an aqueous solution with high acidity?　　(　)
   A. Ag_2SO_4　　　B. Ag_3PO_4　　　C. Ag_2CO_3　　　D. Ag_2S

2. What is the geometric configuration of gaseous SO_3 molecules?　　(　)
   A. Linear　　　B. Triangular　　　C. V-Shape　　　D. Triangular Cone

3. Which of the following molecules or ions shows paramagnetism?　　(　)
   A. H_2　　　B. Cl^-　　　C. O_2　　　D. Zn^{2+}

4. How to prepare sodium thiosulfate from sodium carbonate and sulfur? Write the relevant chemical reaction equations.
5. Why is it necessary to add a small amount of NH_4NO_3 solution when washing the precipitates such as CuS, HgS, PbS and Bi_2S_3?

参 考 答 案

学生自测练习题答案

1. 是非题

   (1) (√)　　(2) (×)　　(3) (×)　　(4) (×)　　(5) (√)
   (6) (√)　　(7) (√)　　(8) (×)　　(9) (√)　　(10) (√)

2. 选择题

   (1) (B)　　(2) (D)　　(3) (B)　　(4) (B)　　(5) (C)
   (6) (A)　　(7) (B)　　(8) (C)　　(9) (D)　　(10) (B)

3. 填空题

   (1) 斜方硫，单斜硫，斜方硫，单斜硫，S_8，环，sp^3

   (2) H_2SO_4 分子间氢键多而强

   (3) 吸收紫外线

   (4) $K_2S_2O_8$，$Na_2S_2O_3$

   (5) 在空气中 S^{2-} 被氧化成 S，悬浮在溶液中造成浑浊

   (6) 阳离子，氢键

   (7) 无色黏稠，sp^3，σ，p-d 反馈

   (8) CrO_5

   (9) 负值，正值

   (10) 有特殊臭味的蓝色，深蓝，紫黑

4. 综合题

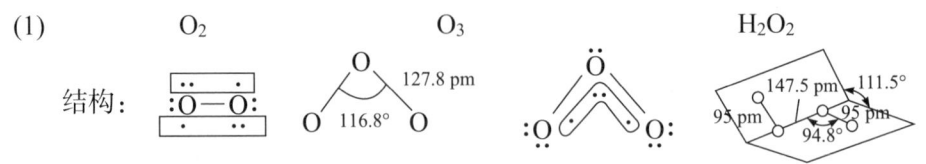

(1)　　　　　O_2　　　　　　　　O_3　　　　　　　　H_2O_2

结构：(图示 O_2 结构；O_3 结构，键角 116.8°，键长 127.8 pm；H_2O_2 结构，键长 147.5 pm、95 pm，键角 94.8°、111.5°)

(2) ① 化合物中 S 的氧化数不变的反应：

$$FeS(s) + 2HCl \xrightarrow{\Delta} FeCl_2 + H_2S\uparrow$$

$$Na_2SO_3(s) + H_2SO_4(浓) = Na_2SO_4 + H_2O + SO_2\uparrow$$

$$H_2S_2O_7 \xrightarrow{\Delta} H_2SO_4 + SO_3\uparrow$$

② 化合物中 S 的氧化数变化的反应：

$$H_2(g) + S(s) \xrightarrow{燃烧} H_2S(g)$$

$$O_2(g) + S(s) \xrightarrow{燃烧} SO_2(g)$$

$$2SO_2 + O_2 \xrightarrow[加热]{V_2O_5} 2SO_3$$

(3) A：$Na_2S_2O_3$；B：SO_2；C：S；D：SO_4^{2-}，Cl^-；E：$BaSO_4$。

$$Na_2S_2O_3 + 2HCl = 2NaCl + S\downarrow + SO_2\uparrow + H_2O$$

$$2MnO_4^- + 5SO_2 + 2H_2O = 2Mn^{2+} + 5SO_4^{2-} + 4H^+$$

$$SO_2 + Cl_2 + 2H_2O = SO_4^{2-} + 2Cl^- + 4H^+$$

$$Ba^{2+} + SO_4^{2-} = BaSO_4\downarrow$$

(4) 碲(Te)和硒(Se)与硫(S)属于同族(16 族)元素，价电子层结构相同(ns^2np^4)。但是它们的离子半径却不相同：S^{2-} 半径为 182 pm，Se^{2-} 半径为 183 pm，Te^{2-} 半径为 212 pm。可见 S^{2-} 和 Se^{2-} 半径非常接近，所以 Se 很容易进入硫化物的晶格，以类质同晶的方式置换 S。而 Te^{2-} 半径较大，与 S^{2-} 半径相差较多，故不能与硫化物发生共晶现象，从而在自然界形成独立的矿物，如碲银矿、碲铋矿等。

(5) ① 在硫酸酸化的 $K_2Cr_2O_7$ 溶液中加入乙醚(或戊醇)及 H_2O_2，必要时微热，若在乙醚(或戊醇)层中呈现蓝色，表示有 H_2O_2 存在。

$$4H_2O_2 + K_2Cr_2O_7 + H_2SO_4 = 2\underset{蓝色}{CrO(O_2)_2(乙醚)} + K_2SO_4 + 5H_2O$$

② 在含有 TiO^{2+} 的硫酸溶液中加入 H_2O_2，溶液呈橙黄色。

$$TiO^{2+} + H_2O_2 == [TiO(H_2O_2)]^{2+}$$
橙黄色

(6) 自然界臭氧的产生是空气中的氧气受到太阳的紫外线辐射所致。

$$O_2 + h\nu == 2O \qquad O + O_2 == O_3$$

产生的臭氧受到长波紫外线的辐射，又重新分解为氧气。

$$O_3 + h\nu == O_2 + O$$

另外，雷雨天气，空气中的氧在电火花的作用下也会产生少量的臭氧。

(7) 电化学氧化法，也就是电解-水解法，是工业上制备过氧化氢的方法之一，具体过程如下：

电解硫酸氢铵水溶液，发生如下反应：

$$2HSO_4^- == H_2(阴极) + S_2O_8^{2-}(阳极)$$

将电解产物过二硫酸盐进行水解，得到过氧化氢溶液。

$$(NH_4)_2S_2O_8 + 2H_2O == 2NH_4HSO_4 + H_2O_2$$

(8) 焦硫酸晶体可用冷却发烟硫酸的方式得到，化学反应方程式为

$$SO_3 + H_2SO_4 == H_2S_2O_7$$

焦硫酸盐可通过加热固体碱金属酸式硫酸盐的方式得到。例如：

$$2NaHSO_4 \xrightarrow{\triangle} Na_2S_2O_7 + H_2O$$

(9) 硫酸在浓度高时具有强氧化性，这是浓硫酸与稀硫酸最大的区别之一。浓硫酸的强氧化性体现在它可氧化许多金属和非金属单质。例如：

$$Cu + 2H_2SO_4 == CuSO_4 + SO_2 + 2H_2O$$

$$C + 2H_2SO_4 == CO_2 + 2SO_2 + 2H_2O$$

(10) 同周期元素最高氧化态硫化物从左到右酸性增强；同族元素相同氧化态硫化物从上到下酸性减弱，碱性增强；在同种元素的硫化物中，高氧化态硫化物的酸性强于低氧化态硫化物的酸性。

课后习题答案

1. 氧的电负性仅次于氟，能与氧化合的元素种类也仅次于氟。从热力学角度看，氧是活泼性第二大的元素。但从动力学角度看，由于氧分子中的键具有双键性质，总键能很高(达 494 kJ · mol^{-1})，在双原子分子中仅次于 CO 和 N$_2$，因此氧参加反应的活化能很高，在常温下只能氧化还原性很强的 NO、SnCl$_2$、H$_2$SO$_3$ 等物质。所以空气中存在大量游离态的氧。但在加热且满足活化能的情况下，

氧的反应活性大增,能与绝大多数元素直接化合,许多金属和非金属在纯氧中可以燃烧。

2. 根据题意,溶解于水中的空气中氧的体积分数为

$$\frac{49.10 \times 0.21}{(49.10 \times 0.21) \times (23.20 \times 0.78)} = 0.36$$

溶解于水中的空气中氮的体积分数为

$$1.00 - 0.36 = 0.64$$

溶解于水的空气所含的 O_2 与 N_2 的体积比是 0.36∶0.64 或 1∶1.8。

3. 选用的试剂是稀 HCl,加入后观察有关气体的放出,再对气体进行必要的鉴别。

溶液	现象
Na_2S	放出 H_2S,能使 $Pb(Ac)_2$ 试纸变黑
$Na_2S_2O_3$	$S\downarrow$,$SO_2\uparrow$,气体通入 $KMnO_4$ 溶液中能使其褪色
Na_2SO_3	$SO_2\uparrow$,气体通入 $KMnO_4$ 溶液中能使其褪色
Na_2SO_4	不变
Na_2CO_3	$CO_2\uparrow$,气体通入澄清石灰水中有白色 $CaCO_3\downarrow$
Na_2SiO_3	有 H_2SiO_3(凝胶)生成
Na_3AsS_3	析出黄色 $As_2S_3\downarrow$,放出 H_2S,能使 $Pb(Ac)_2$ 试纸变黑
Na_3SbS_3	析出橙色 $Sb_2S_3\downarrow$,放出 H_2S,能使 $Pb(Ac)_2$ 试纸变黑

4. 向溶液中加稀 HCl,若放出臭鸡蛋气味气体并能使乙酸铅试纸变黑,则溶液中含 S^{2-};若有刺激性气体放出并能使 $KMnO_4$ 褪色,则溶液中含 SO_3^{2-};若溶液酸化时有 S 析出,则溶液中含 S^{2-} 和 SO_3^{2-}。

5. 可制备 NH_3、O_2、SO_2、Cl_2 等气体,有关反应方程式如下:

$$NaOH + NH_4Cl \xrightarrow{\triangle} NaCl + H_2O + NH_3\uparrow$$

$$2MnO_2 + 2H_2SO_4(浓) = 2MnSO_4 + 2H_2O + O_2\uparrow$$

$$Na_2SO_3 + H_2SO_4 = Na_2SO_4 + H_2O + SO_2\uparrow$$

$$MnO_2 + 4HCl = MnCl_2 + 2H_2O + Cl_2\uparrow$$

其中,NH_3 可用 NaOH、石灰或碱石灰干燥;O_2 可用浓硫酸、P_2O_5 或硅胶干燥;SO_2 可用浓硫酸或 P_2O_5 干燥;Cl_2 可用浓硫酸、P_2O_5 或硅胶干燥。

6. 酸性条件： $O_3 + 2H^+ + 2e^- \longrightarrow O_2 + H_2O$ $E_A^{\ominus} = 2.076$ V

      $O_2 + 4H^+ + 4e^- \longrightarrow 2H_2O$ $E_A^{\ominus} = 1.23$ V

 碱性条件： $O_3 + H_2O + 2e^- \longrightarrow O_2 + 2OH^-$ $E_A^{\ominus} = 1.24$ V

      $O_2 + 2H_2O + 4e^- \longrightarrow 4OH^-$ $E_A^{\ominus} = 0.401$ V

从上面的电极电势数据大小可以得出结论，无论在酸性还是碱性溶液中，臭氧都是比氧更强的氧化剂。

7. 过氧化氢在民用上可用于厨房下水道的去污、消毒和杀菌，以及一般物体表面的杀菌；3%的过氧化氢(医用级)可供伤口消毒，可杀灭肠道致病菌、化脓性球菌、致病酵母菌。在工业上，过氧化氢可用作化学工业中生产过硼酸钠、过碳酸钠、过氧乙酸、亚氯酸钠、过氧化硫脲等的原料，以及酒石酸、维生素等的氧化剂；也用于电镀液，可除去无机杂质，提高镀件质量；还用于羊毛、生丝、象牙、纸浆、脂肪等的漂白；高浓度的过氧化氢可用作火箭动力助燃剂。

8. $Na_2SO_3 + S \Longrightarrow Na_2S_2O_3$

     $Na_2S_2O_3 + 2AgNO_3 \Longrightarrow Ag_2S_2O_3 + 2NaNO_3$

      $Ag_2S_2O_3 + H_2O \Longrightarrow Ag_2S\downarrow + H_2SO_4$

9. 轻金属硫化物，包括碱金属、碱土金属(除 Be 外)、铝及铵离子的硫化物都易溶于水，在水中易水解。例如：

      $Na_2S + H_2O \Longrightarrow NaOH + NaHS$

     $2CaS + 2H_2O \Longrightarrow Ca(OH)_2 + Ca(HS)_2$

10. 复盐是由两种或两种以上的简单盐类组成的结晶化合物。

 硫酸正盐组成的复盐：

   $(NH_4)_2SO_4 \cdot FeSO_4 \cdot 6H_2O$ 莫尔盐

   $K_2SO_4 \cdot Al_2(SO_4)_3 \cdot 24H_2O$ 明矾

   $K_2SO_4 \cdot Cr_2(SO_4)_3 \cdot 24H_2O$ 铬钾矾

英文选做题答案

1. (D)   2. (B)   3. (C)

4. $S + O_2 \xrightarrow{燃烧} SO_2$

     $SO_2 + Na_2CO_3 \Longrightarrow Na_2SO_3 + CO_2$

     $Na_2SO_3 + S \xrightarrow{沸腾} Na_2S_2O_3$

5. Because when washing the precipitates such as CuS, HgS, PbS and Bi_2S_3, they are easy to form colloids, and the filter paper is easy to be blocked during filtration, which making filtration difficult. Adding a small amount of NH_4NO_3 solution can promote colloid coagulation and accelerate sedimentation, which is conducive to filtration and washing.

新化学元素周期表